首届农民科学素质宣传教育优秀作品

科学养猪手册

（第 2 版）

李同洲　主编

中国农业大学出版社
·北　京·

图书在版编目(CIP)数据

科学养猪手册/李同洲主编．—2 版．—北京：中国农业大学出版社，2011．1

ISBN 978-7-5655-0151-7

Ⅰ．①科…　Ⅱ．①李…　Ⅲ．①养猪学-手册　Ⅳ．①S828-62

中国版本图书馆 CIP 数据核字(2010)第 228429 号

书　　名　科学养猪手册(第 2 版)
作　　者　李同洲　主编

策划编辑　赵　中　　　　责任编辑　周艳华
封面设计　郑　川　　　　责任校对　王晓凤　陈　莹
出版发行　中国农业大学出版社
社　　址　北京市海淀区圆明园西路 2 号　　邮政编码　100193
电　　话　发行部 010-62731190，2620　　读者服务部 010-62732336
　　　　　编辑部 010-62732617，2618　　出　版　部 010-62733440
网　　址　http://www.cau.edu.cn/caup　　**E-mail** cbsszs @ cau.edu.cn
经　　销　新华书店
印　　刷　北京时代华都印刷有限公司
版　　次　2011 年 1 月第 2 版　　2012 年 5 月第 2 次印刷
规　　格　850×1 168　32 开本　12.625 印张　315 千字
印　　数　5 001～10 000
定　　价　21.00 元

主　　编　李同洲

副 主 编　臧素敏　李连缺　崔亚利　薛凌峰

编　　者　（按姓氏笔画排序）

王小睿　王红云　卢　乔　邳静伟

邳明伟　高玉红　张力圈　张志胜

冯雅文　李连缺　李同洲　李宁宁

李庆凯　李英趁　崔亚利　侯玉漂

侯伟革　薛凌峰　臧素敏

第2版前言

养猪在我国国民经济中占有重要地位，是我国农村经济和畜牧业的一大支柱产业。近年来，养猪业发展迅速，养猪方式正由家庭副业式的千家万户散养猪迅速向规模化、专业化养猪转变，规模不断扩大，集约化程度迅速提高，圈舍循开放式—半开放式—封闭式演变，饲养管理方式由粗放型转向精细型，品种遗传性、生产性能迅速提高，同时，猪对营养、饲料、环境等的要求也变得更加苛刻、严格。人们对猪肉产品的需求也在发生变化，要求达到无公害、绿色甚至有机食品标准。因此，有关养猪各方面技术的研究十分活跃，从概念到内容等方面都在不断更新和拓宽。而许多养猪生产者对这些转变认识不足，对不断更新的相关技术的掌握还很欠缺。针对目前养猪业存在的这些突出问题特组织了有关专家、教授对《科学养猪手册》进行了修订。

本书编写的原则是照顾系统性，突出实用性，并适当阐述必要的基础理论，以提高本书解决问题的广度和深度。本书主要包括猪的品种与杂交利用，营养饲料，猪的繁殖，种猪、仔猪、育肥猪的饲养管理，工厂化养猪，猪场建设与设备，经营管理和猪病防治等。本书内容丰富、翔实，取材新颖，理论联系实际，适于广大养猪生产者、猪场技术人员、食品公司、畜牧兽医专业和动物营养专业学生以及从事养猪或营养的科研、教学等各专业人员参考。

本书编写过程中参阅了大量国内外专家、教授的著作和论文，在此特致谢意。由于编者水平有限，书中难免有错误和不足之处，敬请读者指正。

编　者

2010年9月

目　录

第一章　猪的品种与杂交

猪的品种是在一定条件下经人工选育而成的具有相同来源、相似外貌、相近的生产性能，又有一定的结构、数量，并具有稳定遗传性的群体。但纯种猪的性能往往较杂种猪为低，故实际中多选用杂种猪进行商品生产。但杂种猪的性能与特性在很大程度上决定于亲本纯种，所以，要想取得良好的杂交效果，提高生产水平，必须充分了解纯种的性能特点、杂种优势产生的基本规律和影响杂交效果的各种因素，合理有效的利用纯种。

第一节　猪的经济类型

世界上猪的品种有 300 多个，根据其经济用途划分为脂肪型猪、兼用型猪和腌肉型猪。随着近代经济的发展，猪的品种经济类型是由脂肪型向兼用型、进一步向腌肉型转化。

一、脂肪型猪

这类猪在历史上出现较早，它是针对人类早期食物能量不足，对脂肪需求量大的情况下而培育的一类品种。其特点是头较重，体型矮、短、宽、圆，呈水桶状，体长与胸围大致相等，另一类是体躯狭窄，肌肉不发达的一类地方品种，膘厚 4 cm 以上，瘦肉率 45% 以下。如早期引入我国的巴克夏，我国的陆川猪、内江猪、太湖猪、深县猪等均属此类。

二、腌肉型猪

即常说的瘦肉型猪，其特点是头较轻，体较长，一般大于胸围，背腰宽平或微弓，腹线平直，腿臀丰满胴体瘦肉率55%以上，膘厚2.5 cm以下。如长白猪、大约克夏猪、杜洛克猪、汉普夏猪等。

三、兼用型猪(鲜肉型猪)

这类猪的体型介于脂肪型和腌肉型之间，瘦肉率50%左右。如北京黑猪、上海白猪等。

第二节 猪的品种

根据来源，猪的品种可分为三大类，即中国地方品种、中国培育品种和国外引入品种。

一、国外引入品种

国外引入品种的突出优点是重要的经济性状非常优秀，除了增重快、饲料利用率高外，胴体背膘薄、脂肪少，瘦肉率高比较突出，并且易被养殖者、屠宰加工者、批发零售商及广大消费者辨别与接受，对品牌依赖性不是太强。但这类品种与我国优良地方品种比较也有缺点，主要表现在抗逆性差，繁殖力低，肌肉品质不佳，容易出现一种叫PSE肉的劣质肉，猪肉的颜色、嫩度、风味等较差。这类品种主要有大白猪、长白猪、杜洛克及一些优良的配套系。

(一)大约克夏猪

原产于英国，其特征是被毛全白，面部微凹，耳中等大小而直立。成年猪体重300～400 kg，产仔数11～12头，泌乳性能和护仔性能较好。20世纪90年代试验站测试公猪30～100 kg阶段平均日增重982 g，饲料增重比2.28，瘦肉率62%，农场大群测试公猪平均日增重892 g，母猪855 g，瘦肉率61%。该猪在我国一般用作第一或第二父本，在条件较好的规模化猪场一般用作母本或第一父本。

(二)长白猪

原产于丹麦,其特征是被毛全白,嘴长而直,耳大向前平伸。成年猪体重 300～400 kg,产仔数 11 头左右,泌乳力高,母性好。丹麦 20 世纪 90 年代试验站测试公猪 30～100 kg 阶段平均日增重 950 g,饲料增重比 2.38,瘦肉率 61.2%,农场大群测试公猪平均日增重 880 g,母猪 840 g,瘦肉率 61.5%。该猪在我国一般用作第一或第二父本,在条件较好的规模化猪场一般用作第一父本或母本。

(三)杜洛克猪

原产于美国,其特征是被毛棕红色,耳中等大小,直立,耳尖下垂。成年猪体重 300～450 kg,产仔数 10 头左右。丹麦 20 世纪 90 年代试验站测试公猪 30～100 kg 阶段平均日增重 936 g,饲料增重比 2.37,瘦肉率 59.8%,农场大群测试公猪平均日增重 866 g,母猪 816 g,瘦肉率 59%。该猪在我国一般用作终端父本。

(四)皮特兰猪

原产于比利时,其特征毛色为黑白花,耳中等大小,微向前倾。成年猪体重 210～300 kg,产仔数 10～11 头。据报道,平均日增重 900 g,饲料增重比 2.60,瘦肉率 70%以上,缺点是肉质较差。该猪在我国一般用作终端父本。

二、中国培育品种

中国培育的猪品种主要是在鸦片战争之后,尤其是新中国成立之后,利用国外引入品种与本地品种杂交而育成的新品种。这些品种有的是利用原有血统不清的杂种经选育而成,有的是按照事先拟订的育种计划进行杂交选育而成的。其性能特点多数介于国外引入品种与我国地方品种之间。在经济杂交中一般用作杂交的母本。如北京黑猪、三江白猪、湖北白猪等,在此不作详细介绍。

三、中国地方品种

地方品种是指原产于我国的品种，其主要优点是抗逆性强、繁殖力高，猪肉品质好，肉色鲜红，系水力高，嫩度好，风味佳，适口性好。其缺点是生长慢，屠宰率低，背膘厚、瘦肉率低。并且其风味、适口性等指标在消费者烹调之前难以鉴别，对品牌的依赖性较大。

1986 年列入品种志的地方品种有 48 个，在此仅介绍几个典型品种。

（一）太湖猪

太湖猪主要产于长江中下游的太湖流域。被毛黑色或青灰色，腹部皮肤粉红色，不完全六端白，头大额宽，额部皱纹菱形，耳大厚软下垂，腹大下垂，尻部倾斜，大腿欠丰满。成年猪体重100～200 kg，经产猪产仔数 15 头以上，20～90 kg 日增重 430 g，75 kg 瘦肉率 40%。

（二）内江猪

内江猪主要原产于四川的内江市。被毛黑色，皮厚，头大，嘴筒短，额部有菱形皱纹，耳中等大小，下垂，体躯宽深，四肢粗壮。成年猪体重 150～170 kg，产仔数 10 头左右，20～90 kg 日增重 650 g，90 kg 瘦肉率 38%。内江猪耐粗抗逆能力强，杂交效果较好。

（三）民猪

民猪原产于东北和华北的部分地区。被毛黑色，嘴长面直，耳大下垂，背腰狭窄，四肢粗壮。成年猪体重 150～180 kg，产仔数 13 头以上，20～90 kg 日增重 510 g，90 kg 瘦肉率 45%左右。

（四）中国小型猪

小型香猪为我国的宝贵品种资源，目前已开发利用的主要有产于贵州与广西交界处的香猪，产于海南省的五指山猪，产于西藏自治区的藏猪，产于云南西双版纳的版纳微型猪等。该猪体型小，发育慢，6 月龄提高 40 cm，体长 60～70 cm，体重 20～30 kg，体重相当于同龄大型猪的 1/5～1/4。该类品种增重慢，产仔数少。优点是早熟、皮薄骨细、肉嫩味鲜，乳猪无腥味，小猪可用于烤制，其产品烤乳猪外焦里嫩，别具风味。另外，该类品种还可用作试验动物。

四、专门化配套品系

它是根据猪的全部选育性状可以分解为若干组（繁殖性状、肥育性状和胴体性状）的原则，而建立和培育的各具一组性状的品系，分别作为杂交的母本和父本。由于这种品系不仅各具特点，而且专门用以与另一特定品系杂交，自成一套完整的杂交繁育体系，故称专门化配套品系。专门化配套品系有三系配套（两个专门化母系，一个专门化父系）、四系配套（两个专门化母系，两个专门化父系）和五系配套等。如河北省培育的冀合白猪、美国的迪卡、PIC、比利时的斯格、荷兰的达兰等。典型的专门化配套品系是四系配套（图 1-1）。

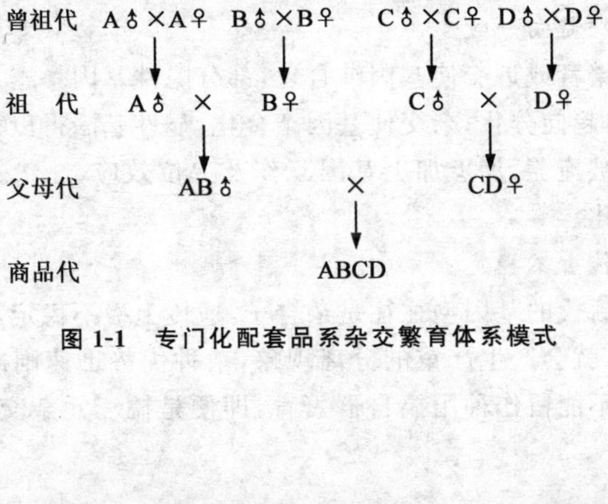

图 1-1　专门化配套品系杂交繁育体系模式

第三节 猪的经济杂交

一、猪的经济杂交与杂种优势

(一)杂交与杂种优势的概念

在畜牧学上，杂交是指不同品种、品系或品群间个体的交配。经济杂交是以直接利用杂种优势为目的的杂交。一般品种间个体交配所生的后代称为杂种猪；同一品种内的不同品系间个体交配所生的后代仍属于纯种，所以这种“杂种猪”最好称为系间杂种猪，以示区别；近年来为了更加充分地利用杂种优势而培育了专门化配套品系，专门化配套品系间个体交配所生的后代虽然也可称为杂种，但为了与其他杂种猪相区别，特称之为杂交猪或杂优猪。

(二)杂交的生物学效应

杂交可以产生杂种优势；使群体整齐化；造成杂交个体遗传上不稳定。

1. 产生杂种优势

杂种优势是指不同种群间杂交所产生的后代，在生活力、繁殖力、肥育性能等方面优于亲本纯种群。

2. 性状趋向一致

纯种繁育或近交使基因纯合化，部分隐性基因暴露，性状变异增大，群体趋向分化；杂交使基因杂合化，显性基因得以充分体现，隐性基因被掩盖，加上加上基因互作及上位效应，性状趋向一致，群体整齐化。

3. 遗传上不稳定

杂交后代的基因型往往是杂合子，遗传上极不稳定，在进行自群繁育时，就会产生严重的分离现象，杂种优势迅速削减。所以，一般杂种不能留作种用搞自群繁育，即便是搞三元杂交或四元杂交，其后代往往也不如两元杂交后代整齐一致，特别是在生产二元母本所用亲本间差异较大时更是如此。

（三）杂种优势的产生机理

现代遗传学认为，杂种优势的产生是由于基因的非加性效应，即显性效应、超显性效应等，由此产生一些学术理论。

1. 显性学说

认为控制家畜性状的许多基因常有显性隐性之分，由于长期选择的结果，有利的基因表现显性或部分显性，不利的基因呈现隐性。如果带有显隐性基因的父母本相互杂交，其后代基因组合中杂合子数量增加。凡显隐性基因结合在一起时，其性状都表现显性基因的作用。杂种优势就是许多显隐性基因互补的结果。

2. 超显性学说

认为杂种优势的产生是由于超显性的缘故。杂交增加了基因的种类，加大了杂合程度，不同的等位基因内的相互作用（互作）和不同等位基因间的相互作用（上位）使得杂合子所表现的性状超过了显性纯合子。

这些学说可以归结为一点，即杂种猪的基因种类比纯种多。如果一种基因产生一种酶，杂种猪所具有的酶的种类的多，猪体内的新陈代谢就活跃，生活力就强，生产性能就高。

（四）杂种优势的度量

杂种优势的高低常用杂种优势率来衡量。其计算公式为：

$$H=\frac{\overline{F_1}-\overline{P}}{\overline{P}}\times 100\%$$

式中：H 为杂种优势率；$\overline{F_1}$ 为杂种一代性状平均值；$\overline{P}$ 为双亲性状平均值。

例如，A 品种的日增重为 800 g，B 品种的日增重为 700 g，一代杂种的日增重为 825 g，则日增重的杂种优势率为 10%。

$$H=\frac{825-(800+700)/2}{(800+700)/2}\times 100\% =10\%$$

国内外生产实践证明，在猪的经济杂交中，一些主要经济性状的杂种优势率为：日增重5%～15%，饲料利用率5%～10%，胴体品质2%左右，产仔数8%～10%，哺育率25%～40%，断乳窝重30%～45%。

(五)杂种优势的类型

杂种优势一般分为个体杂种优势、母本杂种优势和父本杂种优势三种类型。

1. 个体杂种优势

个体杂种优势也成为后代杂种优势，它是杂种后代本身呈现出的优势。主要表现在杂种仔猪比纯种仔猪在哺乳期间的生活力提高，死亡率降低，生长加快，断乳窝重大，断乳后增重快，饲料利用率高。

2. 母本杂种优势

母本杂种优势是指用杂种代替纯种作母本时母猪所表现出的优势。表现在F1母猪比纯种母猪产仔多；尤其表现在杂种母猪比纯种母猪泌乳力高，体质更强健。因而，杂种母猪的哺育率高，断乳窝重大。同时表现性成熟早，发情明显，易于配种，受胎率高，利用年限长，容易饲养等。

3. 父本杂种优势

父本杂种优势是指用杂种代替纯种作父本时母猪所表现出的优势。表现在杂种公猪比纯种公猪体质强健，性成熟早，性欲旺盛，精液品质好，配种受胎率高，利用年限长，容易饲养等。

二、影响杂交效果的因素

杂交效果的好坏受许多因素的影响，包括性状、杂交方式、杂交亲本、个体、饲养管理条件等。

(一)性状

猪的经济性状是由很多对基因决定的,决定不同经济性状的基因种类和数量可能各不相同,不同性状产生的杂种优势的高低也就存在差异,为了更好地利用杂种优势,首先应了解各性状杂种优势的表现规律。

遗传力低的性状(如繁殖性状,抗逆性等),主要受非加性基因控制,易受各种环境条件的影响,杂交时容易获得杂种优势;遗传力高的性状(如胴体性状),主要受加性基因控制,不易受各种环境条件的影响,杂交时不易获得杂种优势。

近亲繁殖容易退化的性状和生命早期表现的性状如生活力、适应性、产仔数、仔猪生长速度与成活率等,杂交时容易获得杂种优势;近亲繁殖不易退化的性状如胴体性状、体型、体尺等杂交时不易获得杂种优势。

根据杂种优势表现的程度,猪的经济性状可归为三类:

第一类为容易获得杂种优势的性状,有猪的生活力、适应性及繁殖性(产仔数、出生重、断乳窝重、成活率等)。

第二类为比较容易获得杂种优势的性状,有猪的日增重、饲料利用率等肥育性状。

第三类为不易获得杂种优势的性状,有猪的胴体性状(如胴体长、背膘厚、瘦肉率、肉质等)与外形结构等。

(二)杂交方式

不同杂交方式的杂交效果不同。猪的经济杂交方式有许多种,如二元杂交、三元杂交、轮回杂交等。我国目前常用的是二元杂交和三元杂交,由于二元杂交不能获得母本杂种优势,所以总的效果不如三元杂交。二元杂交时,以我国猪种为母本,以引入品种为父本的杂交称正交,否则称反交。正交时产仔数表现较高的杂种优势,反交时,出生重表现较高的杂种优势。生产上一般采用正交。

(三)杂交亲本

杂交效果的好坏还决定于杂交亲本的遗传性生产水平、纯度、差异程度和配合力。

1.杂交亲本的遗传性生产水平

杂交亲本的遗传性生产水平越高,杂交效果越好,尤其对于杂种优势较低的性状,遗传性生产水平起着决定性的作用。例如猪的胴体性状属中间遗传,杂交几乎不产生杂种优势,即杂交一代猪的胴体性状值介于双亲中间,双亲胴体性状值越高,杂交一代猪的胴体性状值也越高,双亲性状值越低,杂交一代猪的性状值越低。假如父本 A 和母本 B 的瘦肉率分别是 60%和 50%,其杂交一代 AB 的瘦肉率就在 55%左右;假如父本 C 和母本 D 的瘦肉率分别是 50%和 40%,其杂交一代 CD 的瘦肉率就在 45%左右。对于日增重和饲料利用率等性状,杂交虽能产生杂种优势,但父母本本身的遗传性生产水平仍对杂交后代的生长水平起着重要作用。例如,父本 A 和母本 B 的日增重分别是 800 g 和 700 g,杂种优势率为 10%,其杂交一代 AB 的日增重就在 825 g 左右;假如父本 C 和母本 D 的日增重分别是 700 g 和 600 g,杂种优势率仍为 10%,其杂交一代 CD 的日增重就只有 715 g 左右,即便杂种优势率为 20%,CD 的日增重也只有 780 g 左右,仍低于 AB 的 825 g。所以,在生产实践中,应根据当时、当地的条件和所能达到的饲养管理水平,选择具有一定生产水平的品种或品系作父母本,以获得最佳的杂交效果。

2.杂交亲本的纯度

杂交亲本的纯度越高,杂种优势越明显,杂交效果越好。纯度高的个体是有同质选配(即品种内体质外形和生产性能等方面基本相同的公母猪交配)和近亲交配产生的,具有较高的近交系数。其中由近亲交配所生的后代具有更高的纯度,不同品种的近交系间杂交可以获得更高的杂种优势(表 1-1)。所以生产实践中应选择纯度高的群体作父母本。纯种繁殖场一般不轻易引种，猪群纯度通常高于千家万户散养猪；育种场由于坚持有计划的选种选配，猪群纯度高于一般猪场；品系的群体较品种小，近交程度和纯度也就比品种高。

表 1-1 不同繁育方法的效果比较

指标	杜洛克纯种	二品种杂交	近交系杂交	
			同品种	不同品种
窝数	11	17	22	61
活产仔数	8.48	8.56	9.72	10.08
出生窝重(kg)	9.9	10.4	11.5	12.2
56 日龄仔猪数	6.94	7.70	9.72	10.08
56 日龄窝重(kg)	79.3	109.2	102.8	113.2
日增重(g)	602	611	643	652
饲料单位/增重	4.25	4.18	4.23	4.15

3. 杂交亲本的差异程度

杂交亲本间差异越大，杂种优势越明显，分布地区距离较远，来源不同，没有共同血缘，类型、特点不同的种群间杂交，可以取得较大的杂种优势。如引入品种与我国品种的差异较大，杂交时的杂种优势较引入品种间和国内品种间的杂交要高；杜洛克与汉普夏的性能特点较为接近，长白与大约克夏的性能特点较为接近，杜洛克与汉普夏或长白与大约克夏间的杂种优势低于杜洛克或汉普夏与长白或大约克夏间杂交的杂种优势。

4. 配合力

不同品种或品系间的配合力不同，产生杂种优势的程度就存在差异。为了取得良好的杂交效果，最好经配合力测定(杂交组合筛选)，选出优良杂交组合。

(四)个体

同一品种或品系内个体间存在差异，所以不同个体间的杂交效果也就有差别，故此，在杂交时还应注意个体选配。

(五)饲养管理条件

不同的杂交组合要求不同的饲养管理条件，杂交效果的好坏受饲养管理条件的制约，对于一个优良的杂交组合来说，如果不能满足其所要求的饲养管理条件，就无法获得预期的杂交效果。所以，在推广优良杂交组合的同时，必须有相应的饲养标准、饲养管理技术等与之相配套，以充分发挥杂交组合的生产潜力。

三、提高杂交效果的措施

为了获得理想的杂交效果，就必须根据影响杂交效果的因素，采取相应的技术措施，包括选择亲本品种、选育亲本品种、选择杂交方式、建立杂交繁育体系、保证必要的饲养管理条件。

(一)选择亲本品种

亲本品种的遗传性生产水平越高，杂交效果越好；纯度越高、差异越大，杂种优势越明显，所以，选择的亲本品种，应根据当地所能提供的饲养管理条件，具有一定遗传性生产水平；父母本间没有共同的血缘，性能外貌特点差异较大；最好来自育种场的高产品系；如果有条件，最好进行配合力测定，筛选适合于本地区的杂交组合；生产中还应注意个体选配。

(二)选育亲本品种

亲本品种的遗传性生产水平、纯度和差异程度都是可以通过选育而加以改善和提高的。选育是充分利用杂种优势的前提和基础。

1. 亲本品种的遗传性生产水平

猪的主要经济性状可分为三类，第一类为繁殖性状，这类性状遗传力较低，选育效果较差，其性能的提高主要靠经济杂交；第二类为胴体性状，这类性状遗传力较高，杂交几乎不产生杂种优势，选育效果较好，其性能的提高主要靠纯种选育；第三类为肥育性状，这类性状遗传力中等，杂交可以获得5%～15%的杂种优势，通过选育也可得到有效的提高，如日增重每世代可以提高10～20 g，因此该类性状依靠选育和杂交两个途径来提高。

2. 亲本的纯度

父母本的提纯是杂交的基础，提纯主要是通过同质选配和适度近交加选择实现的对于育种场，应有计划地进行选种选配。

3. 亲本的差异程度

为了加大杂交亲本的差异程度，提高杂交效果，近年来采用培育专门化配套品系，即专门化父系（以选择肥育性状和胴体性状为主）和专门化母系（以选择繁殖性状为主），使父系和母系各具特点，遗传差异加大，以获得较一般品系间杂交更明显的杂种优势。如果采取配合力育种，根据杂交效果对猪进行选择，其效果更好。

（三）选择杂交方式

根据商品猪的要求和当地条件，采用适宜的杂交方式。我国常用的是二元杂交和三元杂交，二元杂交由于父母本均是纯种，不具备母本杂种优势和父本杂种优势，所利用的杂种优势只限于杂交一代猪的日增重、饲料利用率等性状，而最容易获得杂种优势的繁殖性状的杂种优势却没有得到有效利用。如果将二元杂交后代的母猪留种，与第三个品种的公猪杂交生产商品猪（三元杂交），由于母猪是纯种，繁殖性能的杂种优势可得到利用，所以综合效果优于二元杂交，只是组织工作较复杂。所以，在繁育体系建立的初期可采用二元杂交，具有一定基础之后，最好采用三元杂交。

（四）建立杂交繁育体系

为了长期获得杂种优势，经济杂交工作应有计划地进行，建立品种配套的经济杂交繁育体系。设置亲本品种原种场、繁殖场和商品猪生产场,协调好各场间的关系,并不断选育原种,如不选育原种,只搞经济杂交,也会导致原种的退化和杂种优势的丧失。

(五)保证必要的饲养管理条件

饲养水平和饲养管理条件是获得预期杂交效果的物质基础和必要保证。在确定杂交组合时,就应当根据当时、当地所能提供的饲养水平和饲养管理条件,选择与之相适应的父母本;杂交组合一旦确定,就要最大限度地提供和保证杂交亲本和杂交后代所要求的饲养水平和饲养管理条件,以获得预期的杂交效果。

四、杂交方式及其评价

猪的杂交方式主要有两品种固定杂交、三品种固定杂交、两品种轮回杂交、三品种轮回杂交、双杂交和专门化品系杂交等方式,各种杂交方式都有其优缺点,生产中应根据具体情况采用合适的方式。

(一)两品种固定杂交(二元杂交)

二元杂交是利用两个品种或品系的公母猪进行交配,杂交一代全部作商品猪育肥杂交模式见图 1-2。

二元杂交的优点是简单易行,能获得 100%的后代杂种优势,杂交效果可靠,杂交一代整齐一致;缺点是父母本均为纯种,不能获得父本和母本杂种优势。

(二)三品种固定杂交(三元就交)

首先用两个品种的公母猪交配产生一代杂种母猪,再从中选择优良母猪与第三个品种的公猪进行交配,所得后代全部用作商品育肥猪,杂交模式见图 1-3。第一次杂交所用的公猪品种称第一父本,第二次杂交所用的公猪品种称第二父本或终端父本。

三元杂交的优点是能获得 100%的后代杂种优势和 100%的母本杂种优势,既能使杂种母猪在繁殖性能方面的优势得到充分

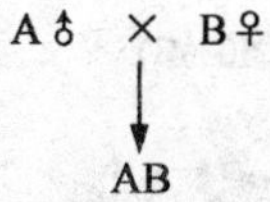

图 1-2　二元杂交模式图

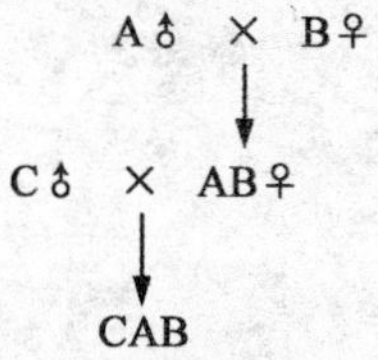

图 1-3　三元杂交模式图

发挥，又能充分利用第一和第二父本在肥育性能和胴体品质方面的优势，特别是第二父本的影响更大，所以，三元杂交的综合效果优于二元杂交；缺点是不能获得父本杂种优势，杂交繁育体系较二元杂交复杂，不仅要求保持三个亲本品种的纯繁，还要保持大量的一代杂种母本群，也正因为商品育肥猪的母本是杂种，使得商品育肥猪的一致性不如二元杂交猪，特别是当杂种母猪的父母本差异较大时更是如此。

(三)双杂交(四元杂交)

它是以两个二元杂交为基础，由其中一个二元杂交后代中的公猪作父本，另一个二元杂交后代中的母猪作母本，再进行一次简单杂交，所得四元杂种全部作商品育肥猪。四元杂交的模式见图 1-4。

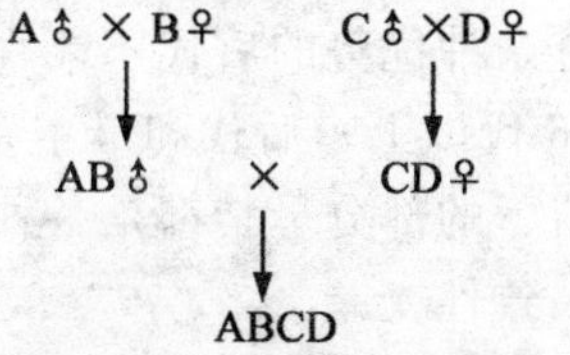

图 1-4　四元杂交示意图

四元杂交的优点是能获得 100％的后代、母本和父本杂种优势；缺点是杂交繁育体系复杂，不仅需要维持 4 个亲本品种的纯繁，还要饲养大量二元母猪和公猪。

(四)两品种轮回杂交

它是在两品种杂交一代母猪中选择优秀个体，逐代分别与两亲本的纯种公猪轮流交配，每代只留优秀母猪作种用，其余的杂种公母猪都作商品育肥猪，两品种轮回杂交模式见图 1-5。

A♂ × B♀
↓
B♂ × AB♀杂 1 (50%A，50%B)
↓
A♂ × 杂2♀ (25%A，75%B)
↓
B♂ × 杂3♀ (62.5%A，37.5%B)
↓
杂n♀(67%A或B，33%B或A)

图 1-5 两品种轮回杂交示意图

两品种杂交的优点是可长期保持一个杂种母本和一个纯种父本品种交配，由于母猪和商品育肥猪本身都是杂种，均表现杂种优势，而且该种方式较为简单，只要饲养两个品种的少量公猪，维持和补充生产母猪群由杂种小母猪中选留即可，所以该种方式无论在理论上还是在经济上都具有一定优越性；缺点是一代杂交以后，有杂种优势的后代不能保持 100％的杂种优势，轮回到一定程度(6 代以上)，后代和母本杂种优势就停留在 67％的水平上每一代留下的部分母猪都是杂种，杂种的遗传性不稳定，从而使下一代的一致性变差。

(五)三品种轮回杂交

从三品种杂交所得到的杂种母猪中选择优秀个体，逐代分别与三品种纯种公猪轮流交配，每代只留优秀母猪作种用，其余的杂种公母猪都作商品育肥猪，三品种轮回杂交模式见图 1-6。

三品种轮回杂交的优点也是可以自行产生杂交母本，并可获得较两品种轮回杂交较高的后代和母本杂种优势；缺点是三代以后，不能获得 100％的后代和母本杂种优势，轮回到一定程度，后代和母本杂种优势就停留在 86％的水平上，每一代留下的部分母猪都是杂种，杂种的遗传性不稳定，从而使下一代的一致

A♂　×　B♀

C♂　×　AB♀杂1 (50%A，50%B)

B♂　×　CAB♀杂 2 (25%A，25%B，50%C)

A♂　×　杂3♀　(12.5%A，62.5%B，25%C)

C♂　×　杂4♀ (56.25%A，31.25%B，12.5%C)

杂n♀　(三品种分别占57%，14%，29%)

图 1-6　三品种轮回杂交示意图

性变差。

(六)品系间杂交

品系的群体规模小，性能提高速度快，培育所需时间短，投资小，品系的纯度高于品种，两品种的品系间的差异一般大于品种间的差异。因此，品系间杂交更精确、更灵活，杂种优势更明显，杂交后代更加整齐一致。而品种与品系相比，群体规模大，性能提高缓慢，培育所需时间长，投资大，纯度相对较低，差异相对较小。因此，品种间杂交显得粗糙、笨重、杂交后代整齐度差。尤其随着养猪业向规模化、集约化、工厂化方向的发展，更加适于采用高产品系间的杂交。特别是近年来培育的专门化配套品系，更适于工厂化猪场饲养。

五、国内外猪的经济杂交效果

在国内外已普遍利用杂种优势来提高养猪生产的经济效益，在经济杂交方面积累了大量的科学研究资料，并总结了一些经济杂交的规律。

据国外多年积累的大量杂交资料，综合分析了二元、三元和四元杂交的杂交效果，结果见表 1-2。

表 1-2 不同杂交方式的杂交效果比较

项 目	纯种猪	二元杂交	三元杂交	四元杂交
窝产仔数	100	101	111	113
21 日龄仔猪数	100	109	123	123
21 天窝重	100	110	128	128
56 日龄成活率	100	107	125	126
56 日龄个体重	100	108	110	109
154 日龄体重	100	114	113	111
达 100 kg 日龄	100	107.5	107	107
饲料利用率	100	102	101	101
每头母猪提供猪肉量	100	122	140	140
背膘厚	100	101.5	101.5	101.5
眼肌面积	100	101	102	102

由表表 1-2 可见，猪的增重具有明显的杂种优势，但多元杂交并不比二元杂交优越；在繁殖性能上，二元杂交效果比纯种好，三元和四元杂交效果比较接近，并明显优于二元杂交，可见母本杂种优势在繁殖性能上具有重要作用，父本杂种优势并未显示出明显作用，但四元杂交在杂交繁育体系的建设上要复杂得多。所以，综合考虑，以三元杂交较为高效适用。

姜志华等总结我国多年积累的大量杂交资料，估计了繁殖、生长、胴体等性状的个体杂种优势、母本杂种优势和父本杂种优势。结果显示，大多数繁殖性状及生长性状个体杂种优势明显，而母本和父本的杂种优势仅对繁殖性状是重要的。三类性状的杂种优势比较，以繁殖性状为最大，生长性状次之，胴体性状最小(表1-3)。

表1-3 猪各类性状杂种优势

项目	个体杂种优势(%)	母本杂种优势(%)	父本杂种优势(%)
总产仔数	11.33	20.50	8.26
产活仔数	16.13	21.48	4.38
20日龄活仔数	—	—	6.38
断奶仔猪数	32.01	25.24	—
出生窝重	8.76	16.67	—
断奶窝重	30.71	16.28	—
出生重	—	−2.55	—
断奶重	3.54	6.95	—
日增重	14.16	2.67	−1.11
饲料/增重	−5.19	−2.50	3.37
育肥天数	−15.63	−1.07	—
屠宰率	1.13	−0.93	—
背膘厚	8.71	−1.22	—
胴体长	3.29	0.74	—
眼肌面积	−1.38	8.04	—
胴体瘦肉率	−1.93	3.99	—

六、猪的杂交繁育体系

(一)杂交繁育体系的概念

杂交繁育体系是指为了开展整个地区的猪育种和杂种优势利用工作,在明确用什么品种,采用什么样的杂交方式的前提下,经过统一规划建立起来的以原种场(育种场或核心群)为核心、繁殖场(纯种母猪繁殖场和杂种母猪繁殖场)为中介和商品场(生产群)为基础的宝塔式统一运营系统。这种宝塔式繁育体系能够把原种的选育与改良、良种的扩大繁育和杂交商品猪的生产有机地联系起来,使原种猪的遗传改良成果迅速传递到杂交商品生产猪群以转化为生产力。

(二)各类性质猪场及其专业化分工(三元杂交)

一个完整的繁育体系,应包括原种猪场、纯种母猪繁殖场、杂种母猪繁殖场和商品猪场,它们的性质、规模、任务都各不相同,并依据商品育肥猪的生产量和所采用的杂交方式而不同。

1. 原种猪场(群)

原种场在宝塔式繁育体系中处于塔尖位置,主要任务是从事纯种(系)的选育提高和按照不断变化的市场需求培育新品系;经过选择的幼猪除了保证本群的更新替补以外,主要向下一阶层(繁殖场)提供优良的后备公母猪,以更新替补繁殖场原有猪群;同时,它也向商品场提供优良的终端父本品种(系)。

原种场要求有较强的技术力量,先进的育种手段和育种方法,技术档案应齐全,并建立有严格的卫生消毒及防疫制度,保证猪群的健康水平,不得有某些特定的传染病。

原种场的数量应根据所采用的杂交方式、所用的品种数量及每年出栏的商品猪总量来定。二元杂交时需建立两个原种场,三元杂交时建立三个,四元杂交时建立四个(生产上有时将两个甚至三个品种放在一个原种场)。每个原种场所养的品种及数量要求不同,选种的重点也不一样。

例如,用大约克夏(B)、长白(A)、杜洛克(C)搞杜长大三元杂交时需要建立第一、第二和第三品种原种猪场,分别饲养大约克夏、长白、杜洛克原种猪。

第一品种原种场为母本品种原种场,饲养大约克原种公母猪

(B♂×B♀)，因繁育体系对母本需求量大，所以原种场以第一原种场规模最大，基础母猪饲养量占三个原种品种母猪总量的68%左右，主要任务是为纯种母猪繁殖场提供大约克夏后备公母猪，选种的重点放在繁殖性能上。

第二品种原种场为第一父本品种原种场，饲养长白原种公母猪(A♂×A♀)，因繁育体系对父本需求量小，尤其第一父本，所以原种场以第二原种场规模最小，基础母猪饲养量占三个原种品种母猪总量的14%左右，主要任务是直接为杂种母猪繁殖场提供后备长白公猪，选种的重点放在繁殖性能上，并兼顾生长性状和胴体性状。

第三品种原种场为第二父本(或终端父本)品种原种场，饲养杜洛克原种公母猪(C♂×C♀)，因繁育体系对终端父本需求量较第一父本大，所以原种场中第三原种场规模居中，基础母猪饲养量占三个原种品种母猪总量的18%左右，它的规模除决定于商品猪场的数量和规模外，还决定于商品场所采用的配种方式，如采用人工授精，则可大大减少杜洛克公猪的需求量。第三品种原种场的主要任务是直接为商品猪场提供杜洛克后备公猪，选种的重点放在生长性状和胴体性状上。

2. 繁殖猪场

繁殖场在宝塔式繁育体系中处于中间阶层，起着承上(原种场)启下(商品场)的作用。有时我们把繁殖场又划分为纯种母猪繁殖场(B♂×B♀)和杂种母猪繁殖场(A♂×B♀)，纯种繁殖场的基本任务是将原种场所培育的纯种猪(B♂，B♀)进行扩大繁殖，并向杂种繁殖场提供小母猪(B♀)。杂种繁殖场的基本任务是接受原种场提供的小公猪(A♂)和纯种繁殖场提供的小母猪(B♀)，按照统一的计划进行杂交而生产杂种幼母猪，提供给商品场以替补原有杂种母猪群。对繁殖群的选择不要求像原种场那样精细,一般只要求做好系谱登记和性能记录,及时淘汰老弱病残猪只,保证猪群壮龄化。

3.商品猪场(C♂×AB♀)

商品场在宝塔式繁育体系中处于底层,构成繁育体系的基础。基本任务是接受繁殖场提供的杂种幼母猪(AB♀)和原种场提供的终端父本猪(C♂),生产商品杂交猪(CAB)。由于饲养规模大,可以由若干个猪场或专业户组成,工作重点放在充分挖掘母猪的繁殖潜力,尽可能缩小繁殖猪在群比例,改进肥育技术,提高肥育性能。

(三)繁育体系的猪群结构

繁育体系的猪群结构是指原种场、繁殖场和商品场的繁殖母猪数量分别占完整体系内繁殖母猪总头数的份额(以百分数表示)。因为其他猪群的数量均决定于母猪群的数量,母猪群的规模一旦确定,就可依据配种方式(本交或人工授精)确定公母比例,算出公猪群规模;同样,母猪群规模确定后,可以按照各品种的繁殖性能,猪场的饲养管理等条件计算出各类幼猪群的数量。合理的猪群结构是实现繁育体系的协同运作和高效益生产的基本条件。

在确定好杂交方式和选定所用品种后,为了建立繁育体系合理的猪群结构,必需根据所涉及的品种及其杂种猪的生产性能和历年生产记录,以及可能提供的环境条件、饲养管理水平及改良提高的潜力,了解和掌握猪群的经济技术参数。包括配种方式、性别比例、年龄结构、繁殖利用年限、淘汰率、母猪平均年提供肥猪数等指标。

腾晓华等(1994)年报道了以杜洛克(D)、大约克夏(Y)和长白猪(L)三个品种为研究对象,按国外常用的杂交组合模拟了在二元杂交、回交和三元杂交方案下,以总数为16 000头母猪生产24万头商品肉猪的完整繁育体系的猪群结构(表1-4)。

表 1-4　完整繁育体系的猪群结构　%

杂交方案	原种场			繁殖场	商品场	合计
	L	Y	D			
二元	1.88	0.48	—	10.75	86.89	100
回交	1.88	0.50	—	10.75	86.87	100
三元	1.87	0.38	0.48	10.71	86.56	100
公母比	1∶5	1∶5	1∶5	1∶20	1∶100	—
配种方式	本交	本交	本交	本交	人工授精	—

从原种猪场、纯种母猪繁殖场、杂种母猪繁殖场和商品猪场猪的数量或规模来讲，整个繁育体系的结构呈“金字塔”状（图 1-7）。

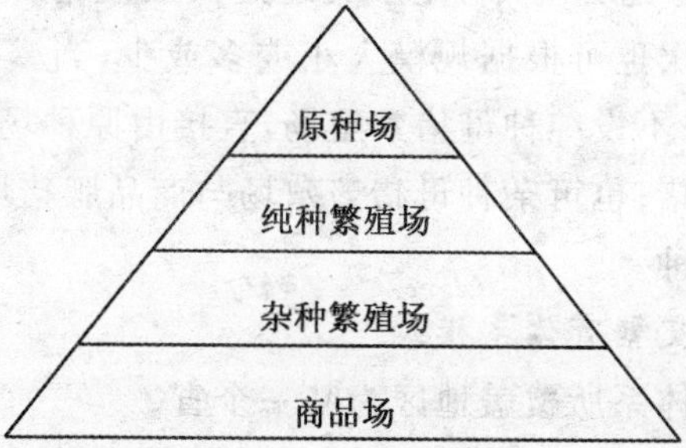

图 1-7　宝塔式繁育体系

(四)杂交繁育体系的建立

繁育体系的建立方法随杂交方式的不同而变，并没有一个固定不变的模式。但建立繁育体系有一个一般的程序或步骤。

1. 建立繁育体系的程序或步骤

(1)确定繁育体系所覆盖的地区。

(2)确定适合于该地区的杂交方式及其所用品种。

(3)确定该地区内每年需要或计划出栏肥猪数量。

(4)根据每头母猪每年能够提供商品育肥猪的数量,计算出商品育肥猪场所需母猪数量。

(5)根据母猪数量和公母比例,确定所需公猪数量。

(6)根据母猪年更新率,确定每年需要从繁殖场购买的后备母猪数量;根据公猪年更新率,确定每年需要从原种场购买的后备公猪数量。

(7)用同样的方法可以反推出杂种母猪繁殖场所需公母猪数量进一步反推出纯种母猪繁殖场和原种场的公母猪数量。

但猪场猪只数量的确定不是简单的乘除法,它不仅需要考虑公母猪的年更新率,而且要考虑原种场及繁殖场的选择强度,注意所养原种是父本还是母本,是本交还是人工授精。所建立的各类性质猪场的层次也可根据规模大小或多或少,当繁育体系整体规模较小时,可以不设纯种母猪繁殖场,直接由原种场向杂种母猪繁殖场提供纯种猪;也可杂种母猪繁殖场与商品肥猪场合二为一,避免频繁大量引种。

2. 三元杂交繁育体系模式

假定繁育体系所覆盖地区为某一个省。

杂交方式采用三元杂交,品种为杜洛克(C)、长白(A)、大约克夏(B),杂交组合为杜长大。

该省每年计划出栏 CAB 育肥猪 10 000 000 头。

假定每头母猪每年能够提供商品育肥猪 18 头,则需 AB 二元母猪为 10 000 000/18≈600 000(头)。

假定公母比例为 1∶20,则需 C 公猪为 30 000 头。

假定母猪年更新率为 33%,则每年需要从杂种母猪繁殖场购买 AB 小母猪为 600 000×33%≈200 000(头);假定公猪年更新率也是 33%,则每年需要从原种场购买 C 小公猪 10 000 头。

假定杂种母猪繁殖场每头B母猪能够提供给商品场AB小母猪5头，则杂种母猪繁殖场需养B母猪为200 000/5＝40 000（头）；如果更新率也是33％，则每年需要从纯种母猪繁殖场购买B小母猪为40 000×33％≈13 000（头）；如果公母比为1∶20，则需养A公猪为2 000头；每年需要从原种场购买A小公猪700头。

用同样的方法可以反推出纯种母猪繁殖场所需公母猪数量，进一步反推出原种场的公母猪数量。繁育体系模式及繁育体系供猪模式见图1-8和图1-9。

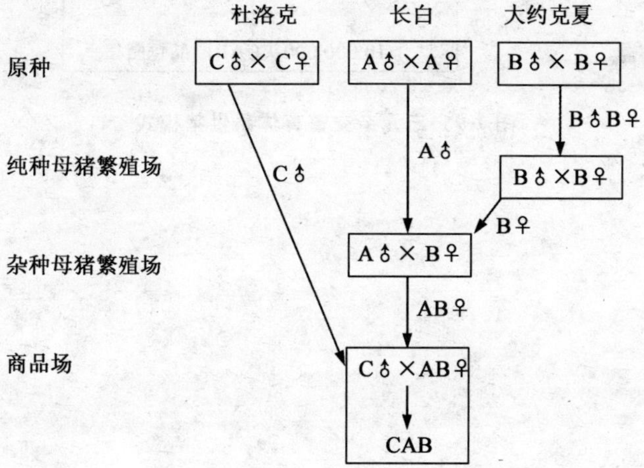

图1-8　三元杂交繁育体系模式

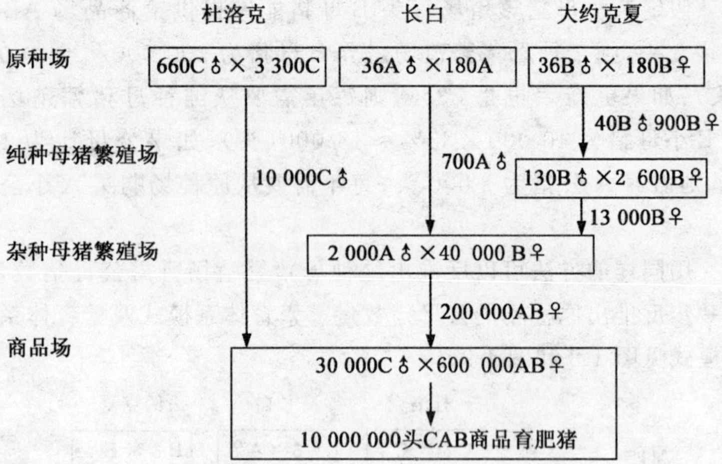

图 1-9 三元杂交繁育体系供猪模式

第二章　猪的营养与饲料

在养猪场，饲料费用占生产总费用的70%左右，加拿大的试验表明，猪从出生到出栏上市的饲料费用变异可达100%。可见，在降低饲料成本、增加净收益方面有很大潜力可挖。因此，我们应系统掌握猪的营养与饲料的基本知识，尽可能做到猪对各种营养物质需要量和供给量的吻合，提高养猪经济效益。

第一节　猪的营养需要

一、能量

饲粮被猪采食后，其中的有机物经过消化，以葡萄糖、氨基酸、脂肪酸等形式吸收入血液，运送到全身各组织细胞。这些物质在各种代谢酶的作用下氧化分解，根据需要缓慢转换成动能，以维持心、肺和肌肉的活动、组织的更新、生长及乳的合成等所需能量；转换成热能以维持体温的恒定。有多余时，则用于体组织的生长或以高能键化合物、糖元、脂肪等形式贮存于体内。

（一）能量的来源

猪所需要的能量来源于饲料的三种有机物质，即碳水化合物、脂肪和蛋白质。这三种有机物质在测热器中测得的热量平均值为：碳水化合物 17.36 kJ/g（4.15 kcal/g），蛋白质 23.64 kJ/g（5.65 kcal/g），脂肪 39.33 kJ/g（9.4 kcal/g）。

虽然在测热器中所得到的蛋白质能值高于碳水化合物，但蛋白质作为能源，由于脱氨和尿能损失 7.47 kJ/g，而且蛋白质饲料价格昂贵，所以，用它为猪提供能量在经济上不合算。生产上应保证碳水化合物的供应，蛋白质水平不宜过高，以获得最佳日增重、饲料利用率、胴体品质和经济效益为限，避免蛋白质作为能源被猪利用。

猪饲料一般含脂肪较少，动植物油目前在我国价格较高，并且添加时麻烦，添加后不宜贮存。所以，脂肪目前尚不是猪所需能量的主要来源，但在需能值较高的仔猪与泌乳母猪料可考虑添加部分脂肪。

猪对碳水化合物中的粗纤维利用能力较差，饲粮中含量过高，不仅影响其本身的消化吸收，而且影响其他营养物质的消化吸收，所以，粗纤维也不是猪所需能量的主要来源。

碳水化合物中的无氮浸出物，特别是淀粉，在一般饲料中含量丰富，尤其以禾本科植物籽实和根茎类饲料中含量为多，禾本科植物籽实含 60%～70%，糠麸类 47%～61%，块根、块茎类 68%～88%(以干物质计)。其中的淀粉是植物的贮备物质，大量贮存于种子、果实及根茎中，玉米和高粱籽实约含 70%的淀粉，并且消化率极高，均在 90%以上。所以，无氮浸出物尤其淀粉是猪所需能量的最主要来源。

(二)能量营养价值评定指标

猪饲养上常用的几种能量指标，实际上是代表饲料中能量在猪体内消化、代谢的不同阶段，用某一阶段的能量作为猪营养需要的指标和饲料营养价值评定的指标。在猪多采用消化能和代谢能。饲料在猪体内的转化过程如图 2-1 所示。

(三)能量与猪的采食量

饲粮能量浓度是指单位风干料所含有的消化能或代谢能(MJ/kg)。影响因素主要有饲粮所含水分、粗纤维、粗脂肪等。水分每增加 1%，消化能约减少 160 kJ/kg；粗纤维每增加 1%，消化能约减少 430 kJ/kg。

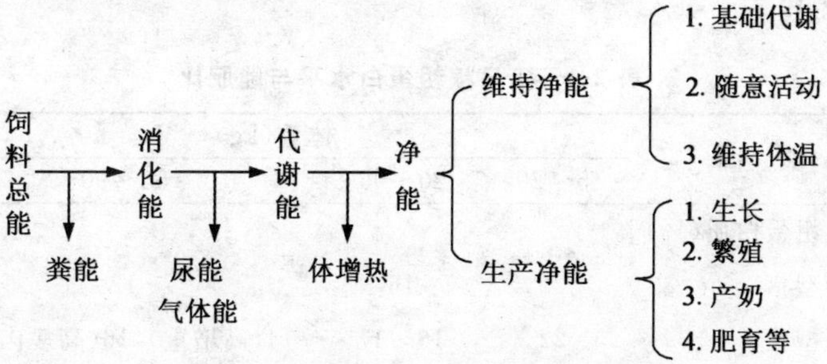

图 2-1　饲料能量在猪体内的转化过程

猪有"为能而食"的本能，因而能量浓度影响猪的采食量。能量浓度提高，采食量降低，但采食的总消化能仍有所提高；能量浓度降低，采食量提高，但采食的总消化能仍有所降低。而且该变化局限于一定能量浓度范围内，如果饲料中能量浓度过低，即使猪多吃饲料也满足不了所需能量，从而使猪日采食消化能显著降低，并影响生产性能。

（四）能量与蛋白质（能朊比）

在一定范围内，猪力图通过改变采食量来满足能量的需要。如果在改变能量摄入量时，能量与蛋白质的比例不加以调整，猪所采食的蛋白质就会过量或不足，并影响猪的生产性能。Central Soya（1983）推行一种热能与蛋白适宜比例的配方，使代谢能与可利用氨基酸在日粮中得以平衡，从而使增重、饲料利用率等达到最佳状态。

Cambell 发现，生长猪在低能量水平时，为了达到最佳日增重的粗蛋白水平，要比高能量水平时低；以蛋白水平而论，17.5%的蛋白水平为转折点，低于此值时，粗蛋白水平对体蛋白沉积起决定性作用，高于此值时，能量水平对蛋白质沉积起决定性作用。

许振英总结多次试验结果，提出猪日粮粗蛋白水平与能朊比

(表 2-1)。

表 2-1 猪日粮粗蛋白水平与能朊比

项 目	体重(kg)		
	5～20	20～55	55～90
日粮粗蛋白质(%)			
肉脂型猪	22	16	12
瘦肉型猪	22	16～17	14(高增重),16(高瘦肉率)
能朊比			
肉脂型猪	83.68∶1	104.60∶1	117.15∶1
瘦肉型猪	83.68∶1	96.23∶1	104.60∶1

(五)猪的能量需要

1. 仔猪

NRC(1998)指出体重 20 kg 以下仔猪消化能摄入量估算公式：

$$DE摄入量(kJ/天)=-556+(1\ 050\times W)-(4.14\times W^2)$$

式中：W 为体重。

哺乳期仔猪的能量需要由母乳和补料中得到满足，母乳及补料提供的能量的比例见表 2-2。随着仔猪日龄和体重的增加，母乳能量满足程度下降，差额部分由补料满足，为满足仔猪的能量需要，补料中能量浓度应为 14.64 MJ/kg，一般应在 13.81～15.06 MJ/kg 消化能。

环境温度对仔猪能量需要影响很大，当环境温度低于临界温度时，寒冷产热作用增加仔猪能量需要量，其增加的量用下式估计：

$$H=(1.31W+95)\times(T_c-T)/0.8$$

式中：H 为环境温度低于临界温度需额外增加的代谢能供应量(kJ/天)；W 为猪体重(kg)；T 为环境温度(℃)；T_c 为临界温度

(℃);ME 的利用率为 80%。

表 2-2　哺乳仔猪的能量需要及母乳供应量

项　目	周龄							
	1	2	3	4	5	6	7	8
体重(kg)	2	3.4	5.0	6.8	8.5	10.8	13.2	16.0
日需量(MJ)	3.14	4.69	5.23	5.98	6.98	8.08	9.71	11.51
母乳供应程度(%)	108	94	90	78	67	54	36	27
需由补料供应量(%)	—	6	10	22	33	46	64	73

仔猪一般采用自由采食方式,因而能量浓度显得更加重要,NRC(1998)规定仔猪能量浓度为 14.2 MJ/kg,我国规定为 13.85～16.74 MJ/kg。

2. 生长肥育猪

NRC(1998)指出生长肥育猪消化能摄入量估算公式:

$$DE\text{ 摄入量(kJ/天)} = -5\ 230 + (787 \times W) - (5.86 \times W^2) + (0.018\ 4 \times W^3)$$

式中:W 为体重。

在预测消化能摄入量时,还应根据环境温度和饲养密度进行校正。

生长肥育猪一般采用自由采食方式,因而能量浓度显得更加重要,NRC(1998)规定生长肥育猪能量浓度为 14.2 MJ/kg,我国规定为 12.97 MJ/kg。

猪有"为能而食"的本能。能量浓度影响猪的采食量,进而影响猪的生产性能。20～50 kg 的生长猪必须每天摄入 1.8～2.0 kg 的日粮,猪才有饱感,每天摄入 30.12～31.8 MJ 的消化能,才能充分发挥蛋白质和脂肪的生长潜力。因此,如果 1 kg 日粮中能量浓度达不到 14.0～15.0 MJ,则猪摄入的能量不足以充分发挥生长潜力。随饲料能量浓度的提高，日采食饲料量下降，但日采食消化能提高，日增重加快，背膘加厚，体脂肪沉积速率提高，而猪的体蛋白沉积速率变化不明显。

在一定范围内，能量浓度高有利于增重，浓度低（不低于11.51 MJ/kg）有利于瘦肉率。一些研究表明，猪可通过增加或减少采食量而弥补日粮养分浓度的变化，因而在一定的能量浓度范围内，它能基本保持等能采食。

能量水平是指一头猪每日采食消化能或代谢能的数量（MJ/天）。ARC（1981）归纳 30 多次试验结果，发现日增重（Y）与能量水平（X）存在线性关系，每增减 1 MJ 消化能，日增重增减 25 g 左右。Bikker 等（1995）对 20～45 kg 体重阶段的杂交母猪分别饲喂 6 个能量水平的日粮，随日粮能量水平升高饲料转化率和生长速度都得到改善和提高（表 2-3）。该表同时表明，随日粮能量水平的提高，蛋白质沉积速率增加，而每千克猪肉中的瘦肉含量却呈下降趋势。

表 2-3 能量水平对杂交猪（20～45 kg）生产性能、空体脂肪和蛋白质沉积速率的影响

项　目	能量水平（维持需要的倍数）						
	1.7^W	2.2^W	2.7^W	3.2^W	3.7^W	自由采食	显著性
日增重（g/天）	371	448	631	818	959	1 075	$P<0.001$
增重/耗料（g/kg）	505	522	547	604	610	600	$P<0.01$
蛋白沉积速率（g/天）	75.3	98.8	113	134	160	172	$P<0.001$
脂肪沉积速率（g/天）	28.1	49.5	96.9	131	142	193	$P<0.001$
脂肪沉积速率/蛋白沉积速率	0.32	0.52	0.87	0.98	0.89	1.13	$P<0.001$
瘦肉含量（g/kg）	192	186	175	170	173	169	$P<0.01$
脂肪含量（g/kg）	81	102	130	137	131	148	$P<0.001$

注：W 为维持需要

3. 妊娠母猪

NRC(1998)用模型估计了妊娠母猪的能量需要，该模型只要给出母猪妊娠期期望增重、配种体重和预期窝仔数，既可计算出母猪每日消化能需要量。

妊娠母猪所需 DE(kJ/天)＝维持 DE＋妊娠产物增重 DE＋母体增重 DE＋体温调节 DE

(1)维持所需消化能(kJ/天)＝$460\times W^{0.75}$(W 是指配种体重加上 1/2 妊娠总增重)。

(2)妊娠产物增重所需消化能：每个胎儿及其相关妊娠产物增重为 2.28 kg，妊娠期按 115 天计，则每天每个胎儿及其相关妊娠产物增重为 19.8 g，增重 19.8 g 需消化能 156 kJ。

从而得出：

妊娠产物增重所需消化能＝猪只头数×156 kJ/天。

(3)母体增重所需消化能：母体增重＝母体脂肪增重＋母体蛋白质增重

其中母体增重为已知：母体脂肪增重(kg)＝－9.08＋(0.638×MG)；母体蛋白质增重(kg)＝母体增重－母体脂肪增重；妊娠期按 115 天计，即可求得每天母体脂肪及蛋白质的增重克数。

已知合成每克脂肪所需消化能为 54.48 kJ，合成每克蛋白质所需消化能为 46.19 kJ。

从而得出：

母体增重所需消化能＝母体脂肪增重(g/天)×54.48 kJ/g＋母体蛋白质增重(g/天)×46.19 kJ/g。

(4)体温调节所需消化能：当环境温度低时，母猪需增加额外的能量以调节体温。本模型将 24 h 的平均温度为 20℃作为理想温度条件，从 20℃开始每下降 1℃需额外提供 1 046 kJ DE，当环境温度高于 20℃时无需校正(下式中 T 为实际温度)。

体温调节所需消化能=(20-T)×1 046。

NRC(1998)推荐妊娠母猪每天千克代谢体重维持能量需要量为460 kJ DE。在整个妊娠期间,母猪的维持需要相当恒定(Ererts 1994;Close和Mullan 1996),而且初产母猪与经产母猪的维持需要亦相当接近(Noblet等1997)。妊娠母猪的第二部分能量需要是本身母体重增加的需要。妊娠期间(一般为115天)的蛋白质沉积的消化能需要为46.19 kJ/g,脂肪沉积的消化能需要为54.48 kJ/g。第三部分是妊娠产物(胎儿等相关妊娠产物)的消化能需要为156 kJ/天。每千克初生胎儿在母体的整个妊娠期大约需沉积4.78 MJ能量于子宫及胎儿,这些能量的72%沉积于胎儿本身,12%沉积于胎盘,5%沉积于羊水,11%沉积于子宫(Noblet等,1997)。可以看出,妊娠母猪所需的能量并不多,主要是用于母体本身的维持(占总需要的75%~80%,Noblet等,1990),而增重的需要占总需要的15%~20%(Pettigrew和Yang,1996),胎儿所需要的能量就更少了。近几十年来,妊娠母猪的能量需要不断下降,NRC"猪的营养需要"从1950年的37.66~46.88 MJ DE/天,下降到1979年的25.6 MJ DE/天和1988年的26.40 MJ DE/天。迄今许多研究的结果表明,妊娠母猪能量需要宜保持在25.1 kJ DE/天(6.0 Mcal DE/天)上下水平。NRC(1998)根据妊娠模型估计每日消化能摄入量为25.59~27.87 MJ/天,饲料摄入量为1.8~1.96 kg/天(日粮能量含量为14.23 MJ/kg)。

我国肉脂型猪饲养标准建议为前期17.57~23.43 MJ/天,饲料摄入量为1.5~2.0 kg/天(日粮能量含量为11.72 MJ/kg);后期为23.43~29.29 MJ/天,饲料摄入量为2.0~2.5 kg/天(日粮能量含量为11.72 MJ/kg)。

Willians等(1985)建议,至少头3~4胎,母猪妊娠期间自身组织增重应达到25 kg,妊娠产物增重大约20 kg,所以总增重为

45 kg。

Whittemore 等(1984)报道，连续 5 胎妊娠期间采食量在 1.7～2.3 kg/天，对总的产仔数无明显影响，但接受低水平饲料的母猪淘汰率较高。当母猪采食能量增加到 25.1 MJ/天以上时，对初生重的影响不明显(ARC，1981)。Cronwell 等(1989)报道，增加妊娠最后 23 天的采食量(1.36 kg)可提高初生重 40 g。Weldon 等(1991)报道增加青年母猪妊娠第 75～105 天能量摄入量(24.1～43.9 MJ/天)可降低乳腺细胞数，减少产奶量。Weldon 等(1994)报道，如果让母猪自由采食，随着妊娠期能量摄入量和体重的增加，泌乳期能量摄入量将降低，泌乳失重增加。

4. 泌乳母猪

NRC(1998)用模型估计了泌乳母猪的能量需要，该模型只要给出母猪在整个泌乳期的增重或失重、窝仔数和哺乳仔猪生长速度，即可计算出母猪每日消化能需要量。

泌乳母猪所需 DE(kJ/天)＝维持 DE＋产乳 DE－母体减重提供的 DE＋体温调节 DE

(1)维持所需消化能(kJ/天)＝$460\times W^{0.75}$(W 是指分娩后体重加上 1/2 泌乳期总的重量变化)。

(2)产乳所需消化能(消化能用于产乳的效率为 69%)：

产乳所需消化能(kJ/天)＝[(仔猪日增重×哺乳仔猪数×20.58)－(377×哺乳仔猪数)]/0.69。

(3)母体减重所提供的消化能(已知瘦肉组织含有 23%的蛋白质，每克蛋白质可提供 23.4 kJ 的能量；脂肪组织含有 90%的脂肪，每克脂肪可提供 39.3 kJ 的能量；能量用于产乳的效率为 88%；消化能用于产乳的效率为 69%)：

母猪平均日减重(g)＝泌乳期重量变化/泌乳天数；

减重中的蛋白质(g)＝(平均日减重×0.094 2)＋1.47；

减重中的脂肪(g)=(平均日减重－减重中的蛋白质/0.23)×0.9。

从而得出：

母体减重所提供的消化能(kJ/天)=(减重中的蛋白质×23.4＋减重中的脂肪×39.3)/0.69。

(4)体温调节所需消化能：当环境温度低时，母猪需增加额外的能量以调节体温。本模型将24 h的平均温度为20℃作为理想温度条件，从20℃开始每下降1℃需额外提供1 351 kJ DE，当环境温度高于20℃时需减少1 351 kJ DE（下式中T为实际温度）。

体温调节所需消化能=(20－T)×1 351。

NRC(1998)根据泌乳模型估计每日消化能摄入量为48.68～91.06 MJ/天，饲料摄入量为3.56～6.40 kg/天(日粮能量含量为14.23 MJ/kg)。中国肉脂性猪的饲养标准建议为58.24～64.31 MJ/天，饲料摄入量为4.8～5.3 kg/天(日粮能量含量为12.13 MJ/kg)。

泌乳期母猪负担很重，一般都要减重，所以除产后几天或断乳前几天外，很少限量饲喂。

Mullan等(1989)证实，泌乳早期阶段的营养水平对泌乳量和乳成分无影响，在某些猪场，产后给予高营养水平可能会增加母猪产后无奶的可能性，这种情况下降低营养水平对母猪有利。但泌乳期自由采食的母猪所哺育的仔猪的生长速度显著高于限饲的母猪。King(1995)试验表明，分娩后母猪的体况对泌乳母猪的采食量有很大影响，体况较肥的母猪采食量低于3.83 kg，而体况较瘦的母猪采食量高于5 kg。

(1992)发现：高能量浓度的泌乳日粮，可有效保障高赖氨酸水平对产奶量的增加。大量试验证明，妊娠后期和哺乳期母猪日粮中添加脂肪可明显提高产乳量及乳脂肪含量。

能量水平对初产母猪缩短断奶至再发情的时间间隔也特别重

要。高能水平和补饲可促使母猪发情。但能量影响只在一定范围内才有效果,每天食入 50～80 MJ 对产后发情无影响。

Zak 等(1997)研究表明泌乳期自由采食的母猪比限饲的母猪排卵率要高。Kirkwood(1990),Prunier(1993)等也证明泌乳期低采食量影响下一胎的繁殖性能。Aherne(1995)推荐泌乳期采食量应不低于 6 kg/天。

二、蛋白质与氨基酸

饲料中含氮物质总称为粗蛋白质。其主要功能是构成动物机体的结构物质;维持猪体新陈代谢的正常进行;是动物机体内的重要功能物质;可为机体提供能源。

(一)蛋白质营养价值评定指标与方法

蛋白质营养价值是指饲料蛋白质能满足猪体新陈代谢和生产产品对氮和必需氨基酸需要的程度。评定和衡量蛋白质营养价值的指标和方法很多,指标主要有饲料的粗蛋白质含量、可消化蛋白质量、蛋白质生物学价值、理想蛋白质、必需氨基酸、氨基酸的回肠消化率、氨基酸的利用率等;评定方法主要有化学评定法、生物测定法、酶评定法等。

1. 粗蛋白质

饲料中粗蛋白质的量通常以百分数或每千克饲料中所含克数来表示。实际中多采用凯式定氮法测出饲料中氮的含量,再乘以 6.25,即为该饲料粗蛋白质含量。不同饲料粗蛋白质的含量不同,它与饲料的种类、植物的生长阶段、成熟度、加工方法等有关。如饼粕类饲料含粗蛋白 25％～45％,禾谷类籽实 10％左右,大豆粕含蛋白一般在 42％以上,豆饼含蛋白一般在 42％以下。粗蛋白质这种表示方式的缺点是只说明了数量,没有反映质量,而相同数量、不同质量的蛋白质,猪对其消化率和利用率是不同的。但粗蛋白质是猪营养需要量的一个重要指标。

2. 可消化蛋白质

饲料中可消化粗蛋白质是以百分数或每千克饲料中所含克数来表示，等于粗蛋白质乘以粗蛋白质消化率，或(食入氮－粪氮)/食入氮×6.25。不同饲料粗蛋白质含量可能相同，但可消化蛋白质不一定相同，所以，可消化蛋白质不仅反应了蛋白质的数量，而且在一定程度上反应了蛋白质的质量。但测定时需做猪的消化试验，实际中较少采用该指标。不过在改换饲料配方时，如要调整原料、尤其是蛋白质原料，应注意考虑不同原料粗蛋白质的消化率。

3. 必需氨基酸与限制性氨基酸

组成蛋白质的 20 余种氨基酸，虽然对于猪体来说都是必不可少的，但它们并非全部需要直接由饲料提供。为将其区别开，将氨基酸分为必需氨基酸和非必需氨基酸。某些种类的氨基酸在体内不能合成，或合成的速度不能满足机体的需要，必须每日从饲料中供给一定数量，这类氨基酸称为必需氨基酸；某些种类的氨基酸在体内能合成，或者可由其他氨基酸转变而成，这类氨基酸称为非必需氨基酸。无论必需氨基酸还是非必需氨基酸，在猪体内代谢过程中都是不可少的，只是来源不同而已。对于生长猪，必需氨基酸有 10 种，即赖氨酸、蛋氨酸、色氨酸、苏氨酸、精氨酸、组氨酸、亮氨酸、异亮氨酸、苯丙氨酸和缬氨酸。

饲粮某个或某些必需氨基酸含量较猪生长需要量少的氨基酸称为限制性氨基酸。少得最多的必需氨基酸称为第一限制性氨基酸，其次的称为第二限制性氨基酸，再次为第三限制性氨基酸。分析饲料中氨基酸含量，然后与猪的需要量对比，即可得知饲料中的限制性氨基酸的数量、种类及其顺序。在猪饲料中限制性氨基酸常为赖氨酸、蛋氨酸、色氨酸、苏氨酸，赖氨酸常常是第一限制性氨基酸。在 10 种必需氨基酸中，任何一种氨基酸都可能成为限制性氨基酸，缺少任何一种或任何一种不足，都会使蛋白质的品质降低，从而限制蛋白质中其他氨基酸的利用。所以，在实际中评价饲粮蛋白质营养价值时，应注意必需氨基酸的含量，特别是最容易缺乏的氨基酸。在配制日粮时，除了考虑蛋白质水平以外，也应注意考虑必需氨基酸的供给量，至少应考虑赖氨酸、蛋氨酸、色氨酸和苏氨酸。

4. 理想蛋白质

粗蛋白质、可消化粗蛋白质含量相同的饲料，所含必需氨基酸的量及其比例不一定相同，必需氨基酸含量与比例不同的饲料，消化吸收后的氨基酸的利用率也就有差别。为了更好地描述蛋白质的品质，提出了理想蛋白质的概念。

理想蛋白质是指日粮蛋白质中各种必需氨基酸的比例与猪所需要的比例相吻合，此时蛋白质的利用率最高，称之为理想蛋白质。英国 ARC(1981)确定理想蛋白质的必需氨基酸组成见表 2-4。

Wang 等(1989)做了一系列试验，轮换减少每一必需氨基酸量的 20%，如果不影响猪体蛋白的合成，说明这 20%的氨基酸是过量的，结果得到一个理想蛋白质的必需氨基酸组成(表 2-4)。该组成使得所有被列的氨基酸均成第一限制性氨基酸，即不管哪种氨基酸低于表中所列的比例，都会降低蛋白质的利用率。可见该比例更为理想。

不同的饲料，其蛋白质中氨基酸的比例是不同的，即品质有好有坏。一般动物性蛋白质的品质优于植物性蛋白质，饼类蛋白质的品质优于禾谷类籽实蛋白质。

实际中为了平衡配合饲料中的氨基酸，使其达到理想蛋白质的标准，常按照饲料原料中必需氨基酸的含量进行合理搭配，仍不能达到要求时，再适当添加人工合成的氨基酸。

表 2-4 理想蛋白质的必需氨基酸比例

氨基酸	猪体蛋白	ARC 1981	Wang 1989	Baker1993(kg)		
				5～20	20～50	50～100
赖氨酸	100	100	100	100	100	100
精氨酸	105	—	—	42	36	30
组氨酸	45	33	32	32	32	32
异亮氨酸	50	55	60	60	60	60
亮氨酸	109	100	110	100	100	100
蛋氨酸＋胱氨酸	45	50	63	60	65	70
苯丙氨酸＋酪氨酸	103	96	120	95	95	95
苏氨酸	58	60	72	65	67	70
色氨酸	10	15	18	18	19	20
缬氨酸	69	70	75	68	68	68

5.氨基酸的回肠消化率

在配制猪日粮中氨基酸的数量与比例时，如果以其中所含各种氨基酸的总量为基础，显然不十分合理，因为食入的蛋白质不能完全被消化，消化后的氨基酸也不能完全被吸收，不同种类的饲料间又有着很大的差别。所以，人们希望从生物学可利用的角度表示饲料中的氨基酸含量和猪对氨基酸的需要量。为此，提出了氨基酸回肠消化率，它是指食糜到达回肠末端时，从肠道消失(吸收)的日粮氨基酸比例。测定方法是采用回肠末端漏管技术收集食糜，然后测定饲料及食糜中氨基酸含量及不消化标记物浓度，计算出氨基酸回肠消化率，即表观回肠氨基酸消化率。

$$\text{表观回肠氨基酸消化率}=\frac{\text{食入氨基酸}-\text{回肠食糜氨基酸}}{\text{食入氨基酸}}\times 100\%$$

由于回肠食糜中还含有肠壁脱落细胞及分泌的消化酶等成分中的氨基酸，使得测定结果偏低，为此，又将表观回肠氨基酸消化率校正为真回肠氨基酸消化率。

真回肠氨基酸消化率＝

$$\frac{\text{食入氨基酸}-(\text{食糜氨基酸}-\text{内源氨基酸})}{\text{食入氨基酸}}\times 100\%$$

第十版 NRC 饲养标准列出了猪对总氨基酸、表观回肠氨基酸、真回肠氨基酸的需要量及部分饲料的总氨基酸、表观回肠氨基酸消化率和真回肠氨基酸消化率。

(二)影响蛋白质与氨基酸利用率的因素

1.猪的年龄

猪对蛋白质的利用效率一般不超过 51％，幼龄猪生长率高，蛋白质代谢强度大，体内沉积蛋白质也多，利用率较高。随着年龄的增长，生长率降低，蛋白质代谢强度也相应减弱，利用率下降(表 2-5)。

表 2-5　不同体重阶段对蛋白质利用效率

体重(kg)	食入氮(g/天)	消化率(％)	沉积氮(g/天)	沉积氮/食入氮(％)	沉积氮/吸收氮(％)
20～30	33.7	84.3	16.7	49.5	56.8
30～40	43.9	82.3	17.0	38.7	50.0
40～50	46.5	84.6	21	45.1	53.3
50～60	58.8	83.0	20.9	35.9	43.3
60～80	52.9	84.8	16.9	32.3	38.0
80～90	64.2	82.2	19.0	30.0	35.1

体重(X,kg)与蛋白质利用效率(沉积氮/食入氮,Y,％)的关系为：

$$Y(\%)=58.06-0.36X$$

食入氮与沉积氮的关系为：

$$Y(\%)=22.67-0.567X+0.009X^2$$

所以，生产上应注意保证猪的早期生长发育，以提高蛋白质利用效率。

2. 蛋白质的品质

蛋白质所含必需氨基酸的量及其比例是影响蛋白质利用率的重要因素，猪在体内合成蛋白质时，对日粮中各种氨基酸尤其是必需氨基酸之间的比例有较固定的要求，因此，在配制日粮时，应按猪所需必需氨基酸比例合理搭配日粮，并补充必要的人工合成氨基酸，以提高蛋白质的利用率。

3. 蛋白质水平

蛋白质水平是影响蛋白质利用率的重要因素，蛋白质水平适宜时利用率较高，若喂量过多，蛋白质的利用率随过多的程度提高而下降。原因在于猪合成蛋白质的速度有一定限度，超过该限度，多余的蛋白质则作为能源被猪利用，造成蛋白质的浪费。故生产上应根据猪的瘦肉率高低、年龄大小、生理阶段、生长速度快慢等确定适宜的蛋白质水平。

4. 蛋白质的可消化性

不同种类饲料中的蛋白质消化率差异很大。如动物性饲料中的羽毛粉和结缔组织，由于胱氨酸和二硫键含量较高，结构稳定，不宜被消化酶消化，消化率很低，高粱中的单宁，大豆中的抗胰蛋白酶因子都能降低蛋白质的消化率。故生产上应注意原料的特性及加工调制方法。

5. 日粮能量水平

当日粮能量水平可满足猪的需要时，蛋白质才能主要用于体蛋白的沉积，若日粮能量水平不足，则蛋白质就被迫首先用作能源，用作能源的量随能量不足的程度而增加，从而使蛋白质的利用率下降。高能量水平除增加日增重和脂肪沉积外，也可在一定程度上增加蛋白质的沉积。所以，生产上为了提高蛋白质的利用率，应注意保证足够的能量供应。

6. 日粮粗纤维水平

日粮粗纤维的含量与性质对蛋白质的消化率影响很大，粗纤维含量过多，特别是含较多木质素的秕壳、稿秆类粗料，显著降低本身及其他营养物质的消化率，据测定，粗纤维含量每增加一个百分点，蛋白质消化率降低 1.0～1.5 个百分点。所以，在配制日粮时，在考虑适当降低日粮成本的同时，应注意控制粗纤维水平不要过高，生长猪一般不超过 4%～8%，不可采用秕壳、稿秆等含木质素较多的原料。

7. 矿物质与维生素水平

日粮中矿物质、微量元素与维生素的充分供应是保证蛋白质最大限度沉积的必要条件。配制日粮时，应注意这些营养的合理补充，保证日粮的全价营养，提高蛋白质及其他营养的利用率。

8. 加工调制

对于不同特性的蛋白质原料，应采用不同的加工调制方法，以提高蛋白质的利用率。如猪对羽毛粉、皮革粉等消化力极差，必须经水解加工后方可用作猪饲料；豆类含有抗胰蛋白酶因子等，必须经过适当加热处理再用作猪饲料，以提高蛋白质利用率。如大豆粕适当加热后蛋白质相对效率为 100%，加热过度的为 91%，加热不足的为 78%，未加热的为 40%，生大豆为 33%。

（三）猪的蛋白质与氨基酸需要

1. 仔猪

仔猪对蛋白质的需要以粗蛋白质或氨基酸的百分数来衡量。近年来随着猪的遗传改良、早期断奶技术的发展和环境控制程度的提高，仔猪健康状况和生长速度得到了改善，其所需蛋白水平与氨基酸水平也相应在发生变化。NRC(1998)规定了仔猪 3～5 kg、5～10 kg 和 10～20 kg 体重的粗蛋白质分别为 26%、23.7% 和 20.9%，赖氨酸分别为 1.50%、1.35% 和 1.15%，并增列了真回肠可消化氨基酸和表观回肠可消化氨基酸需要。

猪氨基酸需要的研究仍是近年来猪营养研究领域的重点之一,由于理想蛋白质概念的引入,通常把赖氨酸作为参照基础,只要确定了仔猪赖氨酸需要量,就可根据理想蛋白质确定其他必需氨基酸的需要量。

美国 NRC(1998)根据 1985 年以来的研究数据,将日粮赖氨酸的比例对体重进行多项式回归得出下式:

$$赖氨酸(\%)=1.793-0.0873W+0.00429W^2-0.000089W^3$$

式中:W 为活重(kg),$R=0.9985$。

Stahly 等(1994)的研究结果证明,具有较高瘦肉生长基因型的仔猪需要较高的日粮赖氨酸水平。Owen 等(1996)报道早期隔离断奶仔猪需要较高的日粮赖氨酸水平。蛋白质水平影响断奶仔猪对赖氨酸的需要,Henry 和 Seve(1993)认为,理想蛋白质中赖氨酸含量应为 6.5%~6.8%。Schenck 等(1992a)的试验结果显示,较热的环境需较高日粮赖氨酸水平才能使生产性能最佳。

由于仔猪胃肠道尚未成熟,供给易消化、生物学价值高的蛋白质饲料非常重要,生产上应予以注意。

2. 生长肥育猪

NRC(1998)推荐 20~50 kg、50~80 kg 和 80~120 kg 生长肥育猪的粗蛋白质分别为 18%、15.5%和 13.2%,赖氨酸分别为 0.95%、0.75%和 0.60%,并增列了真回肠可消化氨基酸和表观回肠可消化氨基酸需要。我国瘦肉型饲养标准规定 20~60 kg 和 60~90 kg 生长肥育猪的粗蛋白质分别为 16%和 14%,赖氨酸分别为 0.75%和 0.63%。其他必需氨基酸需要量可根据理想蛋白质加以确定。确定赖氨酸需要量的析因方法见谯仕彦等译的《猪营养需要》。

随着生长肥育猪年龄(或体重)的增加,所需粗蛋白质相对减少,瘦肉型生长肥育猪比肉脂型猪所需蛋白质多些。一般蛋白质水平超过18%对增重无益,并且增加猪的维持需要量,但可提高瘦肉率。为尽可能地降低饲料成本,人们提出了低蛋白日粮的说法。所谓低蛋白日粮是指在不影响猪的生产性能的条件下,蛋白质水平最低的日粮,采用低蛋白日粮可以降低N的排放量以及排泄物的异味,大大改善环境条件。

生产上为了发挥高瘦肉率型猪瘦肉增长的潜在优势,需相应调整日粮的氨基酸水平,Stathy等(1988)报道,高瘦肉率型猪达到最大瘦肉率和最大日增重所需的赖氨酸(0.80%~0.95%)比中等瘦肉率型猪大约高20%。

3. 妊娠母猪

NRC(1998)推荐妊娠母猪的粗蛋白质为12%~12.9%,赖氨酸为0.52%~0.58%,日采食量1.80~1.96 kg,并增列了真回肠可消化氨基酸和表观回肠可消化氨基酸需要,其他必需氨基酸需要量可根据理想蛋白质加以确定。我国猪饲养标准推荐粗蛋白质为11%~12%,赖氨酸为0.35%~0.36%,日采食量1.5~2.5 kg。确定赖氨酸需要量的析因方法见谯仕彦等译的《猪营养需要》。

蛋白质对母猪繁殖的影响,要经过连续几个繁殖周期才能确定,母猪妊娠期虽然对蛋白质的需要有较大的缓冲调剂作用,但如果长期蛋白质太低,将影响产仔后的泌乳,并对以后的繁殖性能及仔猪生后表现产生不良影响,对于初产母猪的影响更为严重。日粮中蛋白质水平过高,既浪费,也无益。

妊娠母猪的粗蛋白质摄入水平在很大范围内对仔猪体成分、产仔数及后代生长发育没有影响或影响很小,但对母猪的体重变化影响颇大。国外一些国家对母猪妊娠期粗蛋白质需要的估计值不断下降。NRC"猪的营养需要"从1959年的蛋白质需要445 g/天,下降到1988年的228 g/天和1998年的218~253 g/天。

ARC从1967年的日采食粗蛋白质250～400 g下降到1981年的140 g。ARC(1981)指出，母猪日采食粗蛋白质水平超过140 g时，繁殖成绩和仔猪表现都不能进一步改善。当日采食300 g粗蛋白质时，妊娠增重加大，泌乳失重也加大。因此在妊娠阶段确定粗蛋白质适宜给量主要在于维持母猪体况，以便保证下一胎正常繁殖。O'Grady(1980)在大量试验资料基础上提出日食入140～180 g粗蛋白质，可以获得最好的繁殖成绩，这一供给量也可满足母猪对氨基酸的需要。

猪对粗蛋白质的需要实际是对氨基酸的需要。要想获得最佳生产性能，饲粮中必须提供足够数量的必需氨基酸，合理的能量以及其他必需的养分。妊娠母猪的氨基酸需要可因遗传性能，能量水平，体重等许多因素的不同而所差异。衡量妊娠母猪氨基酸需要量是以满足蛋白质最大的沉积及脂肪的适宜沉积为前提。

4. 泌乳母猪

NRC(1998)推荐泌乳母猪的粗蛋白质为16.3%～19.2%，赖氨酸分别为0.82%～1.03%，日采食量3.56～6.40 kg，并增列了真回肠可消化氨基酸和表观回肠可消化氨基酸需要，其他必需氨基酸需要量可根据理想蛋白质加以确定。我国猪饲养标准推荐粗蛋白质为14%，赖氨酸为0.50%，日采食量4.8～5.3 kg。确定赖氨酸需要量的析因方法见谯仕彦等译的猪营养需要。

日粮粗蛋白质水平影响猪的泌乳量及乳成分。King等(1993)将日粮蛋白质水平从63 g/kg增至238 g/kg可使哺乳母猪早期的泌乳量从7.79 kg/天 上升至9.91 kg/天；晚期泌乳量从7.02 kg/天增加到8.9 kg/天；随日粮蛋白质浓度的升高，在整个泌乳期，乳中脂肪、干物质含量显著上升；乳中蛋白质含量在泌乳晚期也明显升高，蛋白质含量对泌乳性能的影响在较低的蛋白质水平表现得更为明显；但是，日粮中蛋白质水平对乳中氨基酸组成没有影响。泌乳量不仅与日粮中蛋白质含量有关，而且与日粮能量浓度也有关系。能量供应不足会限制母猪利用高水平蛋白质促进泌乳的能力，Tokack 等(1992)发现：对于采食 11.5 Mcal ME/天的母猪，每日提供 35 g 赖氨酸(Lys)可使泌乳量达到最大，超过 35 g/天的水平不能进一步提高泌乳量；而当母猪采食 16.5 Mcal ME/d 时，泌乳量随日粮 Lys 水平的提高而升高，直至试验设计的最高水平 45 g/天，并且 Lys 和能量水平对乳中除乳糖外的其他成分都有互作影响。在泌乳母猪日粮中添加缬氨酸(Val)能使乳中脂肪和干物质含量上升，但对蛋白质含量和组成没有影响。而添加异亮氨酸(Ile)不仅使乳中脂肪，干物质和蛋白质的含量上升，而且使蛋白质组分中酪蛋白的比例增加，乳清蛋白质比例降低。较高水平的 Val 和 Ile 水平在整个泌乳期都提高了乳脂率(Richert 等，1997)。Nissen 等(1994)曾观察到亮氨酸(Leu)的代谢产物 β-羟-β-甲基丁酸在泌乳期前几天使乳中脂肪含量升高，然后下降至低于对照组直到泌乳期结束。他认为支链氨基酸的衍生物在泌乳过程中可能起重要作用。

为了使母猪每年获得最多断奶仔猪数，断奶到再发情配种的时间间隔必须缩短。研究表明，日粮蛋白质和赖氨酸摄食量低时大大延长间隔时间，且对初产母猪影响最大。哺乳期日粮蛋白质和氨基酸水平对初产母猪特别重要，其原因是初产母猪本身的生长尚未结束，低劣日粮下母猪体况更差，哺乳期失重更大，断奶后需要恢复的时间就长。

三、矿物质

现已证明，猪的必需矿物元素约有 40 多种，根据它们在猪体内的含量分为常量元素和微量元素两大类，含量在 50 mg/kg 以上的元素即为常量元素，多用百分含量表示；低于 50 mg/kg 的元素即为微量元素多以 mg/kg 表示。

猪至少需要 14 种无机元素，包括常量元素钙(Ca)、磷(P)、钠

(Na)、氯(Cl)、钾(K)、硫(S)、镁(Mg)和微量元素铁(Fe)、铜(Cu)、锌(Zn)、锰(Mn)、碘(I)、硒(Se)和钴(Co)。此外,其他元素如砷(As)、溴(Br)、铬(Cr)、硼(B)、镉(Cd)、氟(F)、铅(Pb)、锂(Li)、钼(Mo)、镍(Ni)、硅(Si)、锡(Sn)和钒(V)等对猪也可能是必需的。

猪的非矿物质饲料原料中一般都含有各种矿物元素,但大多数原料提供的量都不能满足猪的营养需要,而且各种植物性原料由于受生长地水、土壤、气候条件、工业污染以及品种、生产季节和收获期的影响,表现出明显的地区性差异,生产中应根据当地实际情况,合理补充矿物质及微量元素。

(一)矿物质的基本功能

矿物质,尤其钙和磷是构成骨骼和牙齿的重要成分,对保持其强度和硬度具有重要作用。矿物质以电解质的形式存在于体液和软组织中,主要是钠、钾、氯,包括少量钙、镁、磷,对于维持机体的酸碱平衡和渗透压方面起着重要作用;具有维持神经、肌肉正常生理功能与促进分泌的作用;消化液中盐的成分和浓度还是消化酶作用的基本条件;许多矿物元素是多种酶的组成成分,铁是血红蛋白的组成成分,碘是甲状腺素的组成成分。矿物元素缺乏或过量,轻则影响生产性能,重则引起缺乏症或中毒。尤其随着畜牧业的发展,猪生产性能的提高,所需营养更加迫切;养猪生产的集约化、封闭式饲养,使猪远离自然环境,不能直接从土壤中得到矿物质;农业生产中化学肥料的过度使用,使土壤肥力减弱,某些矿物元素不足或严重不平衡。在养猪生产中如不另外添加矿物质和微量元素,必然给养猪生产带来严重损失。

(二)常量元素营养

1. 钙和磷

钙、磷占猪体总灰分的70%以上,体内总钙量的99%以上和总磷量的80%~85%存在于骨骼和牙齿中,其余存在于血液、淋巴、消化液及其他组织中。钙对于维持神经、肌肉的正常机能和细胞渗透性有重要作用，与凝血有关，还是乳汁的重要成分。磷对脂类代谢和细胞膜形成有重要作用。磷还参与能量代谢，是蛋白质及一些酶合成的必需成分。

NRC(1998)提出了3～120 kg体重矿物质需要量通用模型：

$$R=e^{[a+b(\ln BW)+c(\ln BW)]}$$

式中：R为某种矿物质的需要量(%)；BW为体重(3～120 kg)；a、b、c为估计参数，营养素不同，a、b、c的估计值也不同(表2-6)。

表2-6　3～120 kg体重猪钙、磷需要量(%)数学模型估计参数

项　目	参数			R^2
	a	b	c	
钙(%)	0.065 8	−0.102 3	−0.018 5	0.99
总磷(%)	−0.273 5	−0.026 2	−0.024 4	0.99
可利用磷(%)	−0.055 7	−0.416 0	0.005 0	0.99

NRC(1998)推荐妊娠和泌乳母猪钙和磷的需要量分别为0.75%和0.6%。

除豆科外，一般植物性饲料含钙均少，尤其是含镁量较高的酸性土壤，高燥盐碱以及高温多雨地区生长的饲料中含钙量更低。磷在籽实及其副产品中含量丰富，干旱年份或缺磷土壤生长的饲料含磷量少。饲料中的钙和无机磷容易被猪吸收，但饲料中的磷多以植酸磷的形式存在，猪、特别是幼猪对其利用能力很差，应予以注意。

一般植物性饲料难于满足猪对钙磷的需要，配合饲料应补加骨粉、石粉等无机钙和磷。

为了满足猪对钙磷的需要，首先应注意钙磷的供应量；其次是钙磷比例，一般应为(1～1.5)∶1；三是必须有足够的维生素D。

钙缺乏时，猪食欲不振，生长缓慢，跛行，肌肉强直，骨质松脆，繁殖困难，严重时幼猪患佝偻病，表现骨质软化，管骨弯曲，骨端粗，四肢关节肿大和弓背等。成年猪患骨软化症或骨质疏松症，尤其在妊娠后期、产后和要断乳时容易发生，常造成瘫痪。

磷缺乏时，猪食欲下降，常发生异食癖，生长不良，跛行，繁殖异常。严重时，幼猪患佝偻病，成年猪患骨软症。

钙磷供给过多也是有害的，它会使脂肪消化率下降；钙过多影响磷的吸收，磷过多影响钙的吸收；钙过量还会使磷、铁、锰、镁、碘等元素代谢紊乱，一般超量50%即可引起不良后果。

2. 钠、钾和氯

钠、钾和氯主要存在于体液和软组织中钠是细胞外液的主要阳离子，钾是细胞内液的主要阳离子，氯是体液中的主要阴离子。这三个元素在机体内维持酸碱平衡和渗透压，钠和钾在维持神经肌肉兴奋上具有重要作用。在多数情况下，日粮矿物质电解质平衡以 $Na^+ + K^+ - Cl^-$ 的量(mmol)表示。Wolynetz(1990)认为，计算电解质平衡时，钙、镁、硫和磷也应包括在内。Golz(1990)和 Haydon(1993)的研究证明，猪日粮最佳电解质平衡值为每千克日粮提供250 mmol过量阳离子($Na^+ + K^+ - Cl^-$)。日粮电解质平衡值在0～600 mmol范围内，均可出现最佳生长(Kornegay,1994)。

生长猪缺钠、氯时，食欲和消化机能减退，日增重和饲料利用率降低。成年猪缺钠时，食欲不振，精神委靡，消瘦，被毛粗乱。食盐不足出现异食癖，舔圈，严重缺乏时出现肌肉颤抖，四肢运动失调，心律不齐。猪缺氯时，皮肤、肌肉和内脏中氯含量下降，泌乳母猪泌乳力下降。猪缺钾时，食欲减退，被毛粗糙，消瘦、懒惰，运动失调，心率降低。

猪体内贮存钠的能力很差，一般植物性饲料中钠和氯的含量也很少，故对猪应经常供给食盐。食盐既是营养品，又是调味品，在猪饲粮内，食盐含量以0.25%～0.4%为宜。

(三)微量元素营养

NRC(1998)和我国猪饲养标准都推荐推荐了各类猪微量元

素需要量。猪对微量元素的需要量虽很少，但微量元素对猪非常重要。缺少或过量，轻则降低生长性能，重则引起缺乏症或中毒。几种比较重要的微量元素的功能和缺乏症见表 2-7。

表 2-7　微量元素的功能和缺乏症

名称	营养功能	临床症状	亚临床症状	备注
铁	血红蛋白的成分，参与体内氧的运输，是多种酶的成分，参与代谢	贫血，表现皮肤和可视黏膜苍白。被毛粗乱，食欲下降，生长缓慢或停滞，呼吸困难	血色素低，小红细胞贫血；心、脾肿大，脂肪性肝肿大；腹水；血清铁浓度下降，血红蛋白小于 7 g/100 mL	仔猪容易发生缺铁性贫血，过量也可引起中毒
铜	铜有利于铁的吸收，参与血红蛋白的合成；保证骨骼正常发育；围护血管正常功能和神经系统功能；维持正常繁殖	贫血，下痢；四肢软弱弯曲，自发骨折，共济失调；脑和脊髓损伤，生长迟缓	小细胞或低色素贫血，血清铜蓝蛋白下降，主动脉破裂，心脏肥大	高铜(125～250 mg/kg)可促进猪的生长
锌	多种酶的成分，为蛋白质合成和正常代谢所必需	皮肤发炎、不完全角化；睾丸发育不良，胚胎缺损；产程长，产仔数少，出生重低，死产率高；食欲不振，生长缓慢	血清、组织和母乳锌含量下降，血清蛋白和碱性磷酸酶下降；脂肪沉积减少；胸腺细胞减少，免疫应答下降	锌过量对铁、铜吸收不利
锰	多种酶的激活剂，与碳水化合物和脂肪的代谢有关；为骨骼生长和繁殖所必需	骨骼脆弱，跗关节肿胀，腿弯曲跛行；发情异常或乏情，流产，产弱仔，泌乳减少	骨松质被纤维组织取代，血清锰和碱性磷酸酶降低	过量锰影响钙磷利用

续表 2-7

名称	营养功能	临床症状	亚临床症状	备注
碘	作为甲状腺素的成分，调节体内代谢过程，促进主动生长发育	食欲不振，生长缓慢，被毛粗乱；繁殖障碍，产弱胎、死胎和无毛仔猪，颈部水肿	甲状腺肿大出血，甲状腺滤泡出血	距海较远的内陆地区容易缺碘
硒	抗氧化作用，有助于维生素 E 的吸收利用，协同维生素 E 保护细胞膜的完整，维持细胞正常功能	仔猪白肌病，食欲下降，生长迟缓；产程延长，产弱仔，猝死（快速生长的猪），泌乳障碍	血清硒水平下降，心肌变性（桑葚心），胃溃疡，贫血，脂肪组织变黄，免疫应答下降	硒的中毒剂量为 5～8 mg/kg 饲料，添加时应注意混匀
铬	三价铬以葡萄糖耐量因子或有机铬的形式，协助胰岛素发挥作用，影响碳水化合物、脂类、蛋白质和核酸的代谢；提高瘦肉率和初产猪产仔性能；抗热应激	分娩率下降，产仔数减少；热应激症状明显	血浆铬及皮质醇含量下降	猪对无机铬利用率较低，仅 1%～3%，一般多用有机铬如甲基吡啶铬、吡啶羧酸铬等
钴	作为维生素 B_{12} 的成分，与蛋白质和碳水化合物代谢有关	贫血，食欲不振，母猪流产	正常红细胞贫血，中性白细胞数偏高	土壤缺钴地区有时发生维生素 B_{12} 不足

四、维生素

维生素可理解为维持生命的要素，它是一种具有高度生物活性的有机化合物。猪所需要的维生素分为脂溶性维生素和水溶性维生素两大类，脂溶性维生素包括维生素 A、维生素 D、维生素 E、维生素 K 四种,可在体内贮存,贮存量受日粮供给情况的影响,不一定每日供给。水溶性维生素包括维生素 C、维生素 B_1、维生素 B_2、烟酸、泛酸、生物素、叶酸、维生素 B_{12} 等,大都不能在体内贮存,需经常得到供应。

NRC(1998)和我国猪饲养标准都推荐了各类猪维生素需要量,但饲养标准中的维生素推荐量大多是防止维生素临床缺乏症的最低需要量,为了满足猪的最佳生产性能或抗病能力等,实践中都在饲粮里超量添加维生素。由于维生素本身的不稳定性和饲料中维生素状况的变异性,使得合理满足仔猪维生素的需要难度较大。其影响因素主要包括日粮类型、日粮营养水平、饲料加工工艺、贮存时间与条件、仔猪生长遗传潜力、饲养方式、食欲和采食量、应激与疾病状况、药物的使用、体内维生素储备等。

猪对各种维生素的需要量极少,但在猪体内的作用却极大。猪体内一切新陈代谢都离不开各种酶,而许多维生素就是酶的组成成分,有的直接参与酶的活动。所以,当某种维生素不能满足猪的需要时,就会影响猪的正常代谢,并出现相应的维生素缺乏症。维生素的营养功能与缺乏症见表 2-8。

表 2-8　维生素的营养功能与缺乏症

名称	营养功能	缺乏症	来源	备注
维生素 A	保证正常视力,对眼睛、及消化、呼吸、神经、泌尿生殖系统的上皮起保护作用,并维持其正常功能,促进幼猪生长,促进骨骼发育	生长缓慢,夜盲、干眼病;易感染呼吸道疾病,公猪精液品质下降,母猪乏情、流产、胎儿畸形,产仔数少,初生仔猪死亡率高	胡萝卜,苜蓿,黄色玉米,青绿饲料	在高温、光照和空气中易被氧化破坏

续表 2-8

名称	营养功能	缺乏症	来源	备注
维生素D	有利于钙磷吸收与利用，为猪的骨骼正常发育所必需	生长停滞，幼猪患佝偻病，成年猪骨软化、疏松，肌肉强直，跛行、后肢麻痹	晒制的青干草，尤其是豆科牧草，猪适当晒太阳	饼粕类及禾谷类籽实几乎不含维生素D
维生素E	又称生育酚，主要功能是维持猪的正常繁殖机能；抗氧化作用，保护细胞膜完整，保护易氧化物质	公猪睾丸发育不良，精液品质降低，母猪流产、死胎、产程延长，产弱仔，白肌病，肝坏死	青饲料，禾谷类籽实及其副产品，谷物胚芽	与硒有协同作用，易被氧化而破坏
维生素K	凝血酶原的形成和血液凝固所必需	仔猪贫血，凝血时间延长或出血不止，大面积皮下出血，耳血肿，关节充血肿大	糠麸、豆类籽实、青饲料、鱼粉等含量较高，小肠内能合成	一般不会缺乏
维生素B_1	为许多细胞酶的辅酶，改进胃肠蠕动和胃液分泌，增强食欲；为碳水化合物代谢与繁殖所必需	厌食，呕吐，腹泻，胎儿畸形，仔猪虚弱或死亡，猝死	糠、麸、酵母，禾谷类籽实，青绿饲料	一般不易缺乏
维生素B_2	为各种黄酶辅基的成分，参与脂肪、蛋白质及能量代谢	采食减少，增重下降；脂溢性皮炎，脱毛，呕吐，腹泻；母猪乏情、泌乳力低；仔猪虚弱、死亡	青绿饲料，青干草，苜蓿，酵母，肝粉，花生饼	易被紫外线、碱及重金属破坏

续表 2-8

名称	营养功能	缺乏症	来源	备注
烟酸	是两种重要辅酶的成分，参与体内许多重要代谢过程；保护皮肤，维持消化系统的正常功能	皮炎，脱毛，食欲不振，偶尔呕吐，下痢，生长停滞	鱼粉，酵母，花生饼，酒糟，禾谷类籽实及其副产品，色氨酸	植物中的烟酸利用率低，不易被理化因素破坏
维生素 B_6	体内多种酶的辅酶，参与蛋白质、脂肪和碳水化合物代谢，与抗体和红细胞形成有关	厌食，生长不良，贫血，神经系统受损，抽搐，共济失调，眼周围分泌物增加	酵母，糠麸，豆类饼粕	一般不易缺乏
泛酸	为辅酶A的成分，参与蛋白质、脂肪和碳水化合物代谢	食欲降低，生长缓慢，皮肤干燥，脱毛，腹泻，乏情，繁殖力降低后肢运动失调	植物饲料中含量丰富，特别是酵母、苜蓿和花生饼中	易吸潮，不稳定
叶酸	参与体内多种代谢，与红细胞形成有关	贫血，皮炎毛色变淡，脱毛，消化、呼吸、泌尿系统黏膜损害	常用饲料含叶酸丰富，肠内能合成	一般不易缺乏
生物素	某些酶的辅酶，参与有机物代谢	皮肤干燥发炎，被毛脱落，后肢痉挛，眼周有渗出物，口腔黏膜发炎，蹄壳横裂，足垫裂开和出血，窝产仔数下降	青绿饲料，酵母和其他所有饲料，肠道合成	一般不易缺乏 3 周龄内合成不足有可能缺乏

续表 2-8

名称	营养功能	缺乏症	来源	备注
胆碱	作为卵磷脂成分，参与脂肪代谢，与神经传导有关	瘦弱，脂肪肝，仔猪生长停滞，后肢弯曲运动失调，被毛粗乱，繁殖力降低，泌乳减少	一般饲料含量较多	妊娠母猪饲养水平低易缺乏
维生素 B_{12}	为钴酰胺辅酶的成分，参与蛋白质代谢；维持猪的正常生长和繁殖	生长停滞，贫血，皮炎，被毛粗糙，异嗜，后肢运动失调，繁殖力降低	动物性蛋白饲料，牛粪	碱、强酸、氧化剂、还原剂、铁盐等可将其破坏
维生素 C	参与体内多种代谢，抗氧化，解毒	坏血病，全身小点出血，生长停滞	青饲料和各种果实，体内合成	易被氧化剂破坏，一般不易缺

大多数维生素都不能在猪体内合成，即使某些维生素可以在猪体内合成，往往也因合成速度太慢或太少而不能满足猪的需要，所以必须由饲料中经常得到补充。

青绿饲料含各种维生素较多，如果保存、调制得当，合理搭配，在一般生产条件下是较容易达到平衡的。所以，喂给青绿饲料是补充维生素的重要途径。否则，日粮中必须另外添加人工合成的多种维生素添加剂。

第二节 猪的常用饲料

猪的常用饲料有能量饲料。蛋白质饲料、青饲料、青贮饲料、粗饲料、矿物质饲料和饲料添加剂等。以下将分述各类饲料的营养特性和利用方法。

一、能量饲料

能量饲料是指粗纤维含量低于18%，粗蛋白质含量低于20%的饲料，其营养特性是含有丰富的易于消化的淀粉，是猪所需要能量的主要来源。但这类饲料蛋白质、矿物质和维生素的含量低。主要包括禾谷类籽实及其加工副产品、淀粉质的块根块茎等。

(一)禾谷类籽实

禾谷类籽实指禾本科植物成熟的种子，包括有玉米、高粱、大麦、燕麦、小麦、稻谷、小米等。这类饲料的特点是含有丰富的无氮浸出物，占干物质的70%～80%，其中主要是淀粉，占80%～90%。其消化率很高，消化能大都在13 MJ/kg以上。缺点是蛋白质含量低，在8.5%～12%。单独使用该类饲料不能满足猪对蛋白质的需要；赖氨酸、蛋氨酸含量也较低；缺钙，缺磷比也不适宜，缺乏维生素A(除黄玉米外)和维生素D。

1. 玉米

玉米产量高，能值高，适口性好，对任何动物都无副作用，具有饲料之王的美称。缺点是蛋白质含量低，在8.5%左右，并缺乏赖氨酸、蛋氨酸、色氨酸和胱氨酸，矿物质和维生素不足，但黄玉米含胡萝卜素较多，可在猪体内转变为维生素A。另外，玉米含脂肪多，一般在4%以上，并且不饱和脂肪酸所占比例大，粉碎后易酸败变质、发苦，口味变差，不宜久贮，夏季粉碎后宜在7～10天内喂完。

玉米籽实不易干，含水量高的玉米容易发霉，尤以黄曲霉菌和赤霉菌危害最大。黄曲霉毒素可直接毒害有关酶和DNA模板，具有致癌作用。赤霉烯酮与雌激素作用有相似之处。据试验，日粮含0.000 2%赤霉烯酮可使母猪卵巢病变，抑制发情，减少产仔数，公猪性欲降低，配种效果变差。0.006%～0.008%可使初产母猪全部流产，在生产上应引起注意。

2. 高粱

营养成分比玉米略低，其价值相当于玉米的70%～95%。蛋白质品质也稍差，缺乏胡萝卜素。另外高粱含有单宁，有涩味，适口性差，喂量过多易引起便秘，但对仔猪非细菌病毒性拉稀有止泻作用。

3. 大麦

大麦多带皮磨碎，粗纤维含量较高，其价值相当于玉米的90%左右。大麦含蛋白质较高，为11%～12%，品质也较好；脂肪含量低，喂肥猪可得白色硬脂的优质猪肉。

4. 小麦

蛋白质含量较玉米高，能量略比玉米略低，适口性较玉米好，其价值相当于玉米的100%～105%。但小麦中含有阿拉伯木聚糖、β-葡聚糖、植酸、外源凝集素、抗胰蛋白酶等抗营养因子，其中最主要的是阿拉伯木聚糖，含量高达61 g/kg DM，其主要抗营养特性是高黏稠性和持水性，喂量过高可引起腹泻，一般不宜超过日粮的30%，否则需添加小麦专用酶或复合酶。小麦作饲料时宜粗磨，以免糊口。

5. 稻谷

稻谷含有稻壳，粗纤维较高，其营养价值仅为玉米的80%～85%。稻谷去壳为糙米，糙米去米糠为大米，在加工过程中留存在2.0 mm圆孔筛以上，不足正常整米2/3的米粒称大碎米，通过直径2.0 mm圆孔筛，留存在直径1.0 mm圆孔筛以上的碎米称小碎米。糙米、碎米的营养价值接近玉米。

(二)糠麸类

1. 小麦麸

即麸皮，系由小麦的种皮、糊粉层与少量的胚和胚乳组成，其营养价值因面粉加工工艺过程不同而异。小麦籽实由胚乳(85%)。种皮与糊粉层(13%)及麦胚(2%)组成，在面粉生产过程中，不是全部胚乳都可转入到面粉之中。上等面粉只有85%左右的胚乳转入面粉，其余的15%与种皮、胚等混合组成麸皮的成分，这样的麸皮占粒实重的28%左右，故每100 kg小麦可生产面粉72 kg，麸皮28 kg，这种麸皮的营养价值较高。如果面粉质量要求不高，不仅胚乳在面粉中保留较多，甚至糊粉的一部分也进入面粉，则生产的面粉较多，可达84%，而麸皮产量较少，仅16%，这样，面粉与麸皮两方面的营养价值都降低。

麸皮的种皮和糊粉层粗纤维含量较高(8.5%～12%)，营养价值较低，因而，麸皮的能值较低，消化能为10.5～12.6 MJ/kg；麸皮的粗蛋白质含量较高，可达12.5%～17%，其质量也高于麦粒，含赖氨酸0.67%；B族维生素含量丰富；含钙少，含磷多，几乎成1∶8的比例。

麸皮容积较大，可调节日粮营养浓度和沉重性质；麸皮具有轻泻作用，适于喂母猪，可调节消化道机能，防止便秘，一般喂量为5%～25%。因麸皮中含有较高的阿拉伯木聚糖，喂量超过30%将引起排软便；麸皮吸水性强，大量干喂也可引起便秘。

2. 米糠

米糠是糙米加工成白米时分离出的种皮、糊粉层与胚三种物质的混合物，与麦麸情况一样，其营养价值视白米加工程度不同而异。加工的白米越白，则胚乳中的物质进入米糠越多，米糠的能量价值越高。但糙米出糠量少，一般为6%～8%。

米糠的蛋白质含量高，为12%左右。而且多为不饱和脂肪酸，易氧化酸败，不易贮藏。富含B族维生素。含钙少，含磷多。喂量一般不超过30%，肉猪喂量过多易引起软质肉脂，幼猪喂量过多易引起腹泻。

米糠榨油后的产品称为脱脂米糠，也叫糠饼，脂肪含量下降，能值降低。

稻壳粉(砻糠)和少量米糠混合称统糠。常见的有“二八糠”和

“三七糠”,即米糠与稻壳粉的比例分别为 2∶8 和 3∶7。统糠属于粗饲料,不适于喂猪。

(三)淀粉质块根块茎类

主要有甘薯(山芋)、马铃薯(土豆)等,它们常被列入多汁饲料,但含水分比多汁饲料少,为 70%～75%,粗纤维含量低,只占干物质的 4%左右,钙含量也较少。有黑斑病的甘薯不要喂猪,以免中毒。

二、蛋白质饲料

粗纤维含量低于 18%,粗蛋白质含量高于 20%的饲料叫蛋白质饲料,包括豆科籽实、油饼(粕)类、糟渣类、动物性蛋白类和单细胞蛋白类。

(一)豆科籽实

豆科籽实包括有黄豆、黑豆、蚕豆、豌豆等,其特点是蛋白质含量高(20%～40%),品质优良,但含有多种有毒有害成分。大豆含有蛋白酶抑制剂。植物性红细胞凝集素、皂甙、胃肠胀气因子、植酸、抗维生素、致甲状腺肿物质。类雌激素因子等,其中最主要的是蛋白酶抑制剂,它也存在于豌豆、蚕豆、油菜籽等 92 种植物中,特别是豆科植物,但以大豆中的活性最高。它的有害作用主要是抑制某些酶对蛋白质的消化,降低蛋白质的消化利用率,引起胰腺重量增加,抑制猪的生长。

蛋白酶抑制剂是一些糖蛋白,加热可使其变性,失去生物活性,其他抗营养因子也同时遭到破坏(除胃肠胀气因子。皂甙等少数几个较耐热因子外)。蛋白酶抑制剂受热而破坏的程度,因温度、压力、水分含量、加热时间、饲料颗粒大小等而不同,一般高温、高湿、高压及小的粒度,可使其更快地破坏。如果加热过度,也会导致一些氨基酸的破坏,尤其是赖氨酸、精氨酸和胱氨酸,同时降低异亮氨酸和赖氨酸的消化率,并降低猪的采食量与生产性能。

一般认为，大豆用水泡至含水量60%时，蒸煮5 min；或常压蒸汽加热30 min；1 kg压力蒸汽加热15～20 min，去毒效果较好。

豆科籽实主要是人的食物，只在必要的情况下少量用作饲料。

(二)油饼(粕)类饲料

饼粕类的生产技术有两个，即溶剂浸提法与压榨法。前者的副产品为“粕”，后者的副产品为“饼”，粕的蛋白质高于饼，饼的脂肪含量高于粕，并且由于压榨法的高温高压导致蛋白质变性，特别是赖氨酸、精氨酸破坏严重，但高温高压也使有毒有害物质遭到破坏。

1. 豆饼(粕)

豆饼(粕)蛋白质含量高，豆饼42%以上，豆粕45%以上，品质优良，尤以赖氨酸、色氨酸含量较多，蛋氨酸含量较少；粗纤维5%左右，能值较高；富含核黄素与烟酸，胡萝卜素与维生素D含量少。在植物性蛋白质饲料中，豆饼(粕)的质量是最好的。

但是，大豆中的有毒有害物质，因加工条件不同而不同程度地存在于豆饼(粕)中，从而降低蛋白质及其他营养物质的消化吸收率，易引起猪尤其是幼猪腹泻，增重降低，饲料利用率下降。加热虽然可以破坏这些有毒有害物质，但加热过度也会导致蛋白质中某些氨基酸的破坏。大豆制品中含有脲酶，容易检测，所以常采用测定脲酶活性来衡量大豆饼粕的热处理程度，美国大豆粕质量标准中规定脲酶活性为0.05～0.2(pH增值法)，多数国家为0.05～0.5，0.5以上说明加热不足，0.05以下说明加热过度。加热程度对大豆饼蛋白质的影响见表2-9。

2. 花生饼

含粗蛋白41%以上，蛋白质品质低于豆饼，赖氨酸、蛋氨酸含量较低。花生饼有甜香味，适口性好，但容易变质，不宜久贮，特别容易发霉，产生黄曲霉毒素，对幼猪毒害最甚，贮存时应注意保持低温、干燥。

表 2-9 加热程度对大豆饼蛋白质的影响

项　目	蛋白相对效率(%)	脲酶活性
生大豆	30	1.90
未加热大豆饼	36	1.80
加热不足的大豆饼	70	0.75
加热适当的大豆饼	89	0.20
加热过度的大豆饼	81	0.00

3. 棉籽饼(粕)

棉籽饼(粕)含粗纤维较高，一般14%左右，含粗蛋白30%～40%，赖氨酸含量低，只有豆饼的60%，消化率也比豆饼低25个百分点。据测定，所有必需氨基酸的消化率，豆饼为84.2%，棉籽饼为72.7%。

棉籽中含有毒有害物质，其中主要是棉酚，在棉籽中的含量为1.0%～1.7%，经过榨油加工，存在于棉籽中的棉酚大部分转入油中，部分受热与棉籽中的蛋白质结合形成对猪无毒的结合棉酚，但仍有部分棉酚呈游离状态残留在饼(粕)中，其残留量决定于棉籽中棉酚的含量与工艺过程。据中国农业科学院畜牧研究所营养室测定，棉籽饼(粕)中的棉酚含量，螺旋压榨为0.075%，预压浸出为0.07%，土榨为0.196%。

生产上为了充分利用棉籽饼，对含毒较高的棉籽饼(粕)应进行去毒处理。棉籽饼(粕)加水煮沸1 h可去毒75%，0.4%硫酸亚铁、0.5%石灰水浸泡2～4 h，效果较好。按铁与棉酚1∶1的比例往日粮中加入硫酸亚铁，也可起到解毒作用。

4. 菜籽饼(粕)

菜籽饼粕含粗蛋白35%～40%，赖氨酸含量比豆饼低，蛋氨酸含量较高，蛋白质消化率75%～80%，低于豆饼蛋白，粗纤维10%左右。

菜籽饼(粕)中含有硫葡萄糖甙、芥子碱、芥酸、单宁等有毒有害成分,其中主要是硫葡萄糖甙,菜籽中含量为3%~8%,但它本身并没有毒性,而是在发芽、受潮、压碎等情况下,菜籽中伴随的硫葡萄糖甙酶可将其分解为异硫氰酸酯、噁唑烷硫酮、氰等有毒物质。硫葡萄糖甙还可在酸碱的作用下水解,并且比酶解更快。异硫氰酸酯有辛辣味,严重影响菜籽饼的适口性;高浓度时对黏膜有强烈刺激作用,可引起胃肠炎、肾炎、支气管炎及肺水肿,也可引起甲状腺肿。水洗不能将其除去,加热、日晒可使其失去活性。硫氰酸酯和噁唑烷硫酮也都可导致甲状腺肿,进入体内迅速析出氰离子,对机体毒害作用极大,可引起细胞窒息,抑制动物生长,加热可破坏促进氰生成的因子,减少或防止氰的生成。

为了合理利用菜籽饼,可对其进行去毒处理,如水浸法,将菜籽饼(粕)浸泡数小时,再换水1~2次。坑埋法,将菜籽饼(粕)用水拌和后封埋于土坑中30~60天,可去除大部分毒物。另外还有硫酸亚铁处理法、碳酸钠处理法、加热法、微生物发酵法等。对于未脱毒的菜籽饼(粕)应控制喂量,一般种猪与仔猪不超过日粮的5%,肉猪不超过10%~15%,与其他饼类搭配使用比单一使用效果好。

(三)糟渣类

糟渣多为食品加工的副产品,其品种繁多,猪常用的糟渣有粉渣、豆腐渣、酱油渣、醋糟、酒糟等。由于原料和产品种类不同,各种糟渣的营养价值差异很大。主要特点是含水量高,不易贮存。按干物质计算,许多糟渣可归入蛋白质饲料,但有些糟渣的粗蛋白含量达不到蛋白质饲料水平。

1.粉渣

粉渣是制作粉条和淀粉的副产品,由于大量淀粉被提走,所以,残存物中粗纤维、粗蛋白质、粗脂肪等的含量均相应比原料大大提高。粉渣的质量好坏随原料而有所不同,以玉米、甘薯、马铃薯等为原料产生的粉渣，蛋白质含量仍较低，品质也差；以绿豆、豌豆、蚕豆等为原料产生的粉渣，粗蛋白质含量高，品质好。

无论用哪种原料制得的粉渣，都缺乏钙和维生素，如长期用来喂猪，应注意搭配能量、蛋白质、矿物质和维生素等饲料，保证猪的营养平衡。

粉渣含水 85%以上，如放置过久，特别是夏天气温高，容易发酵变酸，猪吃后易引起中毒。因此，用粉渣喂猪，越鲜越好。如放置过久酸度高的粉渣，喂前最好先用适量的石灰水或小苏打中和处理，然后再喂。

粉渣可晒干贮存，也可窖贮，或与糠麸、酒糟混贮，贮存时含水量 65%～75%为宜。

2. 酒糟

酒糟是酿酒工业的副产品，由于大量淀粉变成酒被提取出去，所以无氮浸出物含量低，粗蛋白等其他成分相对增高。酒糟的营养价值因原料种类而异，原料主要有高粱、玉米、大米、甘薯、马铃薯等，啤酒以大麦作原料。好的粮食酒糟和大麦啤酒糟比薯类酒糟营养价值高 2 倍左右。但酿酒过程中常加入稻壳，使酒糟营养价值降低。

酒糟干物质含粗蛋白 20%～30%，蛋白质品质较差。酒糟中含磷和 B 族维生素丰富，缺乏胡萝卜素、维生素 D 和钙质，并残留部分酒精。

酒糟不宜用来大量喂种猪，以免影响繁殖性能。肉猪大量饲喂易引起便秘，最好不要超过日粮的 1/3，并注意与其他饲料搭配，保持营养平衡。

酒糟含水 65%～75%，如放置过久，易产生游离酸和杂醇，猪吃后易引起中毒。因此，宜用鲜酒糟喂猪或妥善保藏。一种是晒干保藏，一种是加适量糠麸，使含水量在 70%左右，进行窖贮。方法同青贮。

3. 豆腐渣、酱油渣

豆腐渣和酱油渣主要是以大豆或豆饼为原料加工豆腐和酱油的副产品。由于提走部分蛋白质，豆腐渣和酱油渣蛋白水平较原料低，其他成分提高。一般干渣含粗蛋白20%～30%，品质较好。

豆腐渣含蛋白酶抑制物质，喂多了易拉稀，也缺少维生素，喂前煮熟为好。酱油渣含较多的食盐，7%～8%，不能大量喂猪，以免引起食盐中毒。

鲜豆腐渣含水80%以上，鲜酱油渣含水70%以上，易腐败变质，为此，可晒干贮藏，或与酒糟窖贮，也可单独窖贮。

(四)动物性蛋白质饲料

动物性蛋白质饲料是鱼类、肉类和乳品加工的副产品以及其他动物产品的总称。猪常用的动物性蛋白质饲料有鱼粉、血粉、羽毛粉、肉粉、肉骨粉、蚕蛹、全乳和脱乳以及乳清粉等。其特点是蛋白质含量高，大都在55%以上，各种必需氨基酸含量高，品质好，几乎不含粗纤维，维生素含量丰富，钙、磷含量高，是一种优质蛋白质补充料。

1. 鱼粉

品质优良的鱼粉呈金黄色，脂肪含量不超过8%，干燥而不结块，水分不高于15%，食盐含量低于4%。鱼粉的脂肪含量高，容易氧化变质，呈黑色或咖啡色。优质鱼粉蛋白质含量在60%以上，富含谷物类饲料缺乏的胱氨酸、蛋氨酸和赖氨酸。维生素A、维生素D和B族维生素多，特别是植物性饲料容易缺乏的维生素B_{12}含量高。矿物质量多质优，富含钙、磷、锰、铁、碘等，但钙、磷含量过多，则说明鱼骨多，品质差。由于鱼粉价格较高，一般只用于喂幼猪和种猪，用量在10%以下。

2. 肉骨粉

肉骨粉是由不适于食用的畜禽躯体、骨头、胚胎、内脏及其他废物制成，蛋白质含量在30%～55%，消化率在60%～80%。赖氨酸含量高，钙、磷、锰含量高，用量为猪日粮的10％左右。正常肉骨粉呈黄色，有香味；发黑而有臭味的肉骨粉不能饲用。

3. 血粉

血粉是屠宰场屠宰家畜时得到的血液经干燥制成。方法有常规干燥、快速干燥、喷雾干燥，其中以喷雾干燥获得的血粉消化利用率最高，常规干燥的血粉消化利用率最低。血粉含蛋白质80％以上，但蛋氨酸、异亮氨酸和甘氨酸含量低。在猪日粮中添加一般不超过5％，在仔猪日粮中加1％～3％具有良好效果。如果干燥前将血浆与血细胞分离，制成喷雾干燥血浆粉，蛋白质含量为68％左右，赖氨酸6.1％，在仔猪日粮中添加6％～8％，代替脱脂奶粉，能取得良好效果。

4. 羽毛粉

羽毛粉由家禽的羽毛制成，含蛋白质85％以上，含亮氨酸和胱氨酸较多，赖氨酸、色氨酸和蛋氨酸不足。含维生素B_{12}和未知生长因子。经水解处理的羽毛粉，蛋白质消化率可达80％～90％，未经处理的羽毛粉消化率很低，仅30％左右。

5. 单细胞蛋白质饲料

单细胞蛋白质饲料是指用饼（粕）或玉米面筋等做原料，通过微生物发酵而获得的含大量菌体蛋白的饲料，包括酵母、真菌、藻类等。

目前酵母应用较广泛，一般含蛋白质40％～80％。除蛋氨酸和胱氨酸较低外，其他各种必需氨基酸的含量均较丰富，仅低于动物蛋白质饲料。酵母富含B族维生素，磷含量高，钙较少，一般喂量为日粮的2％～3％。

三、青饲料

青饲料种类繁多，包括天然草地牧草、栽培牧草、蔬菜类、作物茎叶、枝叶及水生植物等。这类饲料产量高，来源广，成本低，采集方便，适口性好，养分比较全面。

青饲料蛋白质含量较高，一般占干物质的10%～20%，豆科植物含量更高，蛋白质品质较好，赖氨酸含量较玉米高1倍以上。青饲料含有丰富的维生素，如胡萝卜素比玉米籽实高50～80倍，核黄素高3倍，泛酸高近1倍，并富含尼克酸，维生素C、维生素E、维生素K等。青饲料含有丰富的矿物质，钙、磷含量高，比例合适，镁、钾、钠、氯、硫等含量也较高。青饲料中粗纤维所含木质素少，猪易于消化。因此，青饲料喂量适当，不但可以节省精料，而且可以完善日粮营养，使养猪生产获得比单喂精料更高的生产效果和经济效益。20世纪初，在维生素被发现以前，青绿饲料被认为是仔猪和雏鸡日粮绝对不可缺少的饲料组分。在近代，随着科学技术的进步，人们不但可以用其他来源的精制维生素为猪配制出完全能满足营养需要的日粮，而且方法简单，更省工，成本也较低。因此，青绿饲料在养猪业中已不是绝对不可少的了。青饲料确实有它的缺点，如水分含量高，一般在70%～95%。粗纤维含量高，占干物质的18%～30%，喂多了易引起腹泻。青饲料还受季节、气候、生长阶段的影响与限制，生产供应和营养价值很不稳定，为配制平衡饲粮增加了困难。同时，种、割、贮、喂费工费时，极不方便。所以，许多规模化猪场，使用添加多种维生素的全价日粮，不再喂给青绿饲料。不过，生产实践证明，在喂给全价配合料时，再加喂一些青饲料，会取得更好的效果，特别是对种猪，可提高繁殖性能。

据以上所述，青饲料喂与不喂，喂量多少，应根据具体情况而定(表2-10)。如果青饲料来源充足、便利，价格低廉，可按表2-10推荐量喂，在青饲料不太充足的情况下，则优先保证种猪；如果来源不便，也可不喂。青饲料喂猪应以优质、幼嫩的为好，如苜蓿、苦荬菜、蔬菜类和一些水生饲料等。

表 2-10 各类猪青饲料大致用量

项　目	长肥猪	后备母猪	怀孕母猪	泌乳母猪
占日粮干物质	3%～5%	15%～30%	25%～50%	15%～35%

四、青贮饲料

青贮饲料是指将新鲜青饲料填入密闭的青贮窖、塔、壕、袋等容器内，经微生物发酵保存的饲料。青贮饲料能有效地保存新鲜青饲料的营养成分，青贮后只降低 10% 左右，而晒干则降低 30%～50%，特别是能保存蛋白质和维生素。青贮饲料耐贮存，可供全年喂用。

青贮窖、塔或壕应建在地势高燥、易排水处，建筑要求坚固、不漏气、不漏水。其大小可根据需要而定。

青贮原料应有一定含糖量，一般不低于 1%～1.5%。适合做青贮的原料主要有玉米等禾本科植物、青草、野菜、甘薯藤、甜菜、萝卜缨等。含糖量少而含粗蛋白质较多的豆科植物如苜蓿、苕子、草木犀、蚕豆苗、青刈大豆苗等不宜作青贮原料，如有必要，可与禾本科植物混贮，以防变质。

青贮原料含水量应为 65%～75%，原料粗老时可达 80%。

青贮时先切短，一般以 3～5 cm 为宜，再装填，压实，每装填 20～30 cm 厚，即应踩实，最好用拖拉机压紧，用藁秆(厚 20～30 cm)或塑料薄膜覆盖，加土 30～50 cm 厚，并随时注意防止漏水漏气。

一般封埋 17～21 天即可开窖喂用。正常的青贮料为青绿或黄绿色，有酸香并带酒味。低劣的青贮料呈黄褐色或暗褐色，甚至黑色，有刺鼻酸味或腐臭味。

五、粗饲料

凡粗纤维含量在 18% 以上的均属粗饲料，包括秸秆、秕壳和干草等。这类饲料的特点是:含粗纤维多,质地粗硬,适口性差,不易消化,可利用的营养较少,饲喂效果不及青饲料。粗饲料的质量差别较大,效果各异。

衡量粗饲料质量的主要指标,首先是粗纤维含量的多少,木质化的程度,其次是所含其他营养物质的数量和质量。一般来说,豆科粗饲料优于禾本科粗饲料,嫩的优于老的,绿色的优于枯黄的,叶片多的优于叶片少的。如苜蓿等豆科干草、野生青干草、花生秧、大豆叶、甘薯藤等,粗纤维含量较低,一般在18%～30%,木质化程度低,并富含蛋白质、矿物质和维生素,营养全面,适口性好,较易消化,在肉猪及种猪饲粮中适当搭配,具有良好效果。而藁秆、秕壳饲料如小麦秸、稻草、花生壳、稻壳、高粱壳等,含粗纤维含量极高,一般为30%～65%,而且木质化程度高,质地粗硬,猪难以消化,如用这类饲料喂猪,不仅对猪没有好处,而且还会起副作用。所以用粗饲料喂猪,应注意质量,同时要合理加工调制,掌握适当喂量。注意适宜的收割时间和贮藏方法,防止粗老枯黄。

(一)青干草

青草在未结籽实前割下来干制而成。由于干制后仍保持一定绿色,故称青干草。干制青草的目的与青贮相同,是为了保存青饲料的营养价值。晒制的干草含有维生素,但多数营养物质有损失,损失程度较青贮饲料大。

青干草的营养价值取决于制造它们的原料种类、生物阶段与调制技术。就原料而言,豆科植物,如苜蓿、三叶草、草木犀等含有较丰富的蛋白质、矿物质和维生素。如果豆科植物在干草中占的比例大,青干草的质量就好,否则质量就差。

青草的生长阶段对其营养成分影响很大。因此,晒制干燥的植物,应在产量很高和营养物质最丰富的时期收割。禾本科植物一般在抽穗期,豆科植物一般在孕蕾期或初花期,此时收割晒制的干草营养价值高,含粗蛋白、胡萝卜素多,含粗纤维少。

调制青干草的方法是否得当，对保存营养、减少损失关系极大。特别是蛋白质和胡萝卜素营养的损失最为明显。方法不当时，前者损失可达20%～50%，后者可达80%。实践证明，人工快速干燥（机械干燥）营养损失少，一般可保存90%～95%的养分。

我国目前以地面晒制为主，但应注意晒制方法，以减少损失。一般先采用薄层平铺曝晒4～5 h，水分由65%～85%减少到38%左右，即可堆成高1 m，直径1.5 m的小堆，继续晾晒4～5天，等水分下降到17%，最好15%以下时即可上垛。

优质干草的颜色为青绿色且有光泽，叶片保存较多，具有芳香气味。劣质干草色泽枯黄，蛋白质及胡萝卜素含量较低。暗褐色发霉的干草不能用来喂猪。

青干草喂猪前应粉碎，最好在1 mm以下，一般越细越好。猪日粮中适当搭配青干草粉可以节约精料，降低饲养成本，提高经济效益，幼猪及肉猪喂量为1%～5%，种猪为5%～10%。

（二）树叶

我国山区和半山区的多种树叶也是喂猪的好饲料。可以用来喂猪的优质树叶有榆、桑、槐、紫穗槐、松针、柳、杨等树叶，此外，各种果树如杏、桃、梨、枣、苹果、葡萄等树叶也可用来喂猪。

树叶的特点是粗纤维含量较低，粗蛋白质含量较高，但因季节不同而有较大差异，实际中应加以注意。

另外，树叶含有单宁，有涩味，猪不爱吃，喂多了易引起便秘。除晒干的树叶粉碎后可加入日粮喂猪外，还可用新鲜树叶或青贮、发酵后的树叶喂猪。

（三）藁秕饲料

藁秕是农作物成熟收获籽实后的枯老茎叶。秕壳是包被籽实的颖壳、荚皮与外皮等。包括玉米秸、高粱秸、大豆秸、蚕豆秸、豌豆秸、大豆荚皮、豌豆荚、大麦皮壳、玉米蕊、玉米苞皮、稻谷壳、花生壳等。这类饲料含粗纤维在30%以上，木质素含量高，不易消化，蛋白质、无氮浸出物、维生素含量低，矿物质含量高，但利用率低，所以一般不作猪饲料。

六、矿物质饲料

植物饲料中含有矿物质元素，但满足不了猪的需要，给猪配制日粮时还要另外补充矿物质饲料。目前需要补充的主要是食盐、钙和磷，其他微量元素作为添加剂补充。

（一）食盐

食盐不仅可以补充氯和钠，而且可以提高饲料适口性，一般占日粮的0.2%～0.5%，过多可发生食盐中毒。

（二）含钙的矿物质饲料

主要有石粉、贝壳粉、轻质碳酸钙、白垩质等，含钙量为32%～40%。新鲜蛋壳与贝壳含有机质，应防止变质。

（三）含磷的矿物质饲料

多属于磷酸盐类，有磷酸钙、磷酸氢钙、骨粉等。本类矿物质饲料既含磷，也含有钙。磷酸盐同时含氟，但含氟量一般不超过含磷量的1%，否则进行脱氟处理。

（四）其他几种矿物质饲料

除上述矿物质饲料外，还有沸石、麦饭石、膨润土、海泡石、滑石、方解石等广泛应用于畜牧业。这些矿物除供给猪生长发育所必需的部分微量元素、超微量元素外，还具有独特的物理微观结构和由此而具有的某些物理、化学性质。例如，独特的选择吸附能力和大的吸附容积，可以吸收肠道中过量的氨以及甲烷、乙烷、丙烯、甲醇、大肠杆菌和沙门氏杆菌的毒素等有毒物质，抑制某些病原菌的繁殖；可逆的离子交换性能，满足猪对微量元素的需要；并有促进钙吸收的功用，从而增进猪的健康，提高生产性能。

1. 沸石

沸石是一种含水的碱金属或碱土金属的铝硅酸盐矿物，是50

多种沸石族矿物质的总称。应用于猪饲料的天然沸石主要是斜发沸石和丝光沸石等,其中含有多种矿物质和微量元素。据试验,在猪日粮中添加5%～15%,可提高日增重,节约饲料,增进健康,除臭,改善环境。

2. 麦饭石

麦饭石是一种含有多种矿物质和微量元素的岩石,因其外观颇似手握的麦饭团而得名。在猪日粮中添加2%以上,可提高猪的健康与生产性能。

3. 膨润土

膨润土是一种黏土型矿物,属蒙脱石族,主要成分是硅铝酸盐。猪日粮中添加1%～2%,可提高猪的生产性能。

七、饲料添加剂

饲料添加剂是指配合饲料中加入的各种微量成分,一般分为营养性添加剂和非营养性添加剂。其作用是完善日粮的全价性,提高饲料利用效率,促进生长,防治疾病。

养猪生产中,补充何种饲料添加剂及补充多少,主要取决于猪的饲粮状况和实际需要,缺什么补什么,缺多少补多少,合理使用。同时,饲料添加剂的使用应符合安全、经济和使用方便等要求。使用前应考虑添加剂的效价和有效期,并注意其用量、用法、限用和禁用等规定。

(一)营养性添加剂

主要用于平衡猪的日粮养分,包括氨基酸、维生素和微量元素添加剂。

1. 氨基酸添加剂

赖氨酸和蛋氨酸是植物性饲料普遍缺乏的两种必需氨基酸。饲粮中添加适量市售氨基酸,可以节省蛋白质饲料,提高猪的生产性能。国内外许多研究表明,1 g赖氨酸可代替10 g以上的蛋白质，相当于 20 g 以上的鱼粉。如果赖氨酸和蛋氨酸同时添加，比单一使用效果更好。

2. 维生素添加剂

作为添加剂的维生素有维生素 A、维生素 D、维生素 K_3、维生素 E 和维生素 B_1、维生素 B_2、维生素 B_6、维生素 B_{12}，泛酸钙，氯化胆碱，烟酸，叶酸，生物素，维生素 C 等。

维生素的添加量除考虑猪的维生素需要量外，还应注意维生素添加剂的有效性、饲粮的组成、环境条件和猪的健康状况。在维生素的有效性低，猪处于高温、严寒、疾病和接种疫苗等情况下，饲粮中维生素的添加量应高于饲料标准中规定的维生素需要量。据 Zhurge 等(1986)测定，在(25±3)℃条件下，预混料中的维生素 A 16 周后损失 56%，维生素 B_2 和维生素 B_5 27 周后分别损失 54% 和 9%。因此，生产上制成预混料后，贮存时间又超过了 3 个月，维生素超量添加幅度为 5%～10%以上。

3. 微量元素添加剂

猪常用饲料中，容易缺乏的微量元素主要有铁、铜、锌、锰、碘、硒等。给猪配合日粮时，需另外添加微量元素。常用的原料主要是无机矿物盐。另外，还有有机酸矿物盐和氨基酸矿物盐。常用矿物盐的元素组成和含量见表 2-11。

表 2-11 常用矿物盐的元素组成和含量

矿物盐名称	分子式	元素含量(%)	
硫酸亚铁	$FeSO_4 \cdot 7H_2O$	Fe	20.1
硫酸亚铁	$FeSO_4 \cdot H_2O$	Fe	32.1
碳酸亚铁	$FeCO_3$	Fe	41.7
氯化亚铁	$FeCl_2 \cdot 4H_2O$	Fe	48.2
氯化铁	$FeCl_2 \cdot 6H_2O$	Fe	20.7
氯化铁	$FeCl_3$	Fe	34.4

续表 2-11

矿物盐名称	分子式	元素含量(%)	
富马酸亚铁	$FeC_4H_2O_4$	Fe	31.0
乳酸亚铁	$FeC_6H_{10}O_6 \cdot 3H_2O$	Fe	18.0
硫酸铜	$CuSO_4 \cdot 5H_2O$	Cu	25.5
硫酸铜	$CuSO_4$	Cu	39.8
氯化铜	$CuCl_2 \cdot 2H_2O$	Cu	47.2
氯化铜(白色)	$CuCl_2$	Cu	64.2
硫酸锌	$ZnSO_4 \cdot 7H_2O$	Zn	22.7
碳酸锌	$ZnCO_3$	Zn	52.1
氧化锌	ZnO	Zn	80.3
氯化锌	$ZnCl_2$	Zn	48.0
硫酸锰	$MnSO_4 \cdot 5H_2O$	Mn	22.8
碳酸锰	$MnCO_3$	Mn	47.8
氧化锰	MnO	Mn	77.4
氯化锰	$MnCl_2 \cdot 4H_2O$	Mn	27.8
二氧化锰	MnO_2	Mn	63.2
碘化钾	KI	I	76.4
亚硒酸钠	$Na_2SeO_3 \cdot 5H_2O$	Se	30.0
硒酸钠	$Na_2SeO_2 \cdot 10H_2O$	Se	21.4
硫酸钴	$CoSO_4$	Co	38.0

生产实践中，为了方便使用，总是将几种或 10 多种矿物质添加剂预先配制成复方矿物质添加剂，或称矿物质预混料，使用时，再按规定均匀地混合于饲料中。

(二)非营养性添加剂

非营养性添加剂具有刺激动物生长、提高饲料利用率、改善动物健康等功效，包括抗菌素、抗菌药物、激素、酶制剂、调味剂、有机酸等。

1. 抗生素与抗菌药物

前者为微生物代谢产物，后者为人工合成。具有抑制和杀灭大多数细菌的作用，高浓度时可以预防和治疗疾病，低浓度时可提高猪的生产性能。在幼猪和环境条件较差的情况下，效果更加显著。但是，使用抗生素与抗菌药物添加剂时，其兽药品种、使用年龄、用量、停药期等应严格遵守国家或农业部有关规定。

2. 激素

在现有研究水平下，人们正在研制降低猪肉脂肪含量的多种化合物，它有可能把脂肪降低到鸡和鱼的水平。猪的生长激素已引起人们的广泛性趣，其中最引人注目的是肾上腺素兴奋剂，猪日粮中添加它可提高日增重和饲料利用率，尤其是瘦肉率，但我国未批准使用。

(三)其他非营养性生长促进剂

包括铜制剂、有机砷制剂等。如每吨日粮添加 150～250 g 铜，可提高日增重 8%左右，提高饲料利用率 5%左右。

第三节　猪的配合饲料与饲粮配合

一、配合饲料

配合饲料是根据猪的饲养标准（营养需要），将多种饲料（包括添加剂）按一定比例和规定的加工工艺配制成的均匀一致、营养价值完全的饲料产品。

配合饲料按照营养构成、饲料形态、饲喂对象等分成很多种类。

(一)按营养成分和用途分类

按营养成分和用途将配合饲料分成添加剂预混料、浓缩饲料和全价配合料。

1.添加剂预混料

它是指用一种或几种添加剂(如微量元素、维生素、氨基酸、抗生素等)加上一定数量的载体或稀释剂,经充分混合而成的均匀混合物。根据构成预混料的原料类别或种类,又分为微量元素预混料、维生素预混料和复合添加剂预混料。预混料既可供养猪生产者用来配制猪的饲粮,又可供饲料厂生产浓缩饲料和全价配合饲料。市售的添加剂预混料多为复合添加剂预混料,一般添加量为全价日粮的0.25%~3%,具体用量应根据实际需要或产品说明书确定。

2.浓缩饲料

浓缩饲料是由添加剂预混料、常量矿物质饲料和蛋白质饲料按一定比例混合而成的饲料。泰国习惯于叫料精。养猪场或养猪专业户可用浓缩料加入一定比例的能量饲料(玉米、麸皮等)即可配制成直接喂猪的全价配合饲料。浓缩饲料一般占全价配合饲料的20%~30%。

3.全价配合饲料

浓缩饲料加上一定比例的能量饲料,即可配制成全价配合饲料。它含有猪需要的各种养分,不需要添加任何饲料或添加剂,可直接喂猪。

(二)按饲料物理形态分类

根据制成的最终产品的物理形态分成粉料、湿拌料、颗粒料、膨化料等。

(三)按饲喂对象分类

按饲喂对象可将饲料分成乳猪料、断乳仔猪料、生长猪料、肥育猪料、妊娠母猪料、泌乳母猪料、公猪料等。

二、饲粮配合

单一饲料不能满足猪的营养需要,生产上应按照猪常用饲料成分及营养价值表，选用几种当地生产较多和价格便宜的饲料制成混合饲料，使它所含的养分符合所选定饲养标准所规定的各种营养物质的数量，这一过程和步骤称饲粮配合。

(一)饲养标准

饲养标准是指猪在一定生理生产阶段，为达到某一生产水平和效率，每头每日供给的各种营养物质的种类和数量，或每千克饲粮各种营养物质含量或百分比，并附有相应饲料成分及营养价值表。饲养标准的用途主要是作为配合日粮、检查日粮以及对饲料厂产品检验的依据。它对于合理有效利用各种饲料资源、提高配合饲料质量、提高养猪生产水平和饲料效率、促进整个饲料行业和养殖业的快速发展具有重要作用(猪的饲养标准见附录)。尽管饲养标准中所列营养素有 40 多个，但在计算配方时不必逐一计算。一般只计算消化能、粗蛋白质、赖氨酸、蛋氨酸、苏氨酸、色氨酸、钙和磷的水平即可，食盐直接添加，微量元素和维生素应配制成预混料后按一定比例添加。

(二)饲粮配合

1.饲粮配合的原则

(1)选择饲养标准应根据生产实际情况，并按照猪可能达到的生产水平、健康状况、饲养管理水平、气候变化等适当调整。

(2)因地制宜，因时制宜，尽量利用本地区现有饲料资源。

(3)注意饲料的适口性，避免选用发霉、变质或有毒的饲料。

(4)注意考虑猪的消化生理特点，选用适宜的饲料原料，并力求多样搭配。

(5)选择饲料要注意经济的原则，尽量选用营养丰富、质量优良而价格低廉的饲料。

2.猪常用饲料原料的准备

猪常用能量饲料一般是玉米和麸皮，玉米用量 5%～70%，小麦、高粱等可代替部分玉米，麸皮用量 0%～25%。饲粮中的蛋白质饲料主要是豆粕，其他杂粕可代替部分豆粕，但种猪最好不用棉籽粕或菜籽粕，仔猪可使用部分动物性蛋白质原料如鱼粉等。氨基酸不足是可添加人工合成氨基酸，如赖氨酸、蛋氨酸等。矿物质饲料中含钙饲料主要是骨粉，用量0.5%～2.0%，含磷含钙的饲料主要是骨粉和磷酸氢钙，用量0.5%～2.5%，食盐用量为0.25%～0.5%。

3. 原料的质量控制和主要成分测定

配合饲料品质的好坏与原料品质关系很大，所以营养成分参数值最好来自地科研部门发表的饲料成分表，对于蛋白质饲料的粗蛋白质及矿物质饲料中的钙、磷应以实测值为宜。并还应注意饲料原料的水分发霉变质等情况。

4. 饲粮配合的方法

饲粮配合方法很多，常用的主要有试差法和对角线法。如试差法就是根据猪的不同生理阶段的营养要求或已选好的饲养标准，初步选定原料，根据经验粗略配制一个配方（大致比例），然后根据饲料成分及营养价值表计算配方中饲料的能量和蛋白质，将计算的能量和蛋白质分别加起来（每个原料的同一养分总和），与饲养标准相比较，看是否复合或接近。如果某养分比规定的要求过高或过低，则需对配方进行调整，直至与标准相符为止。然后按同样步骤再满足钙和磷，用人工合成氨基酸平衡氨基酸需要，再添加食盐与预混料。具体计算方法详见有关参考书。手工计算速度慢，现在已有许多配方软件，多采用线性规划或多目标规划，可迅速得到最优解。

第三章　种猪的繁殖与饲养管理

猪的繁殖是优质肉猪生产的重要环节、养猪技术的核心，抓好猪的繁殖，就抓住了优质肉猪生产成功的关键。本章将从猪的生殖生理开始，详细介绍猪的发情、配种、妊娠、分娩、泌乳等项繁殖技术以及应该采取的相应技术管理措施，并重点介绍了猪的人工授精。

第一节　配　　种

配种是养猪生产的一个重要环节，是提高繁殖力的第一关。要搞好配种工作，不仅要养好公猪、提供足量、高质精液，还要养好母猪，使其正常发情、排出健壮卵子，并要适时配种，提高受胎率与产仔数。

一、公猪的繁殖与饲养管理

公猪在猪的繁殖中占有重要地位，一头公猪一年可配种产生上千头甚至上万头后代，对生产水平影响很大。养好公猪的目标是，经常保持其种用体况、健康体质、旺盛性欲和优良的精液品质。

(一)公猪的繁殖与利用

1. 公猪的初情期与性成熟

公猪的初情期是指公猪第一次射出成熟精子的年龄(有人认为精液精子活率应在10%以上，有效精子总数在5 000万时的年龄)。猪的初情期一般为3～6月龄。初情期公猪的生殖器官及其机能还未发育完全，一般不宜此时参加配种，否则将降低受胎率与产仔数，并影响公猪生殖器官的正常生长发育。

公猪的性成熟是指生殖器官及其机能已发育完全，具备正常繁殖能力的年龄。一般在5～8月龄。适宜的配种年龄一般稍晚于性成熟的年龄，以提高繁殖力。

公猪达到初情期后，在神经和激素的支配和作用下，表现性欲冲动、求偶和交配三方面的反射，统称为性行为。

2. 公猪的射精量与精液组成

公猪的射精量大，一般在150～500 mL，平均250 mL。

公猪精液有精子和精清两部分组成，在不同的射精阶段两部分的比例不同，第一阶段射出的是精子前液，主要由凝胶和液体构成，只有极少不会活动的精子，占射精总量的10%～20%；第二阶段射出的是富含精子的部分，颜色从乳白色到奶油色，占射精总量的30%～40%；第三阶段射出的是精子后液，由凝胶和水样液构成，几乎不含精子，占射精总量的40%～60%。据测定，在附睾内精子贮备达到稳定之后(每周3次连续6周采精，以最后6周采得的精液算出)，射精量及其精液特性见表3-1。

表3-1　公猪的精液组成与射精量

项　目	8～12月龄	13～15.5月龄	15～18月龄
公猪数(头)	15	11	9
射精量(mL)	290±190	381±145	297±130
液体量(mL)	180±59	205±47	197±79
凝胶量(mL)	110±57	174±104	97±58
精子密度(10^6/mL)	117.0±60.3	169.2±44.1	202.2±90.6
精子数(10^6)	18.9±6.2	33.5±9.1	35.4±14.6
精子日排量(10^6)	8.1±2.6	14.3±3.9	15.2±6.2

射精持续时间一般5～10 min，平均8 min。除了第一、二阶

段之间有一短暂间歇外,射精一般都是连续进行的。

3.公猪的合理利用

(1)后备公猪的配种适龄。公猪每4～7天生成一批新精子,转变为成熟的精子需5～6周,成熟的精子贮存在附睾尾直到射出或被吸收。延迟1个月配种,相当于增加5批精子在被排出前达到成熟。所以,初次采精较早的公猪射精的精子数少。试验证明,年轻公猪的精子数量、浓度和射精量直至18月龄一直在增加,以后一直保持在18月龄的水平,直至5岁时开始下降。后备公猪使用过早,会明显降低受胎率和产仔数。Castro(1989)报道,不满9月龄的公猪配种,受胎率很低(图3-1),不足12月龄的公猪配种,窝产活仔数也很低(图3-2)。

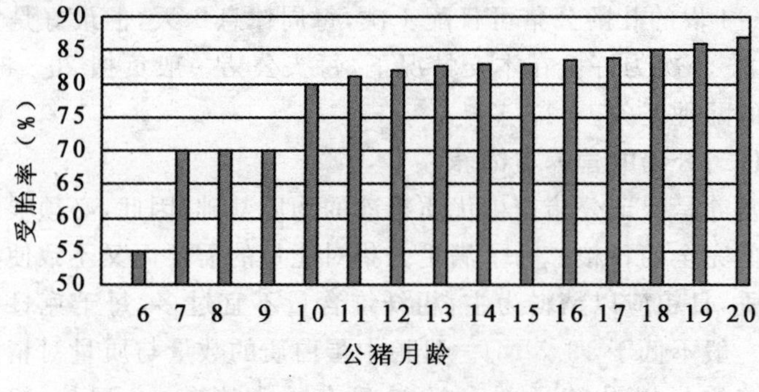

图3-1 公猪月龄对受胎率的影响

通过大量资料分析得到如下结果:不足1岁的公猪同三胎母猪配种,较成年公猪每窝活产仔数约下降0.8头,如果猪群中不足1岁的公猪占25%,那么用100头母猪交配,每年就要损失48头仔猪。

所以后备公猪的初配年龄最早不于8月龄,最好是在10～12月龄以后,体重150 kg以上。

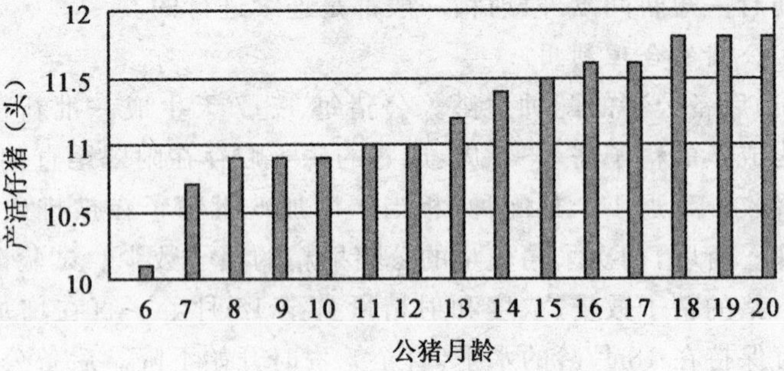

图 3-2 公猪月龄对窝产活仔数的影响

(2)公猪的利用强度。一般青年公猪(1～2 岁)1 周配种 1～2 次,2～4 岁的壮龄公猪可日配 1 次,每周休息 1 天,但最好是每周配种 2～3 次为好。在本交情况下,每头公猪一般负担 20～30 头母猪的配种任务。

(二)公猪的营养与饲养

营养是保证公猪产生优质精液的物质基础,因此,必须喂给营养价值完全的日粮。为了满足公猪对能量的需要而又不致使其腹大下垂,日粮应以精料为主,粗纤维含量不宜过多,每千克日粮消化能一般不低于 13.5 MJ。日粮中蛋白质的数量与质量对精液的数量与质量以及精子的存活时间有很大影响,一般应 13%～16%,在配种期可适当增加动物蛋白饲料。并保证钙、磷以及微量元素与多种维生素的需要。种公猪的饲料配方可根据猪的品种和当地原料灵活选用。

公猪以喂湿拌料[料∶水＝1∶(1～2)]或干粉料为好,并定时定量,自由饮水,一般喂量为每天 1.5～3 kg,饲喂量应根据公猪的体重和利用强度灵活掌握,使公猪始终保持其种用体况。一般喂量为每天 1.5～3 kg。种公猪应避免喂给发霉变质和有毒的饲料。如能每日喂给 2 kg 左右优质青绿饲料,对提高公猪的繁殖机能将会非常有利。

(三)公猪的管理

1. 运动

为保证公猪有强健的四肢和健康的体质,对于非配种期或四肢较弱的公猪,应加强运动,一般 0.5～1 h,夏季宜在早晚凉爽时进行,冬季在午后进行。公猪应单圈饲养,圈舍面积 6～8 m^2,最好设有运动场,以便于公猪自由活动。

2. 定期称重与检查精液品质

公猪要定期称重与检查精液品质,了解体况,判定营养、运动和利用间是否平衡,以便及时调整。精液品质应每隔 10 天检查一次。精量少、密度低一般与营养水平低、采精或配种频率高、采精技术不佳有关;活力差、畸形率高一般与营养水平低或不平衡、健康状况差有关;尾部带有原生质滴且靠近颈部的精子增多说明采精或配种频率过高。

3. 防暑降温

一般低温对公猪的繁殖力影响不大,高温可减少精液量,降低精子活力,增加精子畸形率。因此,在炎热的夏季应注意猪肉舍的遮荫与通风,最好设有淋水装置。

4. 日常管理

平时应注意保持猪舍与猪体的清洁,蹄形不正或蹄甲过长应及时修剪。妥善安排饲喂、饮水、利用、运动、清洗、刷拭、休息等日程。

二、母猪的发情排卵与饲养管理

(一)母猪的繁殖规律

1. 母猪的初情期与性成熟

母猪的初情期是指母猪初次发情排卵的年龄。一般在 3～6 月龄,此时的生殖器官及其机能还未发育完全,发情周期往往也不正常，一般不宜参加配种，否则使受胎率与产仔数降低，并影响生殖器官的正常生长发育。

母猪的性成熟是指生殖器官及其机能已发育完全，具备正常繁殖能力的年龄。一般在5～8月龄。适宜的配种年龄一般稍晚于性成熟的年龄，以提高繁殖力。

2. 母猪的发情周期

青年母猪初情期后每隔一定时间重复出现一次发情，一般把从上次发情开始到下次发情开始的间隔时间称为发情周期。母猪全年发情，不受季节限制，发情周期一般为18～23天，平均21天。在发情周期中，母猪的生殖器官发生一系列有规律的形态和生理的变化，母猪精神状态与性欲也发生相应的变化。根据这些变化，将发情周期分为4个阶段，即发情前期、发情期、发情后期和间情期。

(1)发情前期。此时卵巢中上一个发情周期所产生的黄体逐渐萎缩，新的卵泡开始生长。生殖道轻微充血肿胀，上皮增生，腺体活动增强。对周围环境开始敏感，表现不安，但尚无性欲表现，不接受公猪爬跨。

(2)发情期。母猪的发情期一般2～4天，此时的卵泡迅速发育，并在发情末期排卵。表现子宫充血，肌层活动加强，腺体分泌活动增加，阴门充血肿胀，并有黏液从阴门流出。母猪兴奋不安，性欲表现充分，寻找公猪，接受公猪爬跨并允许交配，若用手按压腰部，母猪呆立不动。

(3)发情后期。此时卵泡破裂排卵后开始形成黄体。子宫颈管道逐渐收缩闭合，腺体分泌活动渐减，黏液分泌量少而黏稠，子宫内膜增厚，腺体逐渐发育。母猪性欲减退，逐渐转入安静状态，不让公猪接近。

(4)间情期(休情期)。此时卵巢中的黄体已发育完全。间情期前期子宫内膜增厚，腺体增长，分泌活动增加。如果受孕，则继续发育，如果未受孕，间情期后期子宫内膜回缩，腺体变小，分泌活动停止。母猪的性欲表现完全消失，精神状态恢复正常。持续一定时间后，进入下一发情周期的发情前期。

3. 母猪的发情排卵机理

母猪的发情排卵的周期性是在神经和激素的调节下进行的。母猪达到性成熟后，卵巢中即已生长着较大的卵泡。大脑皮层在接受外界阳光、温度和内在激素的刺激而发生兴奋，并传到下丘脑。下丘脑分泌促性腺激素释放激素（G_MRH），经垂体门脉系统到达垂体前叶，使之分泌促卵泡素（FSH），使卵泡生长、发育和成熟。在卵泡的发育成熟过程中，卵泡壁内膜细胞和颗粒细胞协同作用产生雌激素。当雌激素在血液中大量出现时即引起发情。同时，大量的雌激素又通过负反馈作用抑制垂体前叶分泌 FSH，通过正反馈作用激发前叶分泌促黄体素（黄体生成素 LH）。当血液中 LH 增加到和 FSH 成一定比例时，引起成熟卵泡破裂排卵，排卵后残余卵泡形成黄体。黄体在垂体前叶分泌的促乳素（促黄体分泌素 LTH）作用下分泌孕酮。孕酮通过负反馈作用抑制垂体前叶分泌 FSH，从而为合子在子宫内膜附植做好准备。如果母猪妊娠，这时的黄体称妊娠黄体，继续分泌大量孕酮直至分娩前数天停止，发情周期因此而中断。如果母猪没有妊娠，黄体则因子宫内膜分泌的前列腺素（$PGF_{2\alpha}$）溶解破坏而逐渐萎缩退化，FSH 的分泌量又增加，促使新的卵泡发育，开始进入下一个发情周期。

4. 后备母猪的配种适龄

初情期是母猪首次发情排卵的时间，初情期的早晚依猪种和营养状况而异。在正常饲养管理条件下，我国地方品种 3～4 月龄、我国培育品种 5～6 月龄、国外引入品种 6～7 月龄出现第一次发情。后备母猪饲养水平过低，饲粮营养不全，初次发情时间延迟。据测定，限量饲喂的小母猪体重较轻，初情期延迟，排卵数较少；而不限量饲养的青年母猪初情期较前者提前约 20 天，多排卵 3 个左右。

母猪初次发情年龄和体重一般还较小,生殖器官的发育尚未成熟,生殖机能还不正常,发情也不规律,排卵数也少,此时配种往往受胎率低,产仔数少,并影响母猪本身的生长发育(表 3-2,表 3-3)。年龄过大配种也增加猪的培育费用。

表 3-2 后备母猪初配体重对繁殖力的影响

初配体重(kg)	初配月龄	头数	产仔数	成活数	断奶重(kg)
60～75	9～10	16	8.3	7.44	13.02
90	8	8	12.0	9.38	18.32

表 3-3 后备母猪月龄与卵巢发育及排卵数的关系

月龄	7.0	8.5	11.5
卵巢重(g)	4.3	8.0	7.5
排卵数	2.8	15.7	15.8

一般地方品种初配年龄不早于 6 月龄,我国培育猪种及其杂种在 7～8 月龄,体重分别不低于 70～80 kg 和 90～100 kg,大约为成年体重的 40%～50%。国外引入品种在 7～9 月龄,体重不低于 110～120 kg,最好能达到 140～150 kg,最后肋处背膘厚 20～25 mm。

在生产实际中有时根据情期确定初次配种时间,一般是在第三个情期初次配种较为适宜。不同情期配种的效果见表 3-4。

表 3-4 后备母猪不同情期配种对产仔数的影响

资料来源	初次发情	第二情期	第三情期
上海某农场	8.2	8.4	11.8
吕帆(1999)	—	9.24	9.88
R. M. Macpherson	7.9	9.7	11.0
P. E. Hughes*	10.6	11.8	11.9

* 排卵数。

5. 母猪分娩后的发情规律

母猪分娩后通常在短时间内出现3次发情。第一次出现在产后2～7天，发情征状不明显，不能正常排卵受胎；第二次发情出现在产后22～32天，征状也不明显，但若配种可以受胎，也不会影响泌乳和产仔成绩，在生产上可以利用；第三次是在断乳后3～7天，是一次必须抓住的配种时机，据测定，在正常饲养管理条件下，28～35日龄断乳的母猪7天内的发情率可以占到85%以上。

6. 发情鉴定

为了做到适时配种，必须准确判定母猪的发情阶段。生产上一般采用外部观察法、压背法和公猪试情法。

(1)外部观察法。主要通过观察母猪的精神状态、行为变化和阴门的变化来确定适宜的配种时间。母猪发情时常常表现兴奋不安，对周围外界刺激反应敏感，常喜欢站在圈门张望，特别是有异常动静或公猪经过时；愿意接近公猪，或爬跨其他猪；食欲减退或拒食。阴门红肿充血并有较清亮、稍黏的液体从阴门流出，是母猪开始进入发情盛期的标志；发现阴门红肿稍退，颜色开始由红变暗紫，黏液由清变浊，手感滑腻，性情变得安静伏卧，表示母猪即将排卵，此时为第一次交配的最适时间；阴门红肿明显消退，颜色变为暗紫，黏液逐渐变稠发黏时，表示排卵已到了后期，是复配的有利时机；时间再延迟，母猪将拒绝交配。

我国农村有根据外观确定适宜配种时间的四句谚语，“阴户黏草，输精正好；神情发呆，输精受胎；站立不动，正好配种；黏液变稠，正是火候”。

(2)压背法。是检查发情母猪可否配种的有效方法之一，用双手按压猪的腰部，如果母猪呆立不动，呈现出接受交配姿势，就说明发情母猪已到了配种的适宜时机。

(3)公猪试情法。母猪发情是对公猪的爬跨反映敏感，可将公猪赶入母猪圈，根据母猪接受公猪爬跨的安定程度来判断母猪发情的阶段。

(二)后备母猪的饲养管理

小母猪在6月龄前一般采用自由采食,六月龄后采用限制饲喂。配种前10～14天实行短期优饲,一般可增加产仔数2个左右(表3-5,表3-6),优饲程度是在原低能日粮基础上每天多喂25～35 MJ消化能,配种结束后立即降低饲养水平,否则可导致胚胎死亡数增加。后备母猪一般4～6头一圈,最好设有运动场,以保证肢蹄健康。

表3-5 短期优饲天数对后备母猪排卵数的影响

试验次数	发情前优饲天数(天)	增加排卵数(个)
6	0～1	0.4
6	2～7	0.9
8	10	1.6
14	12～14	2.2
2	21	3.1

Hughes,Varley.1980.

注:以低能(13.21～22.02 MJ)为基础。

表3-6 短期优饲程度对后备母猪排卵数的影响

试验次数	优饲程度(MJ)	增加排卵数(个)
6	25.54～33.91	2.15
17	14.97～26.66	1.47
10	7.49～13.65	1.60

Hughes,Varley.1980.

注:以低能(13.21～22.02 MJ)为基础。

(三)断乳后母猪的饲养管理

母猪经过一个泌乳期,体重减轻25%左右,断乳时如能保持

7～8 成膘,5～10 天之内就能正常发情配种。但配种前仍宜充足饲养,每日喂给 2.5 kg 以上的饲料。对于泌乳力高,带仔多,体况较差的断乳母猪,更应提高饲料喂量,以恢复体况,促进母猪尽快发情排卵。对于特别瘦弱的母猪,应特别注意泌乳期的充足饲养。

(四)促进母猪发情排卵的措施

随着养猪业的发展,外来良种猪的大量引进和杂交利用,青年母猪发情延迟现象普遍存在。尤其是随着养猪集约化程度的不断提高,母猪舍饲并采用限位栏饲养,使得部分母猪出现产后乏情。因此,除了在生产上加强饲养管理、改善猪舍环境等措施外,还应采用诱情与激素催情等方法,提高母猪繁殖力。

1. 公猪诱情

母猪的发情排卵都是在神经和激素的调节下进行的。利用公猪诱导、仿生诱导、迁移刺激、改善环境等措施,可以使断乳母猪提早返情,使后备母猪初情期提前、发情明显、受胎率提高和产仔数增加。

(1)提早后备母猪初情期。据报道,养在有成年公猪地方的母猪较隔离饲养的母猪的性成熟提早 30～40 天;进入生理成熟的小母猪,突然引入公猪,可使性成熟同期化;群饲的 20 日龄到 7 月龄的猪,较单饲的性成熟提前,受胎率也高。所以后备母猪宜群饲,并适当接触公猪。一般后备母猪应在 165 日龄接触公猪,至少应在配种前 3 周。

性欲高的成年公猪诱情效果较好,因此所选用的公猪最好是成年公猪,至少应在 10 月龄以上,并且性欲要旺盛,以便达到较好的刺激效果。

嗅觉、听觉与公猪的直接接触刺激具有重要作用,所以身体直接接触与隔栏张望效果好,诱情方式宜采用直接接触式。

单位时间内的接触公猪的次数和时间对初情期到来的早晚有

影响(表 3-7,表 3-8)。最好能每日 2～3 次,每次接触 5～15 min,为获得最大的反应,每日还应延长公猪接触时间,特别是在猪群较大时,但不宜超过 30～40 min。

表 3-7 公猪接触频率对母猪初情期的影响

频率	秋天初情期(日龄)	春天初情期(日龄)
隔日 1 次	217	—
1 日 1 次	201	195
1 日 2 次	173	195
1 日 3 次	—	181

Hughes,1994.

表 3-8 猪群大小与公猪接触时间对初情期的影响

接触公猪时间(min)	初情期(日龄)		
	8 头/圈	4 头/圈	2 头/圈
5	187	193	191
12.5	198	193	176
20	180	180	183

Hughes,1994.

(2)提早断乳母猪发情。公猪接触可使断乳母猪提早发情(表 3-9)。群饲也具有一定效果(表 3-10)。

表 3-9 公猪接触对母猪断乳至发情时间间隔的影响

处理方法	断乳—发情(天)	断乳 21 天发情率(%)
不接触	21	39
用非发情母猪	25	31
用发情母猪	13	80
用公猪	8	94

表 3-10 群饲与单饲断乳母猪发情间隔的差别

资料来源	断乳—发情(天)	
	单饲	群饲
Sommer(1980)	23.0	2.9
Hemsworth	15.4	13.7

(3)发情明显。自然交配前或发情鉴定时与公猪接触,可使母猪出现静立反应。每天接触一次公猪的群养母猪接触公猪时出现静立反应的比例高于单养和就接触公猪的母猪;据测定,有公猪在场时,发情鉴定压背反应由60%提高到90%;频繁接触公猪可部分抵消小母猪的发情延迟和乏情。

(4)提高受胎率和产仔数。人工授精、授精前让公猪接触可提高受胎率和产仔数。澳大利亚用800头猪试验,后备母猪初次发情后与结扎输精管的公猪放在一起,发情后再用公猪交配,受胎率提高5%～6%,第一窝产仔数增加0.5～2.5头,第二窝产仔数约增加1头。

2. 仿生及其他方式诱情

(1)仿生。在母猪群中播放录制的公猪求偶“交配曲”,早晚各一次,其发情鉴定率与外部观察＋压背法相同,但受胎率明显提高(表3-11)。

表 3-11 仿生法发情鉴定效果

处理方法	发情数	其中隐性发情	受胎数	受胎率(%)
仿生法	276	34	226	81.9
观察＋压背	284	0	205	72.2

何英俊.浙江畜牧兽医,1995,4:11.

在母猪群中播放录制的公猪求偶“交配曲”并辅以公猪气味(尿液或精液),可使母猪断乳至发情的时间缩短。

母猪输精前嗅闻公猪尿液2～3 min,然后再用输精管插入阴道内，来回抽动 2～3 min，可明显提高受胎率与产仔数(表 3-12)。

表 3-12 仿生法对母猪受胎率与产仔数的影响

处理方法	母猪数	情期数	情期受胎率(%)	产仔数(头)
嗅闻尿液＋生殖道刺激	48	51	94.1	11.65
对照	48	62	77.4	9.54

李玉凡.湖南畜牧兽医杂志，1996，1:12.

(2)迁移刺激。"迁移刺激"可诱发接近初情期的后备母猪尽快发情或同期发情。迁移时间在 165 日龄以后，最好在配种前 3 周，方法是将母猪移至舍外或由一个圈移至另一个圈，如果与公猪刺激相结合，可获得最大效果。正常情况下，大多数对"迁移"有反应的后备母猪在迁移后 4～6 天发情。

(3)猪舍内空气环境。猪舍内空气环境对初情期到来的早晚有影响。据测定，猪舍空气中氨浓度为 5～10 mg/kg 时，后备母猪 203 日龄前达到初情期的比例为 33%，氨浓度为 20～50 mg/kg 时，此比例下降到 12%。

3. 母猪的激素催情

后备母猪的受胎率与产仔数均不及经产母猪。为了充分挖掘初产母猪的生产潜力，生产上有时采用激素对后备母猪进行催情或超数排卵；在集约化猪场，后备母猪及断乳母猪常出现发情延迟或乏情现象，采用激素处理也具有一定效果。

(1)孕马血清促性腺激素(PMSG)与人绒毛膜促性腺激素(HCG)。PMSG 是一种糖蛋白，主要存在于孕马的血清中，其功能与垂体分泌的促卵泡激素(FSH)的功能相似，有着显著的促卵泡发育的作用，也有一定的促排卵和黄体形成的作用；HCG 也是一种糖蛋白来源与孕妇胎盘绒毛，存在于早期妊娠妇女尿液中，其功能与垂体分泌的促黄体素(LH)的功能相似，具有促进卵泡成熟、排卵和形成黄体的作用。

后备母猪达到适宜配种年龄前后，肌肉注射 PMSG 750～

1 500 IU，72 h 后再注射 HCG 500～1 000 IU，一般 40 h 左右即可发情并增加排卵数。如果增加一针 $PGF_{2\alpha}$，可以进一步改善激素处理的效果。

诱导发情　肌肉注射 PMSG 和 HCG 可以诱导后备母猪发情。魏庆信（1991）报道，初情期前母猪肌肉注射 PMSG 400～500 IU，HCG 500 IU，注射后 24 h 内 100%的母猪发情；初情期后母猪肌肉注射 PMSG 1 000～1 200 IU，HCG 800～1 000 IU，24 h 内 51.6%的母猪发情。

超数排卵　肌肉注射 PMSG 和 HCG 可以诱导后备母猪超数排卵。初情期后效果显著（表 3-13）。

表 3-13　初情期前后超 2 排效果的比较

期　别	观察头数	平均排卵数		
		左卵巢	右卵巢	合计
初情期前	6	7.0	6.7	13.7
初情期后	6	13.2	15.5	28.7

魏庆信．养猪，1991，3：20.

治疗乏情　对于超过 8 月龄仍不发情的后备母猪及断乳后乏情的母猪，用 PMSG 和 HCG 处理，可促使其尽快发情。

PMSG 用量对超排效果有显著影响（表 3-14）。

表 3-14　PMSG 用量对超排效果的影响

组　别	观察头数	平均排卵数		
		左卵巢	右卵巢	合计
PMSG 1 000～1 200 IU，HCG 800～1 000 IU	67	14.5	13.0	27.5
PMSG 500～600 IU，HCG 800～1 000 IU	10	7.2	6.1	13.2
对照	19	6.3	6.7	13.1

魏庆信．养猪，1991，3：20.

激素使用过量或不当有时会导致软巢囊肿，影响受胎（表 3-15）。

表 3-15 激素处理后卵巢囊肿情况

组别	观察头数	卵巢囊肿头数	卵巢囊肿(%)
PMSG 1 000～1 200 IU，HCG 800～1 000 IU	67	0	0
PMSG 1 300～1 500 IU，HCG 800～1 000 IU	37	9	24.3
PMSG 1 600～2 000 IU，HCG 800～1 000 IU	16	11	68.8

魏庆信. 养猪，1991，3：20.

（2）前列腺素（PG）。前列腺素有 PGE_1、PGE_2、$PGF_{2\alpha}$ 等多种，其中 $PGF_{2\alpha}$ 对调节繁殖机能具有重要作用，他可以破坏黄体、刺激子宫收缩、也可引起血液中促黄体素增高，从而促进排卵。人工合成的类似物有氯前列腺烯醇、律胎素等。据报道，给产后 48 h 之内的母猪注射外源性前列腺素，可以加速残留黄体的彻底溶解，中止孕酮分泌，促进催产素和催乳素的分泌，从而增加母猪泌乳量，提高仔猪断乳重，同时可增加子宫收缩，加速产后子宫恶露的排出和帮助子宫复原，减少子宫感染和进一步引发的子宫炎、乳房炎、无乳症、发情延迟或不发情等繁殖障碍问题。

张代坚（1998）于母猪产后 48 h 内，分别用律胎素和氯前列腺烯醇肌肉注射 2 mL，可明显缩短母猪断乳到再发情的间隔（表 3-16）。

表 3-16 律胎素和氯前列腺烯醇对母猪产后发情间隔的影响

项目	律胎素	氯前列烯醇	对照
母猪头数（头）	25	27	25
平均胎次（次）	3.7	4.6	4.3
平均胎产活仔（头）	8.8	9.2	9.6
平均断乳头数（头）	8.0	7.9	8.3

续表 3-16

项目	律胎素	氯前列烯醇	对照
平均断乳窝重(kg)	40.7	40.9	41.7
平均断乳重(kg)	5.1	5.2	5.0
1周内发情母猪数(头)	19	24	20
1周内发情率(%)	76.0	88.9	80.0
2周内发情母猪数(头)	23	25	21
2周内发情率(%)	92	92.6	84
断乳至发情间隔(天)	8.4	6.3	11.0

三、适时配种

(一)母猪的发情排卵规律

母猪的发情期为36～72 h,排卵发生在发情后24～48 h(青年母猪24～36 h,经产母猪30～48 h),排卵持续时间10～15 h,卵子从卵巢排出运行至输卵管峡部以前的时间是8～10 h,这也是卵子在输卵管内保持有受精能力的时间。

(二)适时配种

配种受精后,精子靠自身和母猪生殖道的收缩和蠕动向受精部位一输卵管壶腹运动,精子从子宫颈到达输卵管壶腹需2～3 h,精子获能需3～6 h(精子获能后才具备受精能力),精子在母猪生殖道内保持有受精能力的时间为24～36 h。

根据上述规律,考虑到每个情期2～3次配种,适宜的配种时间则应是在母猪排卵前12 h(6～18 h)配1次,隔12 h再配1次。

但排卵时间是根据发情开始时间推测,所以适宜配种时间应从发情开始的时间推算。即在发情开始后的6～42 h第一次配种。生产上根据每天发情鉴定的次数、每个情期配种的次数情况,一般是在母猪接受爬跨后 12 h(0～24 h)配一次,隔 12～18 h 再配一次。

母猪发情期与适宜配种时间依品种、年龄、个体断乳后发情时间及饲养管理水平等的不同而有一定差异。就品种来说,一般地方品种发情期为 3～4 天,配种宜在发情开始后的第二天或第三天;国外引进品种发情期为 2～3 天,配种宜在当天下午或第二天上午;我国培育品种或含我国猪血统的杂交猪,发情期为 3 天左右,配种宜在第二天上午或下午。

就年龄来说,青年母猪发情时间短,应早配;壮龄母猪发情时间较长,配种时间应适当推后。

母猪过于肥胖或过于瘦弱时,发情时间缩短,表现较弱;泌乳期失重过多的母猪常延迟发情,有的甚至超过 1 个月,发情期缩短。

母猪断奶后出现发情的时间与发情持续期和排卵时间有明显的线性关系,母猪断奶后发情越早,发情持续时间越长(表 3-17)。

Missen(1997)观察统计了 118 头母猪的发情规律,其结果是:母猪从断奶至发情的平均间隔时间是(92±13)h(64～134 h),发情期平均时间是(60±14) h(30～89 h)。并建议母猪的适宜输精时间是排卵前 28 h 至排卵后 4 h(表 3-17),同时建议母猪断奶后发情到排卵的时间可根据下式估计。

母猪断奶后发情到排卵时间(小时)＝84.2－0.46×母猪断奶至发情的时间

表 3-17　母猪断奶后发情排卵状况

断奶后出现发情时间(天)	3	4	5	6
发情持续期(h)	61	53	49	38
发情开始至排卵时间(h)	41	37	34	27

所以，发情母猪的配种时间要根据母猪断奶至发情的时间来确定。后备母猪和断乳后 6 天以上发情的经产母猪初次配种时间在 6～12 h；断乳后 5～6 天发情的经产母猪初次配种时间在 12～18 h；断乳后 3～4 天发情的经产母猪初次配种时间在 18～24 h。根据每天发情鉴定的次数、每个情期配种的次数，适宜的配种时间见表 3-18。

表 3-18　母猪断奶后发情时间与配种时间的关系

断奶至出现发情的时间(天)	输精时间					
	每天 2 次发情鉴定				每天 1 次发情鉴定	
	上午 7:00—9:00		下午 15:00—17:00		上午 7:00—9:00	
	输精 2 次	输精 3 次	输精 2 次	输精 3 次	输精 2 次	输精 3 次
3～5 天	1 下午 2 上午	1 下午 2 上午 2 下午	2 上午 2 下午	1 下午 2 上午 2 下午	1 上午 2 下午	1 上午 2 上午 2 下午
6 天以上	1 下午 2 上午	1 上午 1 下午 2 上午	1 下午 2 上午	1 下午 2 上午 2 下午	1 上午 2 上午	1 上午 1 下午 2 上午
返情母猪 后备母猪	1 下午 2 上午	1 上午 1 下午 2 上午	1 下午 2 上午	1 下午 2 上午 2 下午	1 上午 2 上午	1 上午 1 下午 2 上午

注：1 为当天；2 为第二天。

如果配种过早，卵子尚未排出时精子已经衰老失去受精能力，即便勉强受胎，合子也很难成活，从而造成空怀或产仔数减少；如果配种过晚，精子到达受精部位时卵子已经衰老失去受精能力，也达不到受胎的目的，过晚配种还会出现母猪拒绝交配。交配时间对受胎率及产仔数的影响见表 3-19 和表 3-20。所以生产上应根据具体情况，掌握好适宜的配种时间。

表 3-19 交配时间对受胎率的影响 %

项目	发情开始后时间(h)				
	10以内	10～25.5	25.5～36.5	36.5～48	48.1～72
受胎率	81.25	100.0	46.2	50.0	0
空怀率	18.75	0	53.8	50.0	100.0

表 3-20 不同时间输精对母猪受胎及产仔的影响

项目	输精时间(h)				
	－(36～29)	－(28～25)	－(24～1)	0～4	6～9
母猪数(头)	10	9	52	12	8
空怀头数(头)	5	1	6	2	2
空怀率(%)	50	11	12	17	25
妊娠头数(头)	5	8	46	10	6
受胎率(%)	50	89	88	83	75
产仔数(头)	7.0	14.9	13.2	13.1	11.0
活产仔数(头)	7.0	13.0	11.8	12.2	10.2

Missen. 1997.

四、早期妊娠诊断

母猪配种后，应及早判明其是否已怀孕，以免第二个情期漏配空怀。一般是在母猪配种后 18～21 天用公猪试情，如果不再出现发情，并且食欲旺盛，性情温顺，动作稳重，贪睡，上膘快，皮毛光亮，尾巴下垂，阴户收缩等表现，即可认为已妊娠。如能结合超声波妊娠诊断仪，于配种后 18～45 天测定，结果更为准确。

第二节 猪的人工授精

一、人工授精的设施与用品

主要包括采精室、精液处理室、假台猪和必备的器材药品等。

(一)采精室

采精室一般建在离公猪栏就近的地方,面积不低于10 m^2,采精室地面要略有坡度,留有地漏或出水口,以便进行冲刷,内设采精架(假台猪),并固定在地板上,地面铺设防滑地板胶,并设操作人员安全区(用栏柱隔开,间距28 cm,人可方便进入,公猪不能进入)。

(二)精液处理室

精液处理室是检查、稀释、保存、分装精液的地方,可通过一个可开闭的小窗口与采精室相连。精液处理室分为潮湿区(安放稀释、冲洗设备)、干燥区(安放处理和保存精液的设备,如显微镜、保温箱等)、发放区(精液分装、包装、接受订购等)。

(三)假台猪

用一根直径20 cm、长110 cm的圆木,两端削成弧形,安装4条腿固定好,在木头上面铺一层稻草或草袋子,再覆盖一张熟过的猪皮。组装好的假台猪后躯高55～65 cm,前躯高45～55 cm,呈前低后高,相差10 cm为宜。制作好后固定于采精室。也可改假台猪臀端实心圆木为空心,并做成弧形,以防止擦伤龟头,也便于采精;习惯在右侧采精者,改假台猪左后腿在后,与臀端齐,右后腿在前,距臀端25 cm,也可两后腿一起前移,距臀端25 cm,以方便操作;改假台猪四肢下端埋在地下为固定在一块木板上,木板长110 cm,宽65 cm,厚5 cm,以便于移动位置。

(四)器材设备

主要有公猪采精台(假台猪)、防滑垫、采精杯、显微镜、天平、数显干燥箱、数显恒温箱、恒温载物台、双重蒸馏水器、数显恒温水浴锅、17℃恒温冰箱、精液运输箱等。另外还有载玻片、盖玻片、塑料量杯、玻璃烧杯、三角烧杯、温度计、玻璃棒、移液管、吸液球、染色剂、采精杯、集水瓶、塑料采精杯、塑料采精袋、精液过滤纸、一次性塑料手套、乳胶手套、一次性输精管、输精瓶、润滑剂、稀释粉、移液吸头等。

二、公猪的调教

第一次用假台猪采精前必须先调教好种公猪，使之习惯于爬跨假台猪。公猪在7.5月龄开始调教，一般不早于7月龄，不晚于10月龄。公猪的调教要求每天训练时间短且经常，每次训练时间一般不超过15～20 min，每周训练不少于3～4次，一般3～5次即可调教成功。

调教时可用发情母猪的尿和黏液土在假台猪的后躯上，引诱公猪爬跨。

对于性欲差的公猪，将发情旺盛的母猪赶到假台猪旁，让被调教的公猪爬跨，待公猪达到性欲高潮时把母猪赶走，再引诱公猪爬跨假台猪，或直接把公猪由母猪身上抬到假台猪身上。

一般经3～5次调教即可成功，对于爬跨成功的公猪一定要采精，并力求采净，以增强公猪下次爬跨的兴趣。调教成功后一周内每隔1天采精1次，以增强记忆，以后每周采精1次，12～18月龄2周3次，18月龄后每周2～3次。

三、精液的采集

(一)采精前的准备

采精室必须清洁无尘，安静无干扰；夏季采精宜在早上进行，冬季室内温度要保持在15～25℃。采精前集精杯应放在35～37℃的恒温箱中，防止采集时精液因冷却或多次重复升温降低精液的质量。准备好精液处理的一切设施设备，并将稀释液放入水浴锅中升温。

(二)采精过程

首先诱导公猪爬跨假母猪，待公猪爬跨假母猪后，采精员用戴双层手套的手排净公猪包皮腔中积液，并用纸巾擦干。然后脱去外层手套,另一手持 37℃保温杯(内衬 1 次性食品袋,上口盖 4 层纱布)。

公猪爬上假母猪并逐步伸出阴茎后,采精员脱去外层手套,右手握成空拳,将龟头导入空拳中,用中指、无名指和小指锁定龟头,然后顺其向前冲力,将阴茎的"S"状弯曲尽可能地拉直,握紧阴茎龟头防止其旋转,公猪即开始射精。

最初的精液为精子前液,只含少量精子,可以废除,只采集二三阶段的精液。射精一般持续 5～7 min。待公猪射精完毕退下假台猪时,采精员应顺势用左(右)手将阴茎送入包皮中。切忌粗暴推下或抽打。

采精员在采精过程中,要随时注意安全,防止公猪突然倒下压伤或踩伤。

四、精液的处理

精液处理包括精液品质评定、精液稀释、精液保存和运输。

(一)精液品质评定

采精结束后,应将精液迅速放于 37℃恒温箱中或水浴锅中,并尽快进行品质评定。精液品质评定包括精液量、气味、颜色、精子密度、形态和活力 6 项指标。

(1)精液量。精液量可直接从集精瓶刻度上观察到,如无刻度可通过称重换算。精液量一般为 150～500 mL,多数为 150～350 mL。

(2)颜色与气味。猪的精液正常色为乳白色或灰白色,略有腥味。如果精液呈红褐色,可能混有血液;如呈黄、绿色并有臭味,则可能混有尿液或脓汁。这样的精液不能使用,应立即寻找原因。如属公猪生殖器官炎症引起的,应及时进行治疗。

(3)精子密度。精子密度在显微镜下用估测法可分为密、中、稀和无四级。精子间的空隙小于一个精子的精液为密级,小于1～

2个精子的为中级,小于2～3个精子的为稀级,无精子的精液应废弃。通常认为,每毫升猪精液约含3亿精子以上为密,1亿～3亿为中,1亿以下为稀。

精子密度还可在400～600倍显微镜下,通过血细胞计数器精确计算,一用分光光度计测定精子密度。

(4)形态。正常精子在显微镜下呈蝌蚪形,如看到双头、双尾、无尾等畸形精子超过20%,所采精液应废弃。

(5)活力。精子活力是以直线前进运动的精子占总精子数的比率来确定的。一般用"十级评分法"进行评定。检查时,先用灭菌的细玻璃棒蘸取滤过后的原精液一滴(高粱粒大小),点在清洁的载玻片上,盖上盖玻片,在250～400倍显微镜下检查,检查时光线不宜太强,室温保持18～20℃,载物台、载玻片和精液局部温度应保持在35℃左右。直线前进运动的精子占100%则评定为1分;90%评定为0.9分;80%评定为0.8分,依此类推。正常情况下用于输精的精子活力不低于0.7分,活力低于0.5分的精液应废弃。

(二)精液稀释

精液稀释是在精液中加入适宜于精子存活并保持其授精能力的稀释液。其目的是增加精液的容量,扩大可配种母猪头数;延长精子存活时间,便于保存和长途运输。精子直接吸收葡萄糖,减少自身的营养消耗,从而延长存活时间。精液黏附性腺分泌物对精子有一定不良影响,稀释后冲淡了分泌物的浓度,也有利于精子从存活。稀释液必须对精子无害,与精液渗透压相等,pH值是中性或微碱性。

稀释精液时,凡与精液直接接触的器材和容器,都必须经过消毒处理,其温度与精液温度保持一致。使用前用少量同温的稀释液先冲洗一遍,或者是用一次性容器或内衬一次性食品袋。采集的新鲜精液应在10 min之内(最好在5 min之内)加入稀释液。

加稀释液时，应分两步，第一步先按 1∶1[1∶(0.8～1.5)]的比例将与原精液温度相同(不超过 1℃)的稀释液沿瓶壁徐徐倒入原精液中，第二步稀释在 10～40 min 之间进行，稀释到所需要的倍数。

稀释的倍数应根据原精液的密度、活力、输精量与所需输入有效精子数来确定。各国人工授精输精量，多数为 50～100 mL(一般 80 mL)，有效精子数为 20 亿～35 亿个，精液稀释倍数多为 10～15 倍。

(三)精液保存和运输

稀释后的精液应分装在一个输精量的小瓶内，要注意每满不留空气，瓶口封严。自然降温，放在 17℃(10～20℃)的环境中保存(恒温箱、旱井等)。通常保存时间为 48 h，如原精液质量好，稀释得当可保存 72 h 或更长。

按以上保存的精液可直接运输，在运输过程中要避免振荡。冬夏季的精液运输应用保温箱，以装冷水或热水的水瓶来调节箱内温度，防止精液温度突然升高或降低，尽可能一直在 17℃的温度下。

五、输精

输精是人工授精的最后一个技术环节，也是人工授精成败的关键。能否达到输精的预期目的，应掌握输精的适宜时间(与本交相同)；保证优质精液；采用得当的输精方法。

精液的质量是影响人工授精受胎率重要因素之一。输精前，对经过贮存和长途运输的精液要再次检查其精子活力，以便根据精子活力确定输精剂量。

输精前，从 17℃保存箱取出的精液，轻轻摇匀，用已灭菌的滴管取 1 滴放于预热的载玻片，置于 37℃的恒温板上片刻，用显微镜检查活力，精液活力≥0.7，才可用于输精。输精前可以每分钟升温 1℃的速度把精液升温到 20～25℃。不宜超过 30℃，也可不升温直接用于输精。输精管最好用一次性输精管，后备母猪一般选择螺旋头输精管，经产母猪选择泡沫头输精管，在一次性输精管上涂上专用润滑剂。用纸巾将母猪外阴及阴门裂内擦干净，然后以斜角30°～45°向上插入阴道中，要注意避开尿道开口，在输精管进入10～15 cm之后，转成水平插入，当插入25～30 cm到达子宫颈时，会感到输精管前端稍有阻力，此时可逆时针方向转动输精管，推入4～5 cm，然后轻轻外拉输精管，感到有一定阻力，放手时输精管弹回，说明输精管头锁定在子宫颈内，即可将装有精液的塑料瓶尖头接到输精管上，开始输精。输精时抚摸母猪的乳房或外阴、压背刺激母猪，使其子宫收缩产生负压，将精液吸进；输精时勿将精液挤入母猪生殖道内。输精时间至少要3～5 min，一般5～10 min。当塑料瓶里的精液全部输入后，要让输精管保持原状3～5 min，慢慢转动拔出输精管或让输精管继续停留于阴道内，由阴道括约肌收缩使其自行退出。输精管出来后，应检查输精管头是否有血迹，以判断是否插错位置和插入力度太大，并采取相应措施。输精最好在限位栏或配种栏内进行，以便于操作。

第三节　妊　娠

母猪的妊娠期平均114天(111～117天)，这个时期应根据胚胎生长发育规律，母猪新陈代谢特点和营养需要，采取相应的有效措施，以保证胚胎在母体内得到正常生长发育，减少中死，防止流产，以获得健壮、出生窝重大的仔猪，并保证母猪在断乳时仍保持中上等膘情。

一、胚胎的生长发育与死亡规律

胚胎的生长发育特点是前期形成器官，后期增加体重。器官是在21天左右形成，体重的60%以上是在怀孕最后20～30天内增长的。

母猪每个情期排卵 20 个左右,卵子的受精率大多在 95%以上,但每胎产活仔仅 10 头左右,说明约有一半的受精卵在发育过程中死亡。胚胎在发育中的死亡并不均衡,而是有 3 个死亡高峰。第一个死亡高峰是在怀孕后第 9～13 天,死亡胚胎占胚胎总数的 20%～25%;第二个死亡高峰是在怀孕后第 18～23 天,死亡胚胎占胚胎总数的 10%～15%;第三个死亡高峰是在怀孕后第 60～70 天,死亡胚胎占胚胎总数的 5%～10%;妊娠后期和临产前的死亡也占 5%～10%。

二、妊娠母猪的新陈代谢特点

妊娠母猪合成代谢效率高,特别是妊娠前期,据测定,母猪在妊娠期的增重远高于喂同等日粮的空怀母猪(表 3-21)。根据这一特点,妊娠母猪宜采用低营养水平饲养。

表 3-21 妊娠与空怀母猪的体重变化 kg

项目	采食量	配种体重	临产体重	产后体重	净增重	相差
试 1 妊娠	418	230	308	284	54	
试 1 空怀	419	231	270	270	39	15
试 2 妊娠	225	230	274	250	20	
试 2 空怀	224	231	235	235	4	16

妊娠期增重的内容包括母体本身组织增长和子宫及其内容物(胎儿、胎膜、胎水)的增长,在妊娠前期的妊娠增重中,母体本身组织增长占绝大部分,子宫内容物的增长随妊娠期的延长而加速(表 3-22)。据此,母猪在妊娠后期宜提高营养水平。

并且对能量敏感,高能量水平降低母猪的产仔数;妊娠期高营养水平还影响泌乳期母猪的食欲与采食量。

表 3-22 妊娠各阶段母猪子宫内容物的变化 g

项目	妊娠期			
	0～30 天	31～60 天	61～90 天	91～114 天
日增重	647	622	456	408
骨与肌肉	290	278	253	239
皮下脂肪	160	122	－23	－69
板油	10	－4	－6	－22
子宫	33	30	38	39
子宫内容物	62	148	156	217

三、妊娠母猪的营养与饲养

根据妊娠母猪的营养利用特点和增重规律，通常把整个妊娠期划分为前期和后期（0～80 天，80～114 天）或前期、中期和后期（0～40 天，40～80 天，80～114 天）。母猪在妊娠前期对营养的需要主要是用于自身生命的维持和复膘，初产母猪还要用于自身的发育，胚胎发育所需极少。妊娠后期胎儿生长发育迅速，对营养要求需要增加。因此，饲养妊娠母猪的原则是：前期营养要全面，保证胎儿器官的形成；后期营养水平要高，保证胎儿的增重，全期应控制能量水平不要过高。

青年母猪在妊娠期前期每天喂 1.8～2.5 kg 饲料（含消化能 20～28 MJ），经产母猪每天喂 1.6～2.3 kg 饲料（含消化能17.6～25.5 MJ），妊娠后 1/3 阶段，日给量在原基础上增加 0.3～0.4 kg。在整个妊娠期的总增重，青年母猪应为 40～45 kg，经产母猪应为 30～35 kg。如果妊娠期间母猪采食能量过高，则会使母猪变肥，子宫周围沉积大量脂肪，影响胎儿发育，增加死胎数。据测定，膘肥母猪较膘情较差母猪死胎率高 8 个百分点。妊娠期间采食能量过高还会使母猪在泌乳期食欲降低，采食量减少，母猪失重过多，推迟下次发情配种的时间（表 3-23）。据测定，在维持需要基础上，每提高 6.28 kJ 消化能，产子数减少 0.5 头（表 3-24）。能量水平过低则减小出生重。

表 3-23　母猪在妊娠期日采食量与泌乳期采食的相关　kg

妊娠期日采食量	0.9	1.4	1.9	2.4	3.0
妊娠期共增重	5.9	30.3	51.2	62.8	74.4
泌乳期日采食量	4.3	4.3	2.6	3.9	3.4
泌乳期体重变化	+6.1	+0.9	−4.4	−7.6	−8.5

表 3-24　初配母猪在妊娠初期能量水平对胚胎存活的影响　kg

试验次数	配种后饲养天数	活胚数		活胚率（%）	
		限食（20.9 MJ）	不限（38.1 MJ）	限食（20.9 MJ）	不限（38.1 MJ）
13	25	9.7	9.9	77	74
12	28～31	11.6	11.8	78	74
15	37～43	9.3	8.8	80	69

粗蛋白水平一般为 13%～15%，过高增加饲料成本，过低也会影响仔猪活力与出生重（表 3-25），并降低以后各胎的繁殖性能。同时应注意钙、磷、微量元素和多种维生素的充分供应。

表 3-25　母猪在妊娠初期蛋白水平对繁殖性能的影响　kg

试验次数	蛋白质（g/天）		产活仔数（头）		初生重（kg）	
	限制	足够	限制	足够	限制	足够
6	2	225	8.8	9.39	0.93	1.15
10	83	354	11.0	10.6	1.18	1.22
17	156	350	9.5	9.5	1.29	1.29
10	306	480	11.4	11.5	1.32	1.32

为了合理饲养妊娠母猪，生产上应具体情况具体对待。对于体况较好的成年母猪，宜采用前粗后精的饲养方式。即前期胎儿增重少，母猪胃肠容积也大，可多喂些青粗饲料，尤其是青绿饲料，这样既可完善营养，又可节约饲料；而后期则加喂精料，提高营养水平。对于带仔多，泌乳力高，膘情较差的母猪，为恢复体况，宜采用抓两头带中间的饲养方式，即在前期应适当加喂精料，待体况恢复后，再减少精料量，到妊娠后期在增加精料喂量。对于正在生长的青年母猪，应采用步步登高的饲养方式，即开始可喂些青粗饲料，以后随胎儿的增长逐步增加精料比例，以保证胎儿及母猪本身的生长发育。

生产上判断母猪体况可五级分进行评定：

1 分为消瘦，皮下腰角（髂骨外角）及脊椎背部突出，肉眼观察明显可见。

2 分为瘦，腰角及脊椎背部用手模得出。

3 分为理想，腰角及脊椎背部用手重压可感觉到。

4 分为肥，腰角及脊椎背部无法感觉。

5 分为过肥，腰角及脊椎背部完全被脂肪覆盖，腹部底线中间部位肥胖突出，后侧观两腿间脂肪下垂。

母猪的饲养必需注意到体况，在怀孕后期可以允许 3.5 分，在断乳时可以允许 2.5 分，其他阶段均以保持 3 分为宜。如果猪场配有猪活体测膘仪，可在母猪第 10 肋骨上方，据背中线 4 cm 位置测量背膘厚度，3 分母猪背膘在 16～20 mm，3.5 分时在 25 mm，2.5 分时在 12 mm。其背膘厚度与品种及该品种的瘦肉率有一定关系，实际中应给予考虑。

根据母猪体况，可参考表 3-26 调整饲喂量。

母猪饲喂量还应考虑母猪体格大小和所处的环境温度。母猪体格越大，其维持需要量越大，对饲料要求的数量越多。一般母猪体重每增加 10 kg，能量需求增加 5％，表 3-27 为妊娠母猪推荐了一个饲喂量参考表。猪只所处环境温度如果低于临界温度，由于寒冷产热维持体温而增加猪对饲料需求量，一般每比临界温度下限低1℃，每天每千克代谢体重产热量增加15.48～18.83 kJ，一头体重200 kg的猪每天至少需增加90～110 g饲料。

表3-26　根据母猪体况评分确定的饲喂量调整值

体况评分	饲喂量调整值(kg)
1.0	+0.60
1.5	+0.40
2.0	+0.30
2.5	+0.20
3.0	0.00
3.5	−0.20
4.0	−0.30
4.5	−0.40
5.0	−0.60

引自 Wittemore C. Alberta Pork Congress Proceedings. 1984.

表3-27　妊娠母猪体重与推荐喂量

母猪体重(kg)	饲料/天(kg)	预计母猪体重增加(kg)
120	2.0	30
140	2.1	25
160	2.2	25
180	2.3	20
200	2.4	20
220	2.5	20
240	2.6	15

引自 Aherne，1990.

为防止产后不食或高烧，对于膘情正常的母猪，在分娩前3～

5 天开始减料，减料量为正常喂量的 1/3 左右。

饲喂妊娠母猪还要注意日粮体积，一是应保证预定的日粮营养水平，二是妊娠母猪不感到过分饥饿，三是不压迫胎儿。其方法是根据胎儿发育的不同阶段，适时调整精粗料比例，后期适当增加饲喂次数。母猪不应喂给发霉变质的饲料，未经脱毒素的棉籽饼、菜籽饼、农药残毒饲料、酸性过大的青贮饲料、粉浆和粉渣、含酒精过多的酒糟不能喂给怀孕母猪，必要时可少量搭配。

为了防止母猪发生便秘，分娩前应适当加喂轻泻剂，Richard 的研究证明，加喂日粮 1.65％的氯化钾具有明显的轻泻作用，0.55％～1.1％水平可提高泌乳母猪的采食量。

四、妊娠母猪的管理

妊娠母猪可采用限位栏饲养，也可每 4～6 头一圈群饲，每头占圈面积不低于 1.6～1.7 m^2，后期宜单圈饲养。注意防止相互拥挤、咬架、滑倒、鞭打、惊吓、追赶，以免机械性流产。

气温超过 32℃就会引起胚胎的大量死亡，所以夏季应注意防暑降温，减少中暑死。

第四节 分 娩

一、分娩前的准备

根据母猪的预产期推算（114 天），产前 7 天应准备好产房。产房要求温暖、干燥、卫生、通气、安静、舒适。产房温度一般要求 15～22℃，最好在 18～20℃，并配备仔猪保温箱，箱内温度 25～32℃；进猪前应对产房进行彻底消毒，地面用 2％火碱水喷洒，墙壁用 20％石灰乳粉刷，器具用 2％～5％的来苏儿或 0.5％的过氧乙酸消毒；产前 3～5 天将猪赶入产房。产前还应准备好接产用具，包括消毒液、毛巾、碘酒、耳号钳、剪刀、台秤、产仔记录等。

二、分娩预兆

根据产前表现可以大致预测分娩时间（表 3-28），以便做好接产准备。

表 3-28　产前表现与产仔时间

产前表现	距产仔时间
乳房胀大	15 天左右
阴户红肿，尾根两侧下陷	3～5 天
挤出透明乳汁	1～2 天
叼草做窝	8～16 h
挤出乳白色乳汁	6 h 左右
呼吸 90 次/min	4 h
躺下、四肢伸直、阵缩间隔缩短	10～90 min（产前 1 天 50 次/min）
羊水流出	1～20 min

母猪正常分娩多在夜间，给管理带来诸多不便，为了调控母猪使其在白天分娩，生产上有时采用前列腺素处理，如陆海平（1998）用氯前列腺烯醇诱发母猪同期分娩的效果见表 3-29。

表 3-29　氯前列腺烯醇诱发母猪同期分娩的效果

项　目	妊娠 112～113 天每天早 7：00—8：00 注射氯前列烯醇 2 mL（0.2 mg）	对照
处理头数	64	36
注射至开始产仔时间（h）	23.9	63.8
10～20 h 内的产仔率（%）	15.6	—
20～30 h 内的产仔率（%）	84.4	—
产仔持续时间（h）	4	4.1

续表 3-29

项　目	妊娠 112～113 天每天早 7:00—8:00 注射氯前列烯醇 2 mL(0.2 mg)	对照
窝均产仔数	9.43	9.92
窝均产死仔数	0.59	0.64
白天分娩头数	48	18
白天分娩率(%)	75	50

陆海平. 养猪,1998,3.

据报道,母猪产前注射氯前列腺烯醇可以控制分娩时间和产程;产后注射可以清洁子宫,防止子宫炎等(表 3-30)。

表 3-30　注射氯前列腺烯醇对母猪繁殖行为的影响

项　目	产前 48 h 注射氯前列烯醇 1 mL	产后 36～48 h 注射氯前列烯醇 1 mL	产前 48 h 注射氯前列烯醇 1 mL;产后 36～48 h 注射氯前列烯醇 1 mL	对照
处理头数	25	25	25	25
白天分娩头数	16	7	22	6
白天分娩率(%)	64	28	88	24
3 h 以内分娩头数	23	11	22	9
3 h 以内分娩率(%)	92	44	88	36
3.5 h 以内分娩头数	25	21	25	21
3.5 h 以内分娩率(%)	100	84	100	84
平均持续时间(h)	140	180	138	188
产后恶露持续时间(min)	141.4	202.6	141.5	211.0

陆海平. 养猪,1998,3.

三、接产

(一)接产步骤

1. 清洗

母猪出现阵缩后,要清洗掉乳房及臀部污物,用2%～5%的来苏儿消毒,然后再洗净擦干。

2. 擦净黏液

仔猪出生后,立即掏出口鼻黏液,用毛巾将全身顺毛擦净,红外线灯下烤干。

3. 断脐

擦净黏液后,将脐带内血液向仔猪腹部方向挤压,然后距腹部4 cm左右将脐带用手掐断,碘酒消毒。

4. 仔猪编号、称重、记录卡片

打耳号有剪口法和耳标法。剪口法是用耳号钳在猪耳上剪上缺口,每一缺口代表一个数字,一般是1、3、5、10、30、100、200、400、800,把缺口的数字相加,即为该仔猪号。耳标法是把诸多号数写在购买的耳标上,用专门耳号铅将其固定在猪耳上。然后称重,登记卡片。

5. 给奶

做完上述工作,立即让仔猪吃奶。

(二)假死猪的急救

有的仔猪因黏液堵塞气管或脐带在产道内过早拉断等原因,出生后停止呼吸,但心脏还在跳动,称为"假死",急救办法是将仔猪四肢朝上,一手托肩,一手托臀,一屈一伸反复进行,直到仔猪叫出声为止。对于救活的仔猪应特殊护理2～3天,使其尽快恢复健康。

(三)难产处理

猪是多胎动物，胎儿较小，一般很少难产，但个别母猪应因过肥或过瘦、气温过高、有病、初产母猪体重过小等原因，有可能造成难产。母猪分娩间歇 5～25 min，平均 10 min，产仔持续 1～4 h，一般 1～2 h。如果产仔间隔过长，母猪长时间阵痛或努责，仍不见胎儿产出，即可判定为难产。这时可注射垂体后叶激素 15～25 U，强心剂 2～3 mL，并按摩乳房，一般 10～20 min 即可产出。如不能奏效，可人工助产，方法是先将指甲剪平磨光，将手及手臂洗净消毒，涂润滑剂，然后五指并拢，在母猪阵缩间歇轻轻、旋转伸入产道，当摸到仔猪后，随母猪阵缩轻轻拉出胎儿，以后的胎儿有可能顺产，有时全窝仔猪都要靠人工掏出。产完后，给母猪注射抗菌素或其他消炎药物，以免产道感染。

(四)胎盘的排出与产圈的清理

胎盘于产后 10～30 min 可自行排出，否则应注射催产素促其排出。胎盘排出之后应及时将产圈清理干净。

第五节 泌 乳

一、母猪的泌乳特点与规律

乳房结构与乳汁的排放：母猪有 7 对左右的乳头，每个乳头由 2～3 个乳腺团组成，每个乳腺团又以乳腺管汇集成一根乳头管通向乳头外端，没有乳池；各乳头间相互没有联系。

(一)乳汁的成分

母猪的乳汁按营养成分和生理作用分为初乳和常乳，初乳是母猪分娩后 3 天内分泌的淡黄色乳汁，此后的乳汁称常乳。初乳和常乳营养成分见表 3-31。

初乳中干物质、蛋白质、铁、生长素含量高，维生素A、维生素C、维生素B_1、维生素B_2含量高，营养丰富。镁盐含量高，具有轻泻作用，可促使胎粪排出；酸度高，具有抑菌和助消化的作用；生长素含量高，可有效促进胃肠的发育，第一天便可增加30%；初乳最大的特点是含有免疫抗体，是初生仔猪获得免疫力的唯一途径，仔猪吃不到初乳很难成活。

表3-31　母猪初乳和常乳营养成分　%

项目	干物质	蛋白质	脂肪	乳糖	灰分	铁（μg/100 g）	生长素（mg/100 g）
初乳	25.16	17.77	4.43	3.46	0.63	26.5	5.3
常乳	19.89	5.59	8.25	4.81	0.94	179.0	1.4

（二）乳汁的排放

猪的乳房没有乳池贮积乳汁，所以，只有在分娩后的前一两天，在催产素的作用下，乳汁可随时排出。随后变为定时放乳，其放乳过程首先是仔猪发出尖叫或母猪主动发出喂奶信号，经仔猪1～2 min的拱揉，母猪才开始放乳。母猪放乳时间很短，一般10～20 s，放乳间隔地方品种一般50～60 min，引入品种60～90 min。在一个泌乳期，前期泌乳时间长，间隔时间短，后期泌乳时间短，间隔时间长。

（三）泌乳量

母猪乳房间相互独立，其泌乳量依位置不同而不同，位于前部的乳房泌乳量一般高于后部（表3-32）。

表3-32　哈白猪乳头乳导管数及泌乳量

乳头位置	第一对	第二对	第三对	第四对	第五对	第六对	第七对
乳导管数（根）	2.25	2.07	2.04	2.04	2.05	2.02	2.00
相对泌乳量（%）	100	96.8	93.4	97.2	96.0	95.3	74.1

整个泌乳期的泌乳量也不平衡，产后呈增长趋势，至3～4周达高峰，以后逐渐下降（表3-33）。

表3-33 母猪泌乳期各阶段泌乳量

泌乳周次	1	2	3	4	5	6	7	8
泌乳量(kg)	5	6.5	7.1	7.2	7.0	6.6	5.7	4.9

初产母猪乳腺发育不完全，缺乏哺育经验，泌乳量较低，2～3胎泌乳量上升，3～6胎保持一定水平，以后下降。

母猪的泌乳量与带仔多少有关，带仔数越多，泌乳量越高。

母猪的泌乳量还与饲养管理水平有关，充足的营养，合理的饲养，安静、凉爽、舒适的环境可提高泌乳量。

二、泌乳母猪的饲养管理

饲养泌乳母猪的中心任务是提高母猪泌乳量，保证仔猪的健康与增重，防止母猪失重过多，以免降低下一胎的繁殖性能。

分娩后，母猪日产乳量4～8 kg，在整个泌乳期负担都很重，所以应加强营养，控制母猪失重不宜过高（表3-34）。

表3-34 饲养水平对泌乳母猪繁殖力的影响

项目	试验次数	高	低
母猪泌乳期失重(kg)	1	5.1	30.0
仔猪断乳窝重(kg)	1	68.7	62.3
母猪断乳至下次配种间隔(天)	16	11.5	16.3
早期胚胎存活率(%)	3	78	64
窝活仔数(头)	4	10.7	9.8

Hughes. 1989，1993.

母猪分娩过程中一般不喂料，产后12 g只给0.5～1 kg料，但必须保证充足的饮水，以后每日增加0.5～1 kg，直至泌乳期正常喂量。泌乳期喂量一般为每天 4～5.5 kg，折合消化能 58～78 MJ。生产上还应根据猪的品种、体重大小、带仔多少、泌乳力高低适当调整喂量。母猪日粮粗蛋白水平应保持在 13%～16%，并注意矿物质、微量元素和多种维生素的供给。

母猪产后应密切注意其吃食、排泄、呼吸、体温、乳房等的变化，发现异常及时处理，防止乳房炎子宫炎、无乳综合征后群的出现。为了保证猪的采食量，每日应喂 3～4 次，泌乳高峰期夜晚加喂一次。对于泌乳不足的母猪，尤其是初产母猪，应及时进行人工催乳，其方法是加喂动物蛋白饲料或青绿多汁饲料。

生产上最好应专门设有产房（带仔母猪舍），每头母猪一圈或一个产床，并经常保持舍内温暖、干燥、安静、舒适、卫生。

第六节　后备猪的选留与种母猪的淘汰

一、种猪选留的一般原则

（一）种公猪的选择

1. 体型外貌

体型外貌复合品种特征，体质结实，肌肉发达，结构匀称，四肢健壮，生殖器官发育正常，乳头 7 对以上。

2. 繁殖性能

性欲良好，配种能力强，精液检查品质优良。

3. 生长肥育与胴体性状（重点）

要求增重快，饲料利用率高，背膘薄，瘦肉率高。

（二）种母猪的选择

1. 体型外貌

体型外貌复合品种特征，体质结实，结构匀称，四肢健壮，生殖器官发育正常，乳头 7 对以上，排列整齐，无瞎乳头和副乳头。

2. 繁殖性能(重点)

发情明显,易受孕,产仔数多,泌乳力强,断奶窝重大。

3. 生长肥育性状

要求增重快,饲料利用率高,背膘薄,瘦肉率高。

二、后备种猪的选留

后备猪的选择一般经过4个阶段。

(一)断奶时

在商品猪场,断奶时选留数量应为终选数量的3～10倍。

要求符合品种特征,没有遗传缺陷;有效乳头7对以上,生殖器官发育正常;来自产仔数高、断奶窝重大的母猪;并注重父母性能。

(二)5～6月龄时

体型外貌及肥育性状已经表现出来,是选种的关键时期。选留量应为终选数量的110%～130%。

体型外貌符合品种特征,体质结实,肌肉发达,结构匀称,四肢健壮,生殖器官发育正常,无瞎乳头和副乳头。不符合个体应先行淘汰。

其余多数个体应按生长速度和背膘厚等经济性状构成综合选择指数进行选留或淘汰。

(三)配种时

淘汰7.5月龄尚无发情征兆个体;淘汰2情期配种仍返情个体。

(四)一或二胎仔猪断奶后(终选阶段)

主要根据产仔数、断奶窝重、母猪泌乳性能、母性等进行选留或淘汰。

三、基础母猪的淘汰

(一)母猪的淘汰率

在育种场,主要淘汰遗传性能低下个体,为了遗传改良;在商品猪场，主要淘汰老弱病残及生产性能低下个体，为的是保证种猪群的壮龄化，健康化和高性能化。

在商品猪场，母猪一般利用到 7 胎上下，年更新率在 30%左右。母猪利用胎次（或年限）与母猪年更新率的关系见表 3-35。

表 3-35　母猪利用胎次（或年限）与母猪年更新率的关系

每头母猪分娩窝数	按 155 天的产仔间隔，母猪在群年数*	每年的更新率（%）
3	1.27	79
4	1.70	59
5	2.13	47
6	2.55	39
7	2.98	33
8	3.40	29
9	3.83	26
10	4.25	23

* 年数等于从第一窝到最后一窝的时间

（二）母猪淘汰的一般原则（或标准）

1. 老弱病残母猪

包括肢蹄有问题的母猪；子宫流脓的母猪；病弱母猪；老龄母猪。

淘汰过于肥胖和过于瘦弱的母猪及性能低下的母猪。

2. 生产性能异常的母猪

包括两个情期配种不孕的母猪和连续两胎产仔少的母猪。

3. 生产性能低下的母猪

包括泌乳力低，断奶窝重小的母猪；后代增重慢、背膘厚、胴体品质差的母猪。

（三）母猪的淘汰计划

500 头基础母猪的猪场，淘汰率 30%，则年更新 150 头，每周

3头，则每周应配种后备猪5头，85%受胎率，受胎4头，根据1～2胎繁殖成绩，淘汰1头，留3头转入基础群，按以上原则进行淘汰。健康水平差的猪群，淘汰率还应提高。

每周配种的母猪数按85%受胎率算，20张产床应保证有21头以上的母猪配准保证20头母猪产仔上产床，到配后21天妊检后，淘汰多余的受胎母猪。

第四章 幼猪培育

幼猪是发展养猪生产的基础,从遗传角度讲,它是新世代的开始,集中体现了对其先代的选育效果。在猪的一生中,幼猪阶段生长发育最快,可塑性最大,饲料的利用效率最高。幼猪培育的成败,既关系着养猪生产水平的高低,又对提高养猪生产经济效益,加速猪群周转起着十分重要的作用。如幼猪养育得好,成活头数多,母猪的年生产量就高;幼猪断乳时体重大,育肥猪的生长速度就快,育肥期就会缩短,出栏率就会得到提高,商品猪生产成本就低。因此,培育出大量品质优良的幼猪,是增加养猪数量、提高猪群质量、巩固育种效果、降低生产成本的关键。本章的目的是在阐明仔猪生理特点的基础上,探讨减少仔猪死亡率和增加仔猪体重、培育体格健壮、品质优良的后备种猪和肥育猪的理论与技术;同时,介绍 SPF 猪群的建立方法及在生产中的应用。

第一节 哺乳仔猪的养育

养育好哺乳仔猪,是根据其生长发育和生理特点,采取相应的饲养管理措施,提高哺育成活率和最大断乳窝重,安全度过断乳关,以利于育肥期正常生长发育。

一、哺乳仔猪的生理特点

(一)生长发育快,物质代谢旺盛

仔猪出生体重小,不到成年体重 1%(羊为 3.6%,牛为 6%,马为 9%~10%),但生后生长发育很快。一般初生体重为 1 kg

左右，10 日龄时体重达出生重的 2 倍以上，30 日龄达 5～6 倍，60 日龄达 10～13 倍。哺乳仔猪这种强烈生长，必须以旺盛的物质代谢为基础，特别是蛋白质代谢和钙、磷代谢要比成年猪高得多。20 日龄的仔猪，每千克体重沉积的蛋白质，相当于成年猪的 30～35 倍，每千克体重所需代谢净能为成年猪的 3 倍。所以，仔猪对营养物质的需要，无论是在数量还是质量上，都高于成年猪，对营养不全反应特别敏感。因此，仔猪除进行正常哺乳外，应以高质量的乳猪料进行补饲。

(二)消化器官不发达，消化腺机能不完善

仔猪初生时，消化器官虽然已经形成，但其重量和容积都较小。如胃重，仔猪出生时仅有 4～8 g，能容纳乳汁 25～50 g，20 日龄时胃重达 30 g，容积扩大 2～3 倍，当仔猪 60 日龄时胃重可达到 150 g。小肠也强烈生长，4 周龄时重量为出生时的 10.17 倍。消化器官这种强烈的生长保持到 7～8 月龄，之后开始降低，一直到 13～15 月龄才接近成年水平。猪的体重与消化器官的增长速度如表 4-1 所示。

表 4-1 猪的体重与消化器官的增长速度

项目	周龄				
	0	4	8	16	20
体重(kg)	1.34	5.90	13.20	36.10	52.10
胃重量(g)	5.90	38.94	137.28	368.22	448.06
胃重占体重(%)	0.44	0.66	1.04	1.02	0.86
小肠重量(g)	21.44	218.30	316.80	1 010.80	1 302.50
小肠占体重(%)	1.60	3.70	2.40	2.80	2.50
大肠重量(g)	7.50	40.12	188.76	617.31	880.46
大肠占体重(%)	0.56	0.68	1.43	1.71	1.69

(三)缺乏先天免疫力容易患病

免疫抗体是一种大分子结构的 γ-球蛋白，由于猪的胎盘结构

复杂，母猪的血管与胎儿的脐血管之间被6～7层组织隔开（人3层，牛、羊5层），限制了母体中的抗体通过血液向胎儿转移。仔猪出时缺乏母源免疫抗体。初乳中具有一定数量的免疫抗体，仔猪可通过吃初乳获得母源抗体，再逐步过渡到自身产生抗体。

仔猪出生后24 h以内对初乳中的抗体吸收量最大，此阶段肠道黏膜组织绒毛上皮细胞处于原始状态，对蛋白质的通透性较高，又由于乳清蛋白与血清蛋白成分接近，当仔猪吸食初乳后，经肠壁的胞饮作用，可直接吸收到血液中，使仔猪血清中的γ-球蛋白水平很快提高，吸食初乳后24～48 h，其含量可增至5 g左右，约占血清蛋白的45%，免疫力提高。仔猪出生36～48 h以后，随着肠道的发育，通透性降低，胞饮作用关闭，肠壁的吸收能力显著下降。初乳中免疫球蛋白含量下降也很快。10日龄以后，仔猪自身可产生抗体，主动免疫体系已开始行使功能，至3周龄时，自体产生的抗体数量仍很少，5～6周龄时，每100 mL血液中含免疫球蛋白65 mg，接近成熟水平。因此，10～35天是免疫球蛋白青黄不接的时期，抵抗力较低，再加上胃液中游离盐酸很少，仔猪已开始补料，对随饲料和饮水进入胃中的病原微生物缺少抑制作用，致使仔猪容易得病。

（四）调节体温能力差，怕冷

幼猪出生时大脑皮层发育不够健全，通过神经系统调节体温的能力差。此外幼猪体内能源贮存较少，遇到寒冷血糖很快降低，若不及时吃到初乳很难成活。仔猪正常体温约39℃，刚出生时所需要的适宜环境温度为30～32℃。当环境温度偏低时会使仔猪体温下降，体温下降的幅度及恢复所用时间与环境温度有关。环境温度越低，体温下降的幅度越大，恢复所用的时间越长。温度过低时，仔猪还会冻僵、冻死。据研究，出生仔猪在13～24℃温度下，生后一小时体温可降低1.7～7.2℃，在18～24℃温度下约需2天才可恢复正常，在0℃（−4～2℃）左右的温度下，10天尚难达到正常体温。刚出生的仔猪如果裸露在1℃环境中2 h可冻昏,甚至冻死。故提供适宜的温度是养好仔猪的关键措施之一。

二、哺乳仔猪死亡的原因

哺乳仔猪死亡历来是养猪生产中的一大损失。死亡率的高低与饲养方式有密切关系,其主要影响因素有分娩栏和育仔栏的设计,分娩舍内的温湿度控制,仔猪保温箱的加热方式,疾病的控制,母猪的营养和卫生条件等。

正常饲养管理条件下,仔猪死亡与仔猪日龄有关。据 Kurz 和 Ernst(1987)调查,在死亡仔猪中,1周龄死亡占82%,2周龄占10%,3周龄占4%,4周龄以上占4%。死亡原因主要是:压死、踩死占47.7%,弱仔猪死亡占18.6%,发育不良死亡占11.7%,下痢死亡占4.1%,其他如畸形、冻死、咬死、饿死等占17.9%。初生重与仔猪死亡率有密切关系,瘦肉型猪初生重不足1 kg的仔猪存活率很低,存活的仔猪生长发育也落后于全窝平均水平。据 Dammert 等对1 000多头仔猪试验数据的分析(表4-2),初生重每增加0.1 kg,28日龄前(1 013头)日增重提高11.7%,到育肥开始(771头)日增重提高7.5 g。育肥期限食饲养(280头),提高13.6 g,自由采食提高(85头)10.2 g,初生重不足1 kg的仔猪,死亡率在44%~100%,随仔猪初生体重的增加,死亡率下降。

表4-2 初生重对仔猪死亡率和日增重的影响

初生重(kg)	死亡率(%)	平均日增重(g)			
		初生—28日龄	28日龄—育肥开始	肥育期限饲	肥育期不限饲
0.4~0.7	100~65	—	—	—	—
0.7~0.8	64	139	362	—	—
0.8~0.99	49	148	323	—	—
0.99~1.0	44	156	368	615	—

续表 4-2

初生重(kg)	死亡率(%)	平均日增重(g)			
		初生—28日龄	28日龄—育肥开始	肥育期限饲	肥育期不限饲
1.0～1.1	35	168	373	613	698
1.1～1.2	16	185	395	639	704
1.2～1.3	15	188	405	650	726
1.3～1.4	14	200	412	683	720
1.4～1.5	12	220	415	685	747
1.5～1.6	—	221	432	716	744
1.6～1.7	—	245	407	689	—
1.7～1.8	—	240	410	706	—
1.8～1.9	—	266	453	—	—
1.9～2.0	—	271	450	—	—

仔猪初生重与母猪妊娠后期的能量摄入直接相关，胎儿体重50%左右是产前20天内沉积的，因而增加母猪妊娠后期的能量摄入可提高初生仔猪体重。在妊娠后期母猪饲粮中添加脂肪，能提高仔猪的初生重，增加能源贮备，提高初乳中脂肪含量，并能降低断奶前仔猪的死亡率。

仔猪初生重受窝产仔数的影响比较大，随着窝产仔数的上升，仔猪初生重下降，分娩时仔猪死亡数上升(表4-3，Spicer等1986)。中国地方猪种繁殖力高，产仔数多，仔猪初生重普遍低，据许振英统计，民猪等7个地方猪种平均窝产仔数13.01头，平均初生重0.83 kg，而哺乳仔猪的成活率明显高于瘦肉型猪相同仔猪初生重的成活率，达到80%，哺乳仔猪死亡率不足20%，这是中国地方猪种的特点，是现代瘦肉型猪种所没有的。哺乳仔猪的死亡与其生理特点有密切的关系。据陈清明(1997)对某猪场多年死亡仔猪的统计分析(表4-4)，死亡率较高的是患白痢病死亡，占死亡总数的 31.36%，肺炎病死亡占 14.3%，冻死、压死占 12.8%，其他死亡占 41.6%。

表 4-3 窝仔数对死胎和初生重的影响

窝仔数	调查窝数	初生数	死胎数	出生死亡数	断奶数	初生重(kg)	每窝小于800 g的仔猪数	小于800 g仔猪的窝(%)	分娩时间(min)
2～3	3	2.73	0	0	1.4	1.60	0	0	53
4～5	15	4.4	0.07	0.276	3.9	1.56	0.1	11.1	44
6～7	25	6.7	0.08	0.16	6.1	1.51	0.1	8.3	117
8～9	45	8.6	0.27	0.31	7.2	1.44	0.2	17.8	79
10～11	69	10.6	0.41	0.45	8.8	1.35	0.4	25.0	154
12～13	51	12.4	0.14	1.02	9.7	1.33	0.7	45.1	207
14～15	24	14.3	0.46	1.08	11.0	1.29	1.1	66.7	158
16～17	6	16.3	1.56	0.66	11.8	1.26	1.0	66.7	131

表 4-4 哺乳仔猪死亡原因分析

项 目	出生～20 日龄		20～60 日龄		合计	
	死亡数	占死亡总数(%)	死亡数	占死亡总数(%)	死亡数	占死亡总数(%)
压死、冻死	128	94.8	7	5.2	135	12.8
白痢死亡	315	95.5	15	4.5	330	31.3
肺炎死亡	130	86.7	20	13.3	150	14.3
其他死亡	332	75.8	106	24.2	433	41.6
合计	905	—	148	—	1053	100.0

其他死亡原因为：发育不良死亡 86 头(8.16%)，贫血死亡 90 头(8.54%)，畸形死亡 80 头(7.59%)，心脏病死亡 75 头(7.14%)，寄生虫死亡 55 头(5.23%)白肌病和脑炎死亡 52 头(4.95%)，合计 433 头，占死亡总头数的 41.61%。

哺乳仔猪生后 20 日龄内死亡率高，从 21～60 日龄死亡率较低。哺乳仔猪因、压死、冻死、下痢而死亡的，生后 20 天内死亡数占死亡总数的95%，而以后的40天死亡仅占5%。因肺炎死亡的，生后20天内约占87%，21日龄以后死亡占13%。其他原因死亡的，20日龄内占76%，21～60日龄占24%。由此可见，哺乳仔猪的死亡主要集中在生后的20日龄内。采用传统的地面平养方式，仔猪死亡率高，压死、咬死、冻死的仔猪多，也易发生下痢、肺炎等疾病。高床网上饲养，设有保育箱，则可明显减少仔猪的死亡。哺乳仔猪死亡与是饲养人员的工作态度、勤劳精神和操作技能等密切相关。

三、提高哺乳仔猪培育效果的措施

(一)哺乳仔猪关键性时期

依据仔猪出生后的环境变化，哺乳仔猪的长生与生理特点和死亡原因分析，养好哺乳仔猪要抓住关键性时期。

仔猪出生后，由于生存环境发生了根本变化，如不采取相应的护理措施，会导致仔猪增重缓慢，发病或死亡。仔猪出生后，由原来在母体内靠胎盘进行气体交换、摄取养料和排除废物，转变为自行呼吸，采食和排泄；在母体子宫内所处的环境条件相当稳定，出生后，直接与复杂的外界环境接触，由于调节体温的机能不健全，对寒冷的应激能力差，机体内能源贮备有限，脂肪和血糖含量很低，若不及时采取保温措施，常会发生冻僵，冻昏和冻死；在母体子宫内处于无菌环境，而且不能从母体获得足量的抗体(常乳中无免疫抗体)，易得病死亡。因此，仔猪在7日龄以内是第一个关键性时期，应加强护理。母猪的泌乳量一般在分娩后21天达到高峰，而后逐渐下降，仔猪的生长发育随日龄增长而迅速上升，母乳下降，仔猪对营养的需求增加，如不及时给仔猪补饲，易造成仔猪增重缓慢、瘦弱、患病或死亡，因此，15日龄左右仔猪认料，早期开食是养好仔猪的第二个关键性时期。仔猪1月龄以后，食量增加，是仔猪过渡到全部靠采食饲料独立生活的重要准备时期，称此为养好仔猪的第三个关键时期。

(二)哺乳仔猪养育技术

1.抓乳食过好初生关

仔猪生后20天以内主要靠母乳生活，主要特点是怕冷易病，因此，让仔猪获得充足的母乳是促使仔猪健壮生长的根本措施，保温防压是护理的关键。

(1)固定乳头，吃好初乳。仔猪出生后即可自由行动。随即靠触觉寻找乳头吸乳，从出生到第一次吸乳相隔3～15 min。弱小仔猪因四肢无力行动不灵，往往不能及时找到乳头或被挤掉；在环境温度偏低的情况下，仔猪被冻僵而不会吮乳。为此，仔猪出生后应给以人工辅助，让所有的仔猪尽早吃到初乳，以增强体力，补充水分，恢复体温。

母猪的乳汁按化学成分和生理作用的不同分为初乳与常乳。初乳是母猪分娩后3天内分泌的淡黄色乳汁，此后的乳汁为常乳。初乳中干物质、蛋白质高于常乳，维生素丰富，含有免疫抗体，又含镁盐，具有轻泻作用，可促使胎粪排出，初乳酸度较高，有利于消化酶活动。初乳中的各种营养物质，在小肠内几乎全被吸收，有利于增长体力和产热，因此，初乳是仔猪不可缺少的食物。

母猪乳房的构造和特性与其他家畜不同，每个乳头由2～3个乳腺团组成，每个乳腺有一个小乳管通向乳头外端，没有乳池贮存乳汁，各乳房互不相通，自成一个功能单位。各乳头的泌乳量和品质不一，前部乳头的乳量多，仔猪因哺乳位置不同其增重也有差异。猪乳的分泌除分娩后2～3天是连续以外，此后，是由于仔猪吸乳的刺激而放乳。母猪每次放乳时间很短，仔猪每天吸乳次数频繁。

仔猪有固定乳头吸乳的习性，一旦认定至断乳不变。哺乳的定位一般分为四个阶段，即寻找乳头(0～2 h)，选乳头(2～6 h)，抢占乳头(6～18 h)，固定乳头(18 h以后)。前三个阶段，由于仔猪相互挣夺和咬斗，不仅消耗大量能源，而且易咬伤母猪的乳头。

在仔猪出生后结合自选加以人工辅助，尽快让仔猪选定乳头。辅助固定乳头可辅弱抑强，让弱小仔猪固定在泌乳量大的乳头上哺乳，使全窝仔猪增重均匀，同时缩短争斗时间。因此，辅助固定乳头是一项重要的保健护理措施。

仔猪哺乳活动量大，首先要拱揉母猪乳房，刺激乳腺活动，而后母猪放乳，且放乳时间很短，一般 10～20 s，一定要保持环境安静。

(2)加强保温，防冻防压。猪舍环境条件未加控制，母猪冬春季分娩造成仔猪死亡的主要原因是被母猪压死和冻死，尤其是出生后 3 天以内，仔猪受冷后行动不灵，不会吸乳，钻草堆，常卧在母猪腋下。环境温度对仔猪每日耗奶量和代谢效率亦有影响，据报道，2 日龄的仔猪在环境温度 8.3℃ 的条件下，日耗奶量 563 g，7.2℃ 时为 585 g，相差 22 g；7 日龄的仔猪在以下两种温度下，后者的日耗奶量增加 120 g，将 14 日龄的仔猪分别置于不同的环境温度下，代谢效率以 30℃ 为最高(表 4-5)。

表 4-5 环境温度与代谢

环境温度 (℃)	氮的消化率 (%)	氮的沉积率 (%)	能量沉积率 (%)
10	86.1	35.4	33.9
15	87.4	36.1	39.0
20	86.6	36.1	40.6
25	88.4	37.5	41.8
30	89.2	42.9	43.3

仔猪适宜的环境温度，1～3 日龄 30～32℃，4～7 日龄 28～30℃，15～30 日龄 22～25℃。

保温是防压的关键，保温防压的办法很多。如采取季节分娩制，让母猪在 3～5 月和 9～10 月分娩，以避免严寒或酷暑天气的影响。如采取全年分娩制，应设置产房，堵塞风洞，加铺垫草，保持干燥。可设护仔栏(架),有些母猪体大笨重,行动迟缓或母性不好。起卧时易踩伤或压死仔猪,特别是在分娩后的3天内,母猪疲倦,仔猪软弱,仔猪易被压死。可在猪栏内用钢管、圆木或毛竹(直径6～10 cm),距墙和地面各20 cm,装设护仔栏,防止母猪压死仔猪。亦可设仔猪保育箱或保育补饲栏,在猪栏的一侧用木栏,铁栏或砖隔开,宽70 cm,长1.5 m(以容纳仔猪采食为度),地面铺上厚而柔软的垫草,一侧留有仔猪的出口,为了保温可在上方设置红外灯。还可以设暖床,在产房的仔猪保育间设火炕或保温垫,火炕的建设是以相邻的两个猪床中间隔为火道,两侧地下各挖深为25 cm的烟道,上面铺砖,其上再覆以4 cm厚的草泥。保温垫可以电热丝或热水管为热源,在产房内生火炉、供暖气或在保育间上面加盖草帘,塑料布等保暖。

目前很多猪场的产房多采用有窗封闭式冬季供暖(火炉或暖气)猪舍,实行高床扣栏产仔,两侧为仔猪活动区,一侧设补料槽和自动饮水器,一侧设保育箱,其上用红外灯或下面用电热板以及热风器等,提高局部的环境温度。据中国农业科学院畜牧研究所在北京顺义县陈各庄猪场的试验,高床扣栏产仔,两侧为仔猪活动区,一侧设补料槽和自动饮水器,一侧设保育箱,其上用红外灯或下面用电热板以及热风器等,提高局部的环境温度。其效果优于地面扣栏(表4-6)。

表4-6 高床扣栏与地面扣栏产仔比较

项目	窝数	活仔数(头)	35日龄个体重(kg)	35日龄窝重(kg)	断奶头数(头)	哺育率(%)
地面扣栏	45	10.08	7.11	57.21	8.04	79.76
高床扣栏	258	9.83	8.57	80.5	9.33	95.52
高床比地面提高率(%)		2.5	20	40.7	16.8	15.8

2. 抓开食过好补料关

哺乳仔猪体重增长迅速，对营养物质的需求量较高，母猪的泌乳量在分娩后第三周达到高峰，以后逐渐下降，3 周龄时母乳能满足仔猪营养需要的 97%，4 周龄 84%，5 周龄 50%，7 周龄 37%，8 周龄 27%，如不及时补饲，将直接影响仔猪的生长发育。及早补料还可以锻炼仔猪的消化器官，促进其机能发育，为安全断奶奠定基础。

(1)补喂矿物质。哺乳仔猪生长发育不仅需要常量元素如钙、磷、钾、钠、氯等，也需要微量元素，如铁、铜、锰、锌、碘、硒等。当仔猪学会吃料之后，通过饲料可补充部分矿物质，断乳仔猪则可完全可从饲料中获得。

补铁：铁是造血和防止营养性贫血的必需元素，仔猪出生时体内铁的贮量约为 50 mg，每日生长需 7～11 mg，母乳中含铁量很少(每 100 g 乳汁中含铁 0.2 mg)，给母猪补铁不能提高乳中铁的含量。因此，仔猪体内的铁很快耗尽，如得不到补充，一般于 7 日龄左右出现贫血，食欲减退，被毛散乱，眼结膜苍白，生长停滞，患白痢等，严重者死亡。仔猪是否缺铁可按 100 mL 血液中的血红蛋白含量进行判断(表 4-7)。

表 4-7　血红蛋白含量与仔猪生长

每 100 mL 血液血红蛋白含量(g)	仔猪表现
10 以上	生长良好
9	符合最低需要量
8	贫血临界限
7	贫血，生长受阻
6	严重贫血，生长显著缓慢
4 以下	严重贫血，死亡率提高

常用的补铁方法有：

铁铜合剂补饲法:铜也是造血和酶的必需原料,仔猪于3日龄开始补饲铁铜合剂。制作方法是将2.5 g的硫酸亚铁和1 g的硫酸铜,溶于1 000 mL的水中,装于瓶内,每日1～2次,每头每日10 mL,可用乳瓶喂给。当仔猪认料开食后,可将合剂拌在饲料中补饲,30日龄后浓度可提高1倍。

铁钴合剂注射法:生产上应用较普遍。仔猪于3日龄,肌肉或皮下注射右旋糖酐铁钴合剂1～2 mL(视浓度而定,每毫升含铁50 mg),7日龄时再注射2 mL。据广西壮族自治区西江农场的试验,仔猪2日龄注射培亚铁针(主要成分为葡聚糖铁)1 mL(含铁100 mg),10日龄再注射2 mL,提高了仔猪的增重和哺育率(表4-8)。

表4-8 仔猪补铁效果

组别	头数	哺育率(%)	60日龄增重(kg)	60日龄增重率(%)	白痢头数	白痢(%)	死亡头数	死亡率(%)
对照	56	89.29	7.15	100	26	46.6	6	10.21
试验	59	96.91	10.52	137	13	22.0	2	3.09

硒的补充:硒与维生素E具有类似的抗氧化作用,补硒有防止拉稀,肝坏死和白肌病之效。于仔猪生后3日肌肉注射0.1%亚硒酸钠0.5 mL,断乳时再注射1.0 mL,在缺硒地区可普遍使用。

随着饲养添加剂研究的进展,美国Ashmead 1977年模拟体内的代谢,研制出一种铁质螯形化合物"氨基酸铁",商品为"血铁粒"。螯合铁的分子量小,易通过胎盘进入胎儿体内,可用于饲喂分娩前后的母猪,提高仔猪出生时体内铁的含量,并有效地防止生后缺铁性贫血的发生。台湾派斯特有限公司应用二分子甘氨酸螯合铁(爱铁旺)喂母猪,可将铁质转移给胎儿,亦可直接喂给仔猪,均获得良好效果。

(2)水的补充。水是动物血液和体液的主要成分,它是消化、吸收、运输养分和带走废物的溶剂,可调节体液电解质的平衡。由于仔猪生长迅速，代谢旺盛，母乳较浓（乳脂率7%～11%），故需水量较多，如不及时给仔猪补水，会因喝污水或尿液而引起下痢。目前，工厂化的猪场都在产房或产床上安装专门供仔猪饮水的自动饮水器，保证仔猪随时饮水。若没自动饮水装置，一般生后3天开始补给清洁的饮水，水槽应常刷洗，水要勤更换，冬季可供给温水。补饮含电解质的水，有防病和促进增重的效果。据报道，用含盐酸0.3%的水，补给3～20日龄的仔猪（此后改为清水），因盐酸有弥补胃酸分泌不足，激化胃蛋白酶活性的效能，使断乳重（60日龄）提高13%。P. W. Blackburn 1983年建议的电解质水的配方：葡萄糖45 g，氯化钠8.5，柠檬酸0.5 g，甘氨酸6 g，柠檬酸钠120 mL，磷酸二氢钾400 mL，加入2 L的水中。如原料不全可简化为：葡萄糖20 g，碳酸氢钠2 g，维生素C 0.06 g或葡萄糖15 g，食盐3 g，溶于1 L的水中，让哺乳仔猪连饮10～15天，断乳猪连饮4～5天。

(3)饲料的补充。补料的目的是弥补母乳不足，促进仔猪胃肠发育，解除牙床发痒，提高增重。应于7日龄开始训练仔猪认料。

仔猪认料开食的迟早与其体质、母猪的乳量、饲料的适口性、诱导训练方法以及环境温度有关。训练仔猪认料开食是一项复杂细致的工作，创造适宜的环境温度，选择香甜、酥脆的颗粒料，并适合仔猪消化生理的特点和行为习性，精心诱导训练，可取得良好的效果。

仔猪6日龄前后臼齿开始发生，而致牙床发痒，对地面上的东西用闻、拱、咬等进行探究，喜啃咬硬物，可以利用这种探究行为和模仿习性诱导吃食。生产中常采用自由采食方式，即将特制的诱食料投放在补料槽中，让仔猪自由采食。为了让仔猪尽快吃料，开始几天将仔猪强行赶到补料槽旁，上下午各一次，效果更好。在饲喂方法上利用仔猪抢食的习性和爱吃新料的特点，应少喂勤添，开食第一周仔猪采食很少，因母乳基本可满足需要，投料的目的是训练仔猪习惯采食饲料。

仔猪开食料的组成与饲喂量不仅与哺乳期仔猪的生长发育有关，而且还影响着断乳后仔猪完全采食饲料时的生长发育状况。

仔猪料的配制与饲喂应考虑以下几方面的问题：

第一，选择优质原料。仔猪开食料应是高营养水平的全价料，尽量选择营养丰富、易消化，适口性好的原料配制。原料组分选择既要与仔猪消化能力相适应，也要为断乳后仔猪饲养做准备。初期尽可能选用消化率高，品质好的动物蛋白饲料，如奶粉、乳清粉等，少用豆粕等植物蛋白饲料，以后逐渐增加植物蛋白饲料比例，以利于断乳后平稳过渡到常规饲料。目前市售的乳猪料有多种，现介绍美国大豆协会建议的哺乳仔猪饲料配方如表 4-9 所示。

表 4-9 哺乳仔猪饲料配方 %

饲料配比	仔猪体重(4.5～11 kg)	
	1	2
黄玉米	48.75	38.4
脱壳燕麦粉		10.0
黄豆粉	28.5	31.0
乳清粉	20.2	10.1
糖		5.0
油脂		2.5
碳酸钙	0.65	0.75
磷酸二钙	1.5	1.75
食盐	0.35	0.35
维生素及微量元素预混料	0.25	0.25

第二，饲料加工方法与技术影响开食料的饲喂效果。比如颗粒料可改善饲料利用率，减少饲料消耗。有试验表明，颗粒料比粉料对仔猪的饲料转化效率高 10 个百分点，增重高 33.9%。颗粒料容重增加，而仔猪胃肠容积小，采食量小，饲喂颗粒料具有更大

意义。因为营养物质浓度增加后,就可进一步满足仔猪营养需要量。膨化加工是近10年发展的饲料加工新技术,它可以改变蛋白质与淀粉的分子结构,有利于猪的消化吸收。同时膨化能减少日粮蛋白的过敏原性,因为膨化工艺的短时高温比一般热处理能更有效地破坏抗原活性物质。有试验表明,经膨化处理的大豆浓缩蛋白、大豆分离蛋白,减少了仔猪的过敏反应,降低了仔猪腹泻率。

第三,饲料量。给断乳前仔猪的补料量可影响仔猪断乳后对饲料蛋白的过敏反应。断乳前若能采食大量补料,使免疫系统产生免疫耐受,则断乳后就可减轻仔猪对日粮蛋白的过敏反应。若断乳前饲喂少量日粮蛋白,免疫系统处于致敏待发状态,断乳后再次接触这种日粮抗原时,立即产生严重腹泻。因此,对于4～5周龄断乳的仔猪,哺乳期进行补饲对保证断乳后的健康和正常生长具有明显的效果。但对于3周龄或更早断乳的仔猪,补饲会带来问题。有报道认为(English,1981),仔猪在断乳前至少需采食600 g补料,才能使消化系统产生耐受反应。很多研究都证明了这一点,并得出结论:3周龄或更早断乳仔猪无需补饲,采用突然断乳并降低断乳后日粮蛋白水平,其效果优于补饲。5周龄断乳,须使仔猪断乳前采食大量补料,建立起免疫耐受力。

(三)寄养

在猪场同期有一定数量母猪产仔的情况下,对多产或无乳吃的仔猪寄养给产仔少的母猪,是提高成活率的有效措施之一。当母猪产仔头数过少时需要并窝合养,以使部分母猪尽早发情配种。寄母应选择性情温和、母性好、泌乳量高的母猪;两窝仔猪的日龄(最好不超过3天)、体重应接近。母猪靠嗅觉辨认仔猪,寄养前可将寄养的仔猪和原有仔猪放在一起,经40 min左右的时间,两窝仔猪气味已基本接近,或把两窝仔猪涂擦臭药水或母猪乳汁,以避免母猪拒绝授乳或咬伤寄养的仔猪。有时因仔猪寄养过晚而不吸食寄母的乳汁,可适当延长其饥饿时间。

第二节　断乳仔猪的培育

一、断乳的日龄及方法

(一)断乳的日龄

仔猪断乳日龄应根据猪场的性质、仔猪健康状况、母猪的利用强度和饲养条件而定。我国有些种猪场过去多采用60日龄断乳，群众养猪采用30～50日龄断乳(多数是45日龄)，故有“猪离母四十五”之说。近年来，随着猪的营养及人工乳研究的进展，为提高母猪的利用强度和年生产力，仔猪的早期断乳已广泛应用于生产。将3～5周龄仔猪断乳称为早期断乳，早于2周龄的断乳称为超早期断乳。目前，对最适宜的断乳日龄虽无定论，但一般认为超早期断乳往往对母猪生殖系统的恢复过程有不良影响，导致受胎率低，胚胎死亡率高，反而降低了母猪的年生产力。而早期断乳是可行的。早期断乳的主要优点是：

第一，提高母猪的利用强度。早期断乳可缩短母猪的繁殖间隔，母猪的繁殖周期包括配种期、妊娠期和泌乳期，除妊娠期基本不变，配种期尤其是泌乳期是可以变化的，可见，仔猪早期断乳可缩短繁殖周期，增加母猪的年产窝数。配种期为1周，妊娠期为16.5周，采用6周龄断乳，繁殖周期为23.5周，母猪年产2.2窝；如采用3周龄断乳，繁殖周期为20.5周，母猪年产2.4窝，早期断乳对母猪产仔力的影响见表4-10。

表 4-10 早期断乳对母猪产仔力的影响

断乳周龄	从断乳至发情(天)	受胎率(%)	年产窝数	窝产活仔数	断乳头数	母猪年产仔数
1	9	80	2.70	9.4	8.93	24.1
2	8	90	2.62	10.0	9.50	24.9
3	6	95	2.50	10.5	9.98	25.4
4	6	96	2.44	10.8	10.26	25.0
5	5	97	2.35	11.0	10.45	24.6
6	5	97	2.22	11.0	10.45	22.5
7	5	97	2.17	11.0	10.45	22.5
8	4	97	2.15	11.0	10.45	21.6

第二,提高饲料利用率。在哺乳的情况下,仔猪对饲料的利用是通过母猪转化为乳汁后利用,饲料利用率为 20%～30%(能量每经一次转化约损失 20%),仔猪早期断乳可直接利用饲料中的营养,减少了转化次数,饲料利用率可提高到 50%～60%。据国外报道,30 日龄与 60 日龄断乳相比,每千克增重节省 31%～39%的饲料和 20%～32%的可消化粗蛋白质。

第三,提高仔猪 60 日龄体重和均匀性。母猪的泌乳量一般从仔猪 21 日龄起已不能满足需要,对早期断乳的仔猪,可根据其营养需要配制全价平衡的日粮,有利于促进生长潜力的发挥,减少弱猪、僵猪的比例,获得体重大而均匀的仔猪。据陈延济等试验,在仔猪生后分别于 28、35、45 和 60 日龄断奶,仔猪的生长发育结果如表 4-11 所示。

表 4-11 不同断奶日龄仔猪的增重情况

项目		断乳日龄			
		28	35	45	60
20 日龄	个体重(kg)	4.70	4.36	4.32	4.55
	日增重(g)	175	166	160	175
28 日龄	个体重(kg)	6.28	5.66	5.90	6.55
	日增重(g)	195	174	207	250
35 日龄	个体重(kg)	6.69	7.00	6.50	7.53
	日增重(g)	78	192	91	180
45 日龄	个体重(kg)	9.46	9.07	10.26	10.75
	日增重(g)	227	207	376	322
60 日龄	个体重(kg)	15.97	15.45	16.40	17.90
	日增重(g)	434	425	4.9	476
90 日龄	个体重(kg)	32.84	32.22	31.40	32.90
	日增重(g)	559	582	512	503

通过表 4-11 可以看出，28、35、45 日龄断乳的仔猪与 60 日龄断乳的仔猪相比，在 60 日龄以内增重较慢，60 日龄以后增重高于 60 日龄断奶的仔猪。到生后 90 日龄时，各组仔猪平均个体重很接近。

早期断乳的仔猪能自由采食营养水平较高的全价饲料，得到符合本身生长发育所需各种营养物质。在人为控制环境中养育，促进断奶仔猪的生长发育，防止出现落后猪只，使仔猪体重大小均匀一致，减少患病和死亡。

第四，提高分娩猪舍和设备的利用率。工厂化猪场实行仔猪早期断奶，可缩短哺乳母猪占用产仔栏的时间，从而提高每个产仔栏的年产仔窝数和断乳仔猪头数，相应降低了生产一头断乳仔猪产栏设备的生产成本。如深圳万丰猪场，将一条年生产万头商品猪的生产线，由生后 4 周断奶（设计规范）改为 3 周断乳（1988 年的实际产量），每个产栏的年产断乳窝数和年产断乳仔猪头数约提高 17%(表 4-12)。

表 4-12　3 周龄与 4 周龄断乳的生产效果比较

指标	哺乳 4 周龄（设计规范）	哺乳 3 周龄（实际产量）	提高率（%）
年断乳窝数	1 040	1 215	16.7
年断乳头数	9 360	10 918	16.6
周断乳窝数	20	23.4	17.0
周断乳头数	180	210	16.7
年断乳窝数/产栏	10.4	12.15	16.8
年断乳头数/产栏	93.6	109.8	16.6

(二)断奶方法

仔猪断奶可采取一次断奶、分批断奶和逐渐断奶的方法。

1. 一次断奶法

当仔猪达到预定断奶日龄时，将母猪隔出，仔猪留原圈饲养。此法由于断奶突然，易因食物及环境突然改变而引起仔猪消化不良，又易使母猪乳房胀痛，烦躁不安，或发生乳房炎，对母猪和仔猪均不利。但方法简便，适宜工厂化养猪使用。

2. 分批断奶法

具体做法是在母猪断奶前数日先从窝中取走一部分个体大的仔猪，剩下的个体小的仔猪数日后再行断奶，以便仔猪获得更多的母乳，增加断奶体重。一般是在断奶前 7 天左右取走窝中的一半仔猪，留下的仔猪不得少于 5～6 头，以维持对母猪的吮乳刺激，防止母猪在断奶前发情。

3. 逐渐断奶法

在断奶前 4～6 天开始控制哺乳次数，第 1 天让仔猪哺乳 4～5 次，以后逐渐减少哺乳次数，使母猪和仔猪都有一个适应过程，最后到预定断奶日期再把母猪隔离出去。逐渐断奶法对断奶仔猪体重的影响尚不清楚，但能够缩短母猪从断奶到发情的时间间隔(Matte 等，1992)。

（三）隔离式早期断奶

1. 隔离式早期断奶法的概念

隔离式早期断奶法（segregated early weaning，SEW）是美国养猪界在1993年开始试行的一种新的断奶方法，这种方法使养猪生产有很大程度提高。其实质内容是，母猪在分娩前按常规程序进行有关疾病的免疫注射，仔猪出生后保证吃到初乳，按常规免疫程序进行疫苗预防接种后，在10～21日龄断奶，然后把仔猪在隔离条件下保育饲养。保育饲养舍要与母猪舍及生产猪舍分离开，隔离距离约在250 m到10 km，根据隔离条件不同而不同。这种方法称为隔离式早期断奶法。

2. SEW法的主要特点

（1）母猪在妊娠期免疫后，对一些特定的疾病产生的抗体可以垂直传给胎儿，仔猪在胎儿期间就获得一定程度的免疫。

（2）初生仔猪通过吃初乳可获得必要的抗体。

（3）仔猪按常规免疫，产生并增强自身免疫能力。

（4）仔猪22日龄以前，即特定疾病的抗体在仔猪体内消失以前，就将断奶仔猪转移到洁净、具备良好隔离条件的保育舍养育。保育舍严格实行全进全出制度。

（5）配制的早期断奶仔猪饲粮营养全面、适口性良好、容易消化吸收。

（6）断奶后母猪能够及时配种和妊娠。

（7）由于仔猪本身健康无病，不受病原体的干扰，免疫系统没有激活，从而减少了抗病的消耗，加上科学配制的仔猪饲料，仔猪生长得快，到10周龄时体重可达30～35 kg，比常规饲养的仔猪提高增重10 kg左右。

3. SEW法的机理

SEW法在美国获得成功，并取得了良好的效益，其主要原因是：

（1）随着猪营养学研究的进展，对仔猪的消化生理及仔猪饲料有了比较清楚的了解，仔猪 10 日龄以后所需要的饲料已经得到了很好的解决，仔猪能够很好地消化吸收饲粮中的营养物质，保证了仔猪快速生长的需要。

(2)母猪在妊娠期进行了有效的免疫，母体内对一些疾病的免疫机能，通过初乳传递给仔猪，再加上仔猪本身的免疫机能，直到 21 日龄以前，仔猪从母体获得的免疫力还没有完全消失，就将仔猪从母猪舍移出，进入隔离条件良好的保育仔猪舍内，使仔猪代谢旺盛。因此，生长十分迅速。

(3)SEW 法对仔猪断奶的应激比常规方法要小。仔猪在常规 28 日龄断奶后，大多会出现 7～10 天的生长停滞期，尽管在以后生长中有可能补偿，但终究有很大影响。SEW 法基本上没有或很少引起断奶应激。另外，仔猪舍的隔离条件要求严格，减少了疾病对仔猪的干扰，从而也保证了仔猪的快速生长(表 4-13)。

表 4-13　常规饲养与 SEW 饲养生产性能比较

项目	阉割		幼母猪	
	常规饲养	SEW	常规饲养	SEW
初生重(kg)	1.56	1.50	1.54	1.52
10 日龄重(kg)	3.19	2.89	3.17	3.10
4 周重(kg)	7.24	2.67	7.45	8.08
5 周重(kg)	8.88	10.73	8.89	10.90
6 周重(kg)	11.67	13.38	11.67	13.50
7 周重(kg)	14.69	17.60	14.76	17.79
平均日增重(g)	277	331	272	336
育成期				
达 105 kg 日龄	152.6	148.55	160.35	155.10
饲料报酬	2.96	2.92	2.87	2.96
背膘厚(mm)	22.86	25.65	20.83	22.61

4. SEW 法断奶猪的饲养管理

(1)断奶日龄的确定。断奶日龄主要是根据所需消灭的疾病及养猪场的技术水平而定,一般 16～18 日龄断奶较好(表 4-14)。

表 4-14 消灭不同传染病原的最迟断奶日龄和用药及免疫时间

病原	断奶时间(日龄)	用药		免疫	
		母猪	仔猪	母猪	仔猪
猪副嗜血杆菌	10	—	+[a]	+	—
支气管败血性波氏杆菌	10	—	+[a]	+	—
多杀性巴氏杆菌	8～10	—	+[a]	+	—
胸膜肺炎放线杆菌	21～28	—	+	+	—
猪肺炎支原体	20	—	+[a]	+	—
沙门氏菌	14～16				
螺旋体	14～16	—	+[a]	+	—
伪狂犬病毒	20	—	—	+	—
猪流感病毒	20	—	—	+[b]	—
繁殖与呼吸综合征病毒	14～16	—	—	+[b]	—
传染性胃肠炎病毒	20	—	—	+[b]	—

注:—表示不需要用药或免疫;+[a] 表示不需要用药或免疫;a 表示确实需要用药尤其当断奶日龄加大时;b 表示无需免疫。

(2)饲料的配制原则。用于 SEW 法的饲料要求较高,一般可分为三个阶段配制混合料,第一阶段为诱食料和断奶后 1 周,第二阶段为断奶后 2～3 周,第三阶段为 4～6 周。第一阶段饲料的粗蛋白质可在 20%～22%,赖氨酸 1.38%,消化能 15.40 MJ/kg;第二阶段粗蛋白质 20%,赖氨酸 1.35%,消化能 15.02 MJ/kg;第三阶段粗蛋白质与第二阶段相同,消化能为 14.56 MJ/kg。三个阶段饲粮的主要差异是蛋白质原料的不同,美国研究人员建议,第一阶段必须用血清粉、血浆粉和乳清粉，第二阶段不需血清粉，第三阶段只需乳清粉。

(3)饲养管理原则。仔猪采用全进全出方式饲养，每间猪舍养100头仔猪左右，保证环境适宜，通风良好。保育舍隔离条件及防疫消毒条件一定要良好，仔猪在运输途中，运输车要有隔离条件。饲料加工成小颗粒为好。

(四)仔猪的断乳应激

1. 应激因素

应激主要来源于仔猪生理对逆境的反馈、失调和环境突变等方面，包括母仔分离、饲料和生活环境的突变、仔猪断乳并窝后的争夺撕咬等因素均导致应激。Funderburke 等(1990)曾研究了心理、营养、环境应激对断乳仔猪生理生化和生长的影响。对照组为自然哺乳。试验中液体补料是脱脂的强化牛奶，固体补料是指普通乳猪料。测定断乳后 4～7 天仔猪生长和生理生化指标的变化(表 4-15，表 4-16)，结果发现，断乳心理应激组和环境温度组反而比自然哺乳组(对照组)增重快，血液生长激素和胰岛素水平升高，其他指标变化不大；而营养应激组出现失重，血糖、胰岛素和生长激素水平、肝糖原、胃内容物重降低，胃 pH、氢化可的松、游离脂肪酸水平升高。可见，断乳营养应激是主要的，表现为生长缓慢，采食量少，胃酸不足，肝糖原和体脂肪动用以维持生存等，而心理、环境应激条件下并未造成明显影响，反而因饲喂充足的强化牛奶而生长更快，体脂肪动用更少。这也从另一角度说明了 28 日龄以后母乳不能满足生长需要，如 28 日龄断乳后提供优质代乳料会获得更好的生长性能。由此可见，要克服断乳应激，使早期断乳取得成功，首先要解决营养应激问题。

表 4-15 应激设计

项　目	28 日龄断乳	补　料		温度(℃)	
	母猪是否离开	断乳前	断乳后	断乳前	断乳后
断乳(对照组)	否	干	干	29	29
断乳(心理应激)	是	液、干	液、干	29	29
断乳＋降低温度(环境应激)	是	液、干	液、干	29	29
断乳＋改喂干粉料(营养应激)	是	无	干	29	29

表 4-16 应激对仔猪体重和生理生化指标的影响

项　目	屠宰或抽样	吮乳	心理应激	温度应激	营养应激
体重变化(g)	S	177	175	234	－12
	C	414	496	448	－157
血糖(mg/100 mL)	S	102	112	116	91
	C	90	98	103	80
生长素(ng/mL)	S	4.9	6.3	10.5	4.9
	C	5.2	6.5	11.6	4.8
氢化可的松(ng/mL)	S	24.3	19.1	16.4	28.6
	C	19.0	17.2	21.7	4.8
胰岛素(ng/mL)	S	10.7	36.4	55.5	8.9
胃内容物(g)	S	98	127	134	61
胃 pH	S	3.67	4.59	4.88	4.04
十二指肠	S	6.45	6.12	6.12	7.08
肝糖原(μg)	S	50.5	58.3	47.7	38.3

2. 消化道组织和消化酶活性变化

断乳仔猪消化系统变化最明显的为小肠细胞。在电镜下可观察到，绒毛表面由高密度手绢状变为平滑的舌状，这种变化持续7～14 天。Mahan(1989)发现，哺乳仔猪 21 日龄小肠绒毛高度为

527 μm,35 日龄为 410 μm;21 日龄断乳仔猪,24 日龄时绒毛高度仅为 183 μm,42 日龄时恢复到 429 μm;35 日龄断乳仔猪,在 38 日龄时绒毛高度为 299 μm,42 日龄时为 424 μm。足见断乳应激导致绒毛变短,肠壁萎缩。绒毛异常无疑会降低养分在肠道中的吸收率。

Hartman 等(1961)许多研究者报道,仔猪胃肠消化酶活性随着日龄增长而增强。而 Lindemann 等(1986)、Cera 等(1990)和其他研究者报道,早期断乳对消化酶活性增长趋势有倒退性影响(表 4-17)。4 周龄断乳后的 1 周内各种消化酶活性降低到断乳前水平的 1/3。经过 2 周恢复后,除胰脂肪酶外,大多数消化酶活性都可恢复到甚至超过断乳前水平,而胰脂肪酶活性在断乳后 2 周仍无增长或增长很少,始终低于同日龄哺乳仔猪。

表 4-17 仔猪消化系统总酶活性单位

周龄	胰腺脂肪酶	胰腺淀粉酶	胰腺胰凝乳蛋白酶	胰腺胰蛋白酶	胃蛋白水解酶
初生	934	121	133	284	421
1	2 956	4 422	469	769	3 722
2	12 142	17 614	838	1 197	10 549
3	15 421	37 729	1 535	1 759	59 320
4(断奶)	48 756	62 406	2 222	3 251	70 401
5	15 711	15 809	714	1 800	199 630
6	15 163	80 125	2 521	7 006	325 764

二、断乳仔猪的培育

仔猪断乳后由于生活条件骤变往往表现不安,食欲不振,增重缓慢,抵抗力下降,甚至体重减轻,发病率增加并易造成死亡。为养好断乳仔猪,要做到“两维持,三过渡”,即维持在原圈饲养,维持原饲料饲喂，做好饲料、饲养制度和环境的过渡。

(一)原圈培育

原圈培育系指仔猪断乳后仍留在原圈饲养，经 3～15 天再进行转圈或分群。原圈培育是提高仔猪成活率或加速生长发育的有效措施之一(表 4-18)。

表 4-18　原圈培育仔猪的效果

组别	断乳后转育成舍	断乳后留原圈	断乳后并群	并群后养在母猪舍内
头数	54	29	44	58
开始体重(kg)	13.25	14.06	13.80	14.25
饲养天数	57	57	57	57
结束体重(kg)	27.96	35.44	31.35	33.65
平均日增重(g)	246	351	288	322

(二)饲料的维持与过渡

为减少断乳应激对仔猪的影响，仔猪断乳后应保持哺乳期间所用饲料及配比不变，维持 7 天左右逐步增加断乳仔猪料，减少哺乳期饲料，一般于断乳后 15 天过渡到全部饲喂断乳仔猪饲料。从外场引进的断乳仔猪，最好购回原场的饲料。

(三)饲养制度过渡

稳定的生活制度和适宜的饲料调制是提高仔猪的食欲，增加采用量，促进仔猪增重的保证。仔猪断乳后 15 天内，应按哺乳期的饲喂方法和次数进行饲喂，夜间应坚持饲喂，以免停食过长，使仔猪饥饿不安。每次喂量不宜过多。此后可适当减少饲喂次数。

饲料的适口性是增进仔猪采食的一个重要因素，仔猪对颗粒料和粗粉料的喜好超过细粉料。仔猪采食饲料后，经常感到口渴，应经常供给清洁的饮水。对仔猪饲养管理是否适宜，可从粪便和体况加以判断，断乳仔猪的粪便软而表面有光泽，长度 8～12 cm，直径 2.0～2.5 cm,呈串状。

(四)环境过渡

原圈培育至一定时间转圈分群,为避免并圈分群后的不安和互相咬斗,应在分群前 3～5 天让仔猪同槽进食或一起运动,使彼此熟悉,然后,根据仔猪的性别、个体大小、吃食快慢等进行分群。饲养密度要适中,密度过大会出现咬尾、咬耳等异常行为,还应注意环境卫生,通气良好,保持适宜的环境温度,重视运动和日光浴。

三、促进断乳仔猪增重的措施

幼猪有很大的生长潜力,但由于饲养管理和疾病等单一或多种因素的影响,往往不能发挥,使生长受阻或形成被毛散乱、皮肤苍白、曲背弓腰、体小瘦弱、生长落后的僵猪(即落脚猪)。为保证仔猪的正常生长发育,应采用现代饲养科学的新成果,新技术促进仔猪的生长。

(一)添加香味剂

猪的饲料香味剂是根据不同生长阶段的生理特性、采食习性,为改善饲料的诱食性和适口性而添加到饲料中的香味添加剂。有乳猪用、断乳仔猪用、生长肥猪用香味剂,分固体型和液体型两种。

1. 香味剂的作用机理

“香”可产生诱食作用,刺激猪的嗅觉而多采食饲料;“味”可提高适口性,刺激猪的味觉,不仅增加采食量,而且刺激唾液分泌和胃肠蠕动,促进饲料的消化吸收,从而加速猪的生长和提高饲料利用效率。只重视配合饲料的全价性和平衡性,忽视了饲料的适口性和消化性,就达不到应有的目的。

2. 香味剂对仔猪的添加效果

据美农公司的试验,添加香味剂可使仔猪采食量和日增重平均提高 8%,在乳猪饲料中添加奶香型香味剂,可使乳猪提前开食,提前断乳。台湾用广州化十营养保健饲料有限公司研制生产的化十香味素，对3～6周龄哺乳仔猪的试验表明，采食量比对照组提高5.88％，日增重提高12.5％，对断乳仔猪(6～10周龄)的试验，采食量比对照组提高6.67％，日增重提高12.23％。中国农业科学院畜牧研究所对早期断乳(29日龄)的仔猪进行了一个月的研究，采食量比对照组提高11.6％，日增重提高19.6％，饲料消耗下降7.3％。在生长肥育猪的饲料中添加香味剂，可加速生长，缩短饲养周期，提前5～7天出栏。

吴世林等用28日龄断乳猪对美国生产的三种香味剂进行了试验，甜香精组效果最优(表4-19)。

表4-19 香味剂添加效果

组别	对照	甜香精	乳猪香	乳猪宝
日增重(g)	271	323	292	303
饲料增重比	1.38	1.32	1.38	1.36

3.香味剂的添加方法

香味剂可直接添加到仔猪饲料中；也可将特定的香味剂加到分娩前母猪饲料中，并延续到分娩后至断乳。这种香味剂可进入乳汁，仔猪通过奶汁熟悉这种香味；然后，用同一种香味剂添加到代乳料及幼畜饲料中，这种饲料能使仔猪早开食，采食量增加。

4.香味剂的应用前景

香味剂是养殖业和饲料工业发展到一定阶段的必然产物，发展潜力很大，应用前景广阔。添加香味剂有利于提高配合饲料的质量档次，增强竞争能力，有利于开发利用新的饲料资源，降低原料成本；有利于养猪生产水平和经济效益的提高。

(二)添加脂肪

早期断乳仔猪断乳初期常出现体重下降。采食量低、能量不足是体重下降的主要因素，而常规玉米-豆粕型日粮含能量较低(13.5～14.0 MJ/kg)，饲粮添加脂肪可提高日粮能量浓度，增加仔猪能量摄取量。断乳仔猪脂肪添加量一般以3%～5%为宜。很多研究表明，添加脂肪对断奶仔猪断乳后0～2周的仔猪生产性能无影响，但能明显改善3～4周和0～4周的增重。

添加脂肪的效果与脂肪来源、仔猪日龄有关。幼龄仔猪对含8～14个碳原子中链脂肪酸的脂肪消化率，高于含长链脂肪酸的动植物脂肪，这是因为低于12个碳原子的脂肪酸在仔猪小肠中可不经酯解而直接吸收入门脉血，并迅速在肝脏中代谢，而长链脂肪酸必须经酯解作用形成脂肪微粒(micella)后才能被吸收，长链脂肪酸是通过淋巴系统进入血液后再进入各个组织。仔猪对不饱和脂肪酸利用率高于饱和脂肪酸。这种差异随日龄增加而逐渐减弱，因为随仔猪日龄的增长，胆汁分泌增强，对饱和脂肪酸的乳化能力提高。

(三)添加有机酸

断乳仔猪消化系统发育尚不完善，胃酸分泌不足，断乳后乳酸发酵产生的酸减少，故仔猪2月龄前胃内pH值在3以上，而大猪为2。仔猪分泌胃酸不足，胃蛋白酶原的激活受到限制。在此条件下，胃蛋白酶对鱼粉、豆粕等非乳蛋白不能进行很好地消化。饲料消化不完全，小肠内细菌增殖，肠功能紊乱，脱水腹泻。添加有机酸有助于维持仔猪胃和肠道前段的高酸环境，尤其在使用消化率较差的蛋白质如大豆饼粉取代乳产品时更有意义。

Giestinh等(1986)和许多学者早就试验证明，在饮水或饲料中使用1%的乳酸，可改善断乳仔猪的生长速度和饲料利用率，降低十二指肠和空肠中大肠杆菌计数以及腹泻发生率。后来很多人研究了延胡索酸(富马酸)和柠檬酸的功效。对大量试验结果的统计表明，使用1.5%～2.0%的富马酸可提高仔猪日增重9%、采食量5.2%、饲料利用率4.4%。使用1%～3%柠檬酸可改善仔猪增重和饲料利用率。

仔猪饲喂酸化饲料应根据实际情况而定。有些饲料如鱼粉，乳制品、高蛋白质饲料等酸结合力强，谷类饲料结合力弱，所以添加酸化剂的种类与数量应考虑饲料的酸结合力。仔猪胃内酸度随日龄增长而增加，酸化饲料的效果随日龄和体重的增加而降低。因此，酸化饲料对4～7周龄断乳的仔猪效果明显。据报道，对7周龄以后的仔猪饲喂柠檬酸则无明显效果。

（四）酶制剂的作用与效果

酶是生物细胞原生质生成的一类具有高度催化活性的蛋白质，有生物催化剂之称。分为蛋白酶类、淀粉酶类、纤维素分解酶类、糖分解酶类和复合酶5种。猪的饲料中使用酶制剂的目的，在于提高饲料营养成分的利用效率，补足机体内酶原不足，降解饲料中难消化的营养成分。在乳猪料和断乳仔猪料中添加酶制剂均得到良好效果。

据贺建华报道，用含中性蛋白酶、α-淀粉酶和β-葡聚糖酶的混合物，加入早期断乳仔猪的饲粮中，日增重比对照组提高23.18%，饲料消耗下降15.54%。据周菊香报道，在断乳仔猪的日粮中添加酸性蛋白酶（每头1g），日增重比对照组提高19.4%；添加淀粉酶（每头1g），日增重比对照组提高20.3%。据邓跃林等的研究，用美国产的八宝威和国产的酶制剂添加在仔猪的日粮中（八宝威0.8 kg/t，国产酶制剂1 kg/t），两种酶制剂添加效果优于对照组（差异极显著），八宝威组和国产酶制剂组差异不显著，前者日增重比后者提高5.7%，饲料消耗比后者改善3%。

（五）降低开食料蛋白水平

蛋白质是日粮的主要抗原物质。降低蛋白质水平可减轻肠道免疫反应和断乳后的腹泻。以酪蛋白为蛋白来源的合成日粮试验证明，当酪蛋白不经处理处于活性形态时，仔猪发生腹泻，而当酪蛋白用酶法水解后，仔猪没有出现明显的腹泻现象。试验还表明，即使没有大肠杆菌繁殖，活性酪蛋白也会导致腹泻。这就证明了肠道损伤是免疫反应而不是微生物作用的结果。饲喂高抗原日粮可导致腺窝细胞增生，蔗糖酶活性下降，而喂低蛋白抗原日粮时，这些参数和未断乳时没有明显差异。

仔猪日粮中添加合成氨基酸后，粗蛋白质可比标准推荐量下降2～3个百分点，从而达到降低抗原量的目的。Papdopoulo(1987)将5周龄断乳、体重9.4 kg仔猪日粮蛋白水平从22%降至19%，添加赖氨酸，结果表明，生长速度和饲料利用效率显著提高($P<0.01$)，仔猪腹泻率下降40%。Phelps(1988)将断乳仔猪饲粮粗蛋白水平从21.4%降至16%，也添加必需氨基酸，结果对仔猪生产性能无影响，腹泻率大大下降。英国几家饲料厂生产的低蛋白仔猪饲料，对仔猪的临床症状和断乳后下痢发生率均有改善。综合来看，5～10 kg和10～20 kg仔猪粗蛋白水平，以20%～21%和18%～19%较好。但必须注意几种必需氨基酸的供给和适宜比例。根据NRC(1988)列出的猪饲料氨基酸表观回肠消化率推算，5～10 kg和10～20 kg仔猪的赖氨酸需要量约为1.20%和0.95%，可消化赖氨酸需要量为1.05%和0.95%。

第五章　生长肥育猪的饲养管理

生长肥育猪的饲养管理，是养猪生产的最后一个生产环节，在养猪生产中占有重要地位。其最终目的是用最少的劳力和饲料，在最短的时间内，获得成本低，数量多，质量好的猪肉等产品。围绕这一目的，本章重点讲述猪的生长发育规律，提高肥育效果的措施，猪的应激综合征、异常肉及无公害猪肉生产。

第一节　猪的生长发育规律

猪和其他家畜一样，在生长过程中的不同阶段，它的增重和身体各部位组织的生长率是不同的，由此构成了它一定的生长模式。

一、体重增长的规律

生长肥育猪的体重增长，综合反映了体内各部位的增长情况。其体重增长速度的变化规律，是决定生长肥育猪适宜出售或屠宰体重（期）的重要依据之一，同时也是检验生长肥育猪日粮营养水平的重要依据。

生长肥育猪增长速度中，一般是以生长肥育期平均日增重来度量的，表现为不规则的抛物线，即随着体重的增大，平均日增重上升，到一定体重阶段出现增重高峰，然后下降。据经荣斌（1993）对我国 8 个组合的杂种肥育猪体重增长速度的分析，增长速度的高峰，多处于 70～80 kg 体重阶段，少数处于 90 kg 体重以后（图 5-1）。从幼龄的高速生长减慢下降的过程出现一个转折点，大致在成年体重的40%左右，相当于母猪的初配年龄或生长肥育猪的屠宰体重。当生长速度由递增转变为递减时，增长的内容变更，且饲料利用率下降。生长转折点出现的早迟，取决于品种和环境条件。因此，在肥育猪生产上要抓住转折点以前的饲养，充分发挥这一阶段的生长优势，通常是反映6月龄以前的阶段，这阶段增长速度快，饲料利用率最高，即每增重1 kg体重所消耗的饲料量最少。

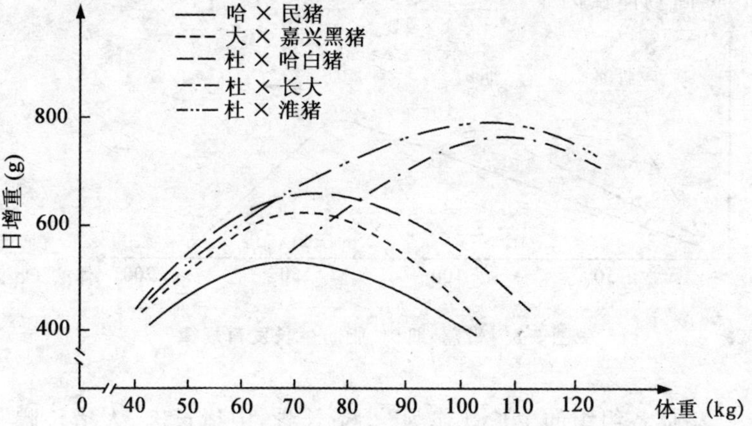

图5-1　生长肥育猪体重增长速度曲线

二、猪体各部位与体组织增长规律

猪在生长发育期间，体组织的生长率不同，致使身体各部位生长早晚的顺序不一，体形出现年龄变化，随着年龄的增长，骨骼最先发育，也最早停止，肌肉处于中间，脂肪是最晚发育的组织。生长肥育猪的骨骼在生后2～3月龄、体重30～40 kg，是其强烈生长时期，此时肌纤维开始生长。3～4月龄，体重50～60 kg，肌纤维进入发育期，骨骼和肌腱发育完成。其后，到出栏前进入肉质的改善期，最后达到成熟期。幼龄期沉积脂肪不多，后期加快，能量浓度越高，脂肪沉积越多，直至成年（图 5-2）。虽然因猪的品种、日粮营养水平不同，几种组织的生长强度有些差异，但基本符合上述生长发育规律。因此，利用此规律在生长肥育猪的前期给予丰富的高营养，特别是注意提高蛋白质水平，以促进肌肉和骨骼的生长，而在后期，采用限制饲养，以减少脂肪的沉积，从而改善肉的品质，提高胴体瘦肉率。

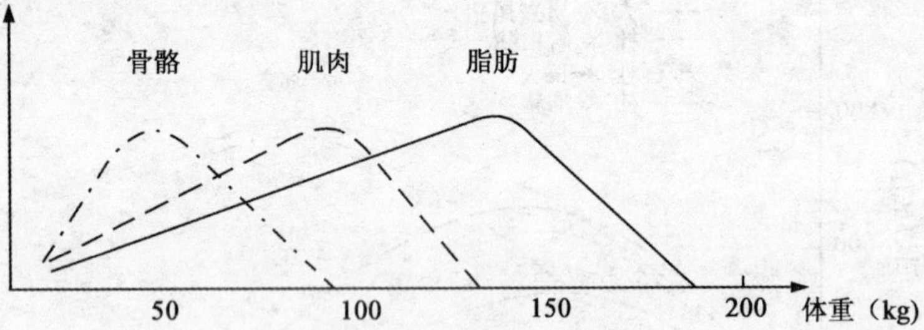

图 5-2　骨骼、肌肉、脂肪生长发育规律

猪体各组织的生长规律为“小猪长骨，中猪长肉，大猪长膘”。猪的经济类型间各组织在生长强度方面有一定差异，如脂肪型的猪成熟较早，各组织的强烈生长期来得早，一般活重在 75 kg（如中国猪种），猪的脂肪和肌肉的比例已达到了屠宰适期；而瘦肉型猪在同样体重时身体还在生长，蛋白质仍在较快沉积，脂肪比例较小。生长与营养水平关系很大，营养水平低，生长强度小，营养水平高，生长强度大（图 5-3）。

现代优良肉用型品种猪的肌肉组织成熟期推迟，可以在活重 30～100 kg 期间保持高度增长，100 kg 后才开始下降，至成熟不再增长（图 5-4），这是近年来屠宰体重增大到 114～120 kg 的基本原因。

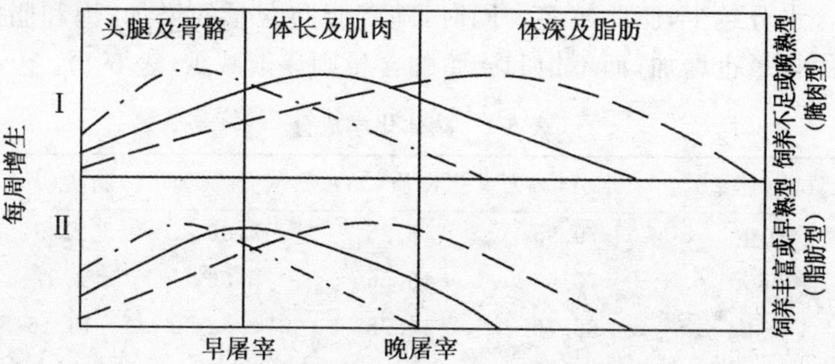

图 5-3　不同类型和营养水平的猪体各部增长强度

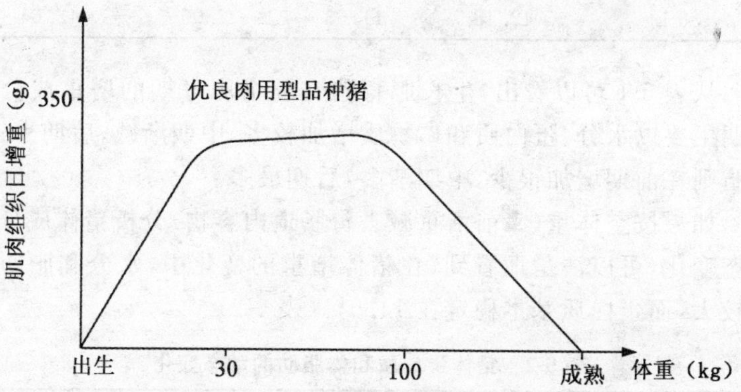

图 5-4　肌肉组织随生长阶段日增重趋势

三、猪体化学成分变化规律

随着猪体组织及体重的增长，猪体的化学成分也呈规律性的变化，即随着年龄和体重的增长，体内水分、蛋白质和灰分等含量相对下降，但蛋白质和灰分含量在体重 45 kg（或 4 月龄）以后趋于稳定，而脂肪则迅速增长。从增重成分看，年龄越大，则增重部分所含水分越少,脂肪越多。同时,随着脂肪含量的增加,饱和脂肪酸的含量也增加,而不饱和脂肪酸含量则逐渐减少(表 5-1)。

表 5-1 猪体化学成分

日龄(体重)	水分(%)	蛋白质(%)	灰分(%)	脂肪(%)
初生	79.95	16.25	4.06	2.45
25 天	70.67	16.56	3.06	2.97
45 kg	66.76	14.95	3.12	16.16
68 kg	56.07	14.03	2.85	29.08
90 kg	53.99	14.48	2.66	28.54
114 kg	51.28	13.37	2.75	32.14
136 kg	42.48	11.63	2.06	42.64

从表 5-1 可以看出,生长肥育猪在整个肥育期的增重成分中前期主要以水分、蛋白质和矿物质增加较多,中期渐减,后期少;而脂肪则在前期增加很少,中期渐多,后期最多。

如果按空体重(宰前活重减去胃肠道内容物)分析猪体成分的动态变化,可以清楚地看到,在猪体增重的变化中,水分和脂肪变化较大,而蛋白质基本稳定在 14.5%(表 5-2)。

表 5-2 猪体蛋白质和体脂肪的动态变化

项目	空体重(kg)							
	1.5	20	40	60	80	100	120	140
体蛋白质(%)	12.94	13.96	14.25	14.41	14.53	14.63	14.71	14.77
体脂肪(%)	2.23	11.11	17.07	21.94	26.62	30.10	33.69	37.07

掌握猪的生长发育规律后,就可以在其生长发育的不同阶段,通过控制营养水平,采用科学的饲养方法,根据生长需要,增加蛋白质沉积,从而提高肥育猪胴体瘦肉率,改变猪的体形结构,生产性能和胴体品质,使其向人们需要的方向发展。

第二节　提高肥育效果的措施

一、选择优良品种及适宜的杂交组合

在相同的饲养管理条件下，不同品种猪的生长速度、饲料转化率、胴体品质均有不同。代谢试验证明，瘦肉型猪种与兼用型猪种和脂肪型猪种相比较，其对能量和蛋白质的利用率更高，增重快，耗料省，瘦肉率高。

我国地方猪种的增重速度和饲料转化率不及长白猪等瘦肉型猪种，其胴体短、膘厚、脂肪多、瘦肉少，但是，我国猪种对粗纤维的消化率较高，且肉质优良。

不同品种或品系之间进行杂交，利用杂种优势，是提高生长育肥猪生产力的有效措施。在我国，大多利用二元和三元杂种猪育肥。通过杂交所得到的后代，生活力强，增重快，饲料转化率高。但是，不同杂交方式及不同环境条件下杂交效果不同，不同杂交组合的杂交效果也不同，因而对杂交组合进行筛选极为重要。

目前在我国许多猪场采用“洋三元”杂交（三个国外瘦肉型猪种之间杂交），其杂种猪生长快、瘦肉率高，但肉质较差。在环境条件一致的情况下，杂种猪的日增重可提高5%～15%，饲料转化率可提高5%～10%。三元杂交比二元杂交的综合效果更好，这主要是充分利用了杂种一代母猪的杂种优势。

二、提高仔猪初生重和断奶重

我国生长育肥猪平均日增重较低，除主要受猪的遗传因素和饲粮营养水平影响外，还与生长育肥猪起始重较小有关。起始体重大、活力强的仔猪，育肥期增重快、饲料转化率高、发病和死亡率低。

生长育肥猪起始体重受仔猪的初生重和断奶重的影响，仔猪的初生体重越大，生活力越强，其生长速度越快，断奶体重也就越大；仔猪断奶体重越大，则转群时体重也越大，生长速度快、育肥效果好。据郭传甲等研究，初生重 0.6～0.8 kg 的仔猪，45 日龄断奶重为6.8 kg，断奶至 20 kg 期间的日增重为 244.1g；而初生重为 1.0～1.3 kg 的仔猪，45 日龄断奶重为 8.3 kg，断奶至 20 kg 期间的日增重为 314.1 g。在现代育肥猪生产中，仔猪 35 日龄断奶体重应达到 7～8 kg，70 日龄转群时体重达到 22～25 kg。因此，必须重视妊娠母猪的饲养管理和仔猪的培育，使仔猪得到充分的发育，从而提高仔猪初生重和断奶重，最终提高育肥效果。

三、适宜的饲粮营养水平

（一）能量水平

在限量饲喂条件下，提高饲粮能量浓度和饲养水平，能提高生长育肥猪的增重速度和饲料转化率，但胴体较肥。生长育肥猪饲养实践中，多采用不限量饲喂，由于生长育肥猪有自动调节采食而保持进食量稳定的能力，所以在一定范围内，饲粮能量浓度的高低对其生长速度和饲料转化率的影响程度较小。

对天津白猪生长育肥期的试验表明，虽然生长育肥猪具有为保持其食入能量稳定而调节采食量的本能，但其消化道的容积毕竟有限，因而提高饲粮能量浓度可以促进猪的增重速度和饲料转化率（表 5-3）。

表 5-3　能量浓度和蛋白质水平对猪生产性能的影响

阶段(kg)	项目	高能量		低能量		能量浓度	
		高蛋白	低蛋白	高蛋白	低蛋白	高	低
20～60	日采食量(kg)	1.71	1.6	1.74	1.58	1.66	1.65
	日采食消化能(MJ)	22.93	21.48	21.80	19.79	22.18	20.79
	日增重(g)	583	541	549	496	562	522
	饲料转化率(*F/G*)	2.94	2.96	3.17	3.18	2.95	3.17
60～90	日采食量(kg)	2.81	2.77	2.73	1.58	2.78	2.69
	日采食消化能(MJ)	37.66	37.07	34.31	33.30	37.36	33.81
	日增重(g)	751	738	702	684	745	693
	饲料转化率(*F/G*)	3.74	3.75	3.89	3.88	3.75	3.86
20～90	日采食量(kg)	2.05	2.00	2.05	1.94	2.03	2.00
	日采食消化能(MJ)	20.49	26.32	25.77	24.77	27.20	25.00
	日增重(g)	634	612	589	560	624	579
	饲料转化率(*F/G*)	3.23	3.27	3.44	3.47	3.25	3.45

赵宏志等,养猪,2001,(3):15-18.

在不限量饲喂条件下,为兼顾生长育肥猪的增重速度、饲料转化率和胴体肥瘦率,饲粮能量浓度以 1 kg 饲粮含消化能 11.92～12.55 MJ 为宜。进行商品瘦肉猪生产时,为了防止胴体过肥,在育肥后期要实行限制饲养,控制能量摄取量。当然,能量水平也不能太低,否则猪体将利用蛋白质等营养转化成能量以满足需要,这将是对蛋白质资源的一种浪费。

(二)蛋白质和必需氨基酸水平

饲粮蛋白质和必需氨基酸水平不仅与生长育肥猪的肌肉生长有直接关系,也对其增重有重要的影响。在一定范围内(蛋白质水平 9%～18%),随着饲粮蛋白质水平的提高,其增重加快,饲料转化率改善。当粗蛋白质水平超过 18%时,对增重无益,但可改善肉质,提高瘦肉率。必须注意,用过分高的蛋白质水平来提高瘦肉率不一定经济。目前,一般按生长育肥猪不同阶段给予不同水平的蛋白质,前期(20～55 kg)为 16%～17%,后期(55～90 kg)为

14%～16%。

蛋白质对增重和胴体品质的影响，关键在于质量，即在于必需氨基酸的配比。猪需要10种必需氨基酸，缺乏任何一种都会影响增重，赖氨酸、蛋氨酸和色氨酸的影响更为突出。赖氨酸为猪的第一限制性氨基酸，对提高生长育肥猪的日增重、饲料转化率和胴体瘦肉率有重要作用。国内外研究证实，当赖氨酸占粗蛋白质6%～8%时，饲粮蛋白质的生物学价值最高。因此，必须注意饲粮中赖氨酸占粗蛋白质的比例及必需氨基酸之间的配比。

(三)矿物质和维生素水平

生长育肥猪日粮中应添加适量的矿物质和维生素，以保证其充分生长。特别是某些微量元素，当其缺乏或过量时会导致生长育肥猪物质代谢紊乱，使增重速度减慢，饲料转化率降低，甚至引起疾病或死亡。

(四)粗纤维水平

粗纤维含量是影响饲粮适口性和消化率的主要因素。饲粮粗纤维含量过高，适口性差，并严重降低增重和养分的消化率。据测定，阉猪25～50 kg阶段，随着饲粮粗纤维含量增加，粗蛋白质和有机物(能量)消化率下降，粗纤维超过9%，日增重明显降低(表5-4)。生长育肥猪饲粮粗纤维水平应控制在4%～8%，幼猪阶段宜取低限。

表5-4 饲粮粗纤维含量对猪增重与消化的影响

项目	粗纤维水平(%)			
	3.1	6.1	9.1	12.1
生长阉猪体重(kg)	48.5	50.6	51.7	48.1
日增重(g)	620	610	610	520
粗蛋白质消化率(%)	84.2	82.9	77.5	78.0
能量消化率(%)	84.8	79.3	69.6	62.4

四、适当的饲养管理方法

(一)饲喂方法

生长育肥猪的饲喂方法，一般分为自由采食和限量饲喂两种。限量饲喂又主要有两种方法，一是对营养平衡的日粮在数量上予以控制，即每次饲喂自由采食量的70%～80%，或减少饲喂次数；二是降低日粮的能量浓度，把纤维含量高的粗饲料配合到日粮中去，以限制其对养分特别是能量的采食量。

自由采食和限量饲喂对增重速度、饲料转化率和胴体品质有一定影响。前者增重快，沉积脂肪多，饲料转化率降低；后者饲料转化率改善，胴体背膘较薄，但日增重较低。有人以英国ARC饲养标准为100，增加5%和降低10%、20%饲喂20～90 kg育肥猪，结果见表5-5。因此，若要得到较高日增重，以自由采食为好；若只追求瘦肉多和脂肪少，则以限量饲喂为好。如果既要求增重快，又要求胴体瘦肉多，则以两种方法结合为好，即在育肥前期采取自由采食，让猪充分生长发育，而在育肥后期(55～60 kg后)采取限量饲喂，防止脂肪过多地沉积。

表5-5　饲养水平与育肥猪增重及胴体的关系

项　目	饲养水平(%)			
	105	100	90	80
日增重(g)	840	790	730	650
日增重(%)	106	100	92	82
瘦肉率(%)	54.6	54.7	55.8	57.4

(二)饲料调制

合理调制饲料，可改善饲料适口性，提高饲料转化率，还可降低或消除有毒、有害物质。

谷实类及干草等精、粗饲料经粉碎后，可增加与消化液的接触面，提高消化率，并能减少饲料被咀嚼和消化时的能量消耗。用整粒大麦喂猪，消化率为67%，而粉碎后，粗粉消化率为81%，细粉消化率为85%。干草末粉碎前每消化1 kg需耗热能8.97 kJ，粉碎后降低到5.02 kJ。一般饲料颗粒直径以0.5～1.0 mm为宜。

配合饲料一般宜生喂，玉米、高粱、大麦、小麦等谷实饲料及其加工副产品糠麸类，生喂营养价值高，煮熟后饲料营养价值约降低10%，尤其是维生素会被严重破坏。各种青绿多汁饲料也不宜煮熟，宜切碎或打成浆液后代替部分水来配制湿拌料，否则会破坏维生素，处理不当还会造成亚硝酸盐中毒。但大豆、豆饼、棉籽饼、菜籽饼等以熟喂为好，这样可破坏其内含的胰蛋白酶抑制因子，提高蛋白质的消化率。

配合饲料的形态影响饲喂效果。国内外大量试验表明，颗粒料优于干粉料，颗粒料便于投食，损耗少，不易发霉，并能提高营养物质的消化率，只是加工费用较高。湿拌料一般以料水比1∶(0.9～1.8)为好，其饲喂效果优于干粉料，只是麻烦，剩料容易腐败变酸。实际中应避免采用稀水料，它会冲淡消化液，降低各种消化酶的活性，影响饲料的消化吸收。

(三)饲喂次数

据测定，饲喂时将日粮1次饲喂或分5次饲喂，猪的增重无明显差异，只是日喂1次时猪的胴体较瘦，日喂5次时猪的饲料转化率稍高。也有试验表明，在20～90 kg期间，日喂3次与日喂2次比较，前者并不能提高日增重和饲料转化率。生产实际中一般多是每日饲喂2～3次，或采用自动料箱自由采食。

从猪的食欲与时间的关系来看，猪的食欲以傍晚最佳，早晨次之，午间最弱，这种现象在夏季更趋明显。所以，生长育肥猪可日喂3次，且早晨、午间、傍晚3次饲喂时的饲料量分别占日粮的35%、25%和40%。

(四)饮水

水是维持猪体生命不可缺少的物质，猪体内水分占体重的50%～65%。水对调节体温，营养物质的消化、吸收和运输以及体内废物的排泄等都有重要的作用，也是血液、细胞的重要组成部分。因此，必须供给猪充足的清洁饮水。如果饮水不足，会引起食欲减退，采食量减少，致使猪的生长速度减慢，严重者引起疾病。

猪的饮水量随生理状态、环境温度、体重、饲料性质和采食量等而变化，一般在春秋季节其正常饮水量应为采食饲料风干量的4倍或体重的16%，夏季约为5倍或体重的23%，冬季则为2～3倍或体重的10%左右。猪饮水一般以安装自动饮水器较好，或在圈内单独设一水槽，经常保持充足而清洁的饮水，让猪自由饮用。

(五)合理分群及调教

1. 合理分群

生长育肥猪一般采取群饲。为了避免争食、咬架，必须合理分群。

分群时，应按来源、体重、体质、性别、性情和采食习性等方面相近的猪合群饲养。根据猪的生物学特性，可采取“留弱不留强，拆多不拆少，夜并昼不并”的办法分群，并加强新合群猪的管理、调教工作，如在猪体上喷洒少量来苏儿药液或酒精，使每头猪气味一致，同时可吊挂铁链等小玩物来吸引猪的注意力，以减少争斗。分群后要保持猪群相对稳定，除对个别患病、体重差别太大、体质过弱的个体进行适当调整外，不要任意变动猪群。每群头数，应根据猪的年龄、设备、圈养密度和饲喂方式等因素而定。

2. 调教

猪在新合群或调入新圈时，要及时加以调教。重点要抓好两项工作，第一是防止强猪抢食。措施是应备有足够的饲槽，对霸槽争食的猪要勤赶。第二是训练猪养成“三角定位”的习惯。使猪采食、睡觉、排泄地点固定在圈内三处，形成条件反射，以保持圈舍清洁、干燥、有利于猪生长。具体方法是猪调入新圈前，要预先把圈舍打扫干净，在猪躺卧处铺上垫草，食槽内放入饲料，并在指定排便地点堆放少量粪便、泼点水。把猪调入新圈后，若有个别猪不在指定地点排便时，要及时将其粪便铲到指定地点，并守候看管，这样，经过一周左右训练，就会使猪养成“三角定位”习惯。

(六)去势、防疫和驱虫

1. 去势

我国农村多在35日龄、体重5～7 kg时进行去势。近年来集约化猪场大多提倡仔猪7日龄左右去势，其优点是易保定操作、应激小，手术时流血少，术后恢复快。

公猪因含有雄性激素和粪臭素，有难闻的膻气，影响了猪肉的品质，所以必须去势育肥；母猪因性成熟后发情会影响其增重，而我国猪种性成熟较早，供育肥用的母猪以去势为宜，对于国外引入的瘦肉型猪种，性成熟较晚，一般不去势育肥。

在国外有时也将未去势的小公猪养至90 kg左右，尚未完全性成熟前就上市屠宰，试验表明，在这种情况下，未去势小公猪比去势小公、母猪生长要快，胴体瘦肉率也较高。

2. 防疫

为了预防生长育肥猪的常见传染病，必须制定合理的免疫程序，认真做好预防接种工作。应每头接种，避免遗漏，对从外地引入的猪，应隔离观察，并及时免疫接种。

3. 驱虫

寄生虫对育肥猪的生产性能影响很大(表5-6)。生长育肥猪主要有蛔虫、姜片虫和疥螨、虱等内、外寄生虫。通常在50～60日龄进行第一次驱虫，必要时在90～120日龄再进行第二次驱虫。采用1%伊维菌素注射液对猪进行皮下注射，使用剂量为每千克体重400 μg，对驱除猪体内、外寄生虫有良好效果。

表 5-6　驱虫对增重和饲料转化率的影响

项目	猪数	始重(kg)	末重(kg)	增重(kg)	日增重(g)	饲料/增重
驱虫组	10	18.6	98.4	79.8	453	3.54
对照组	10	17.3	87.5	70.2	398	3.85

(七)管理制度

对猪群的管理要形成制度，按规定时间给料、给水、清扫粪便，并观察猪的食欲、精神状态、粪便有无异常，对不正常的猪要及时诊治。

要完善统计、记录制度，对猪群周转、出售或发病死亡、称重、饲料消耗、疾病治疗等情况加以记载。

五、适宜的环境条件

生长育肥猪多为舍饲，猪舍的小气候是其主要的环境条件。猪舍的小气候包括舍内温度、湿度、气流、光照、声音等物理因素，以及圈舍卫生、圈养密度、舍内有害气体、尘埃和微生物等其他因素。

(一)温度和湿度

生长育肥猪的适宜环境温度为 16～23℃，前期为 20～23℃，后期为 16～20℃，在此范围内，猪的增重最快，饲料转化率最高。Nichols 等对体重 75 kg 的生长育肥猪的试验表明，气温 20℃时猪的增重最快、饲料转化率也较高(表 5-7)。

环境温度过低，猪需要消耗更多能量用于产热，以维持其体温，使日增重降低，采食量增多，从而使饲料转化率下降。实践证明，当温度降到 10℃和 5℃时，猪的采食量分别增加 10%和 20%，而日增重则下降；当生长育肥猪处于下限临界温度以下时，下降 1℃，日增重减少 11～20 g，日耗料增加 25～35 g。在寒冷环境下，

表 5-7 环境温度对生长发育猪生产性能的影响

气温(℃)	日采食量(kg)	日增重(g)	耗料/增重
0	5.07	540	9.45
5	3.76	530	7.10
10	3.50	800	4.37
15	3.15	790	3.99
20	3.22	850	3.79
25	2.63	720	3.65
30	2.21	450	4.91
35	1.51	310	4.87

猪的呼吸道、消化道的抗病力降低,常发生气管炎、支气管炎、胃肠炎等。因此,在寒冷季节要做好猪的防寒保暖工作,如关好门窗、以防止寒风侵袭、保持圈舍干燥、圈内铺以干燥垫草等。

环境温度过高,猪为了散发体热而呼吸频率加快,新陈代谢受到影响,食欲减退,采食量明显下降,导致生产力降低。若环境温度升高至 25℃和 30℃,则采食量分别减少 10%和 35%。据报道,在 28～35℃的高温环境下,15～30 kg、30～60 kg 和 60～90 kg 的生长育肥猪的日增重比预期日增重分别降低 6.8%、20%和 28%;当猪处于上限临界温度以上时,升高 1℃,日增重减少约 30 g,日耗料减少 60～70 g。因此,夏季要防止猪舍暴晒,保持通风,勤冲洗圈舍和给猪淋浴,多喂凉水和青绿多汁饲料,尽力做好防暑降温工作。

在温度适宜的情况下,猪对湿度的适应力很强,当相对湿度从 45%升到 70%或 95%时,对猪的采食量和增重速度影响不大。但是,在低温高湿情况下,可使生长育肥猪日增重减少 36%,每千克增重耗料增加 10%;在高温高湿时;猪的增重更慢,还可能大大提高猪的死亡率。因此,猪舍内相对湿度以 50%～70%为宜。

(二)圈养密度和圈舍卫生

圈养密度一般以每头猪所占面积来表示。圈养密度越大，猪呼吸排出的水汽量越多，粪尿量越大，舍内湿度也越高，舍内有害气体、微生物数量增多，空气卫生状况恶化；猪的争斗次数明显增多，休息时间减少，从而影响猪的健康、增重和饲料转化率。降低圈养密度可提高猪的增重速度和饲料转化率，但圈养密度太小了是不经济的，在生产上适当提高圈养密度可提高经济效益。另外，当圈养密度相同而每圈养猪头数不同时，育肥效果也不同，每圈头数越多，猪的增重越慢，饲料转化率越低。

实践证明，15～60 kg 的生长育肥猪每头所需面积为 0.6～1.0 m^2，60 kg 以上的育肥猪每头需 1.0～1.2 m^2，每圈头数 10～20 头为宜。但具体数目可因不同环境条件而异，在我国北方，由于平均气温低，气候干燥，可适当增加饲养密度；在南方的夏季，由于气温较高，湿度大，则适当降低饲养密度。

圈舍卫生状况对猪的生长、健康有一定影响。生长育肥猪舍要清洁干燥、空气新鲜。应每天清除污染的垫草和粪便，在猪躺卧的地方铺上干燥的垫草，定期对猪舍进行消毒。

(三)气流

空气的流动是由于不同位置的空气温度不一致而引起的。猪舍内气流以 0.1～0.2 m/s 为宜，最大不要超过 0.25 m/s。但在高温环境下，增大气流有利于猪的散热，缓解热应激的影响，是一项重要的防暑措施。在寒冷季节，过大的气流使机体大量散热，成为阻碍生产性能发挥及影响猪体健康的重要因素，作用于机体局部的低温高速气流(俗称“贼风”)对猪的危害更大，常引起猪的感冒、肠炎、腹泻、关节炎等病症。因此，在寒冷季节要降低气流速度，更要防止“贼风”。对气流速度的调节，可通过控制猪舍的通风换气来实现，根据生产实际情况，采取自然通风或辅以机械通风。

（四）光照

适度的太阳光照能加强机体组织的代谢过程，促进猪的生长发育，提高抗病能力。太阳光线是天然保健剂和杀菌剂，在冬季充分利用阳光尤为重要。然而过强的光照会引起猪兴奋，减少休息时间，增加甲状腺的分泌，提高代谢率，影响增重和饲料转化率。育肥猪舍内的光照可淡些，只要便于猪采食和饲养管理工作即可，使猪得到充分休息。

（五）舍内有害气体、尘埃与微生物

由于猪的呼吸、排泄以及排泄物的腐败分解，不仅使猪舍空气的氧气减少，二氧化碳含量增加，而且产生了氨、硫化氨、甲烷等有害气体的臭味。高浓度的氨和硫化氢可引起猪的中毒，发生结膜炎、支气管炎、肺炎等，通常情况下，虽然达不到中毒程度，但对猪的健康和生产力有不良影响。舍内二氧化碳含量过高、氧气含量相对不足时，会使猪精神委靡，食欲下降，增重缓慢。因此，猪舍中氨浓度的最高限度为 2.6 mg/kg，硫化氢含量以 6.6 mg/kg 为限，二氧化碳应以 0.15％为限。为减少猪舍空气中有害气体的积聚，应改善猪舍通风换气条件，及时处理粪尿，保持适宜的圈养密度。

由于猪的采食、排泄、活动以及对猪的饲料管理操作，使猪舍内生产大量尘埃和微生物，加之舍外空气带入的尘埃和微生物，给猪带来一定影响。尘埃可使猪的皮肤发痒以至发炎、破裂，对鼻腔黏膜有刺激作用，病原微生物附着在灰尘上易于存活，对猪的健康有直接影响。因此，必须注意猪场绿化，及时清除粪尿、污物，保持猪舍通风良好，做好清洗、消毒工作。

（六）噪声

猪舍内的噪声来自于外界传入、舍内机械和猪只争斗等方面。噪声对猪的休息、采食、增重都有不良影响。噪声会使猪的活动量

增加而影响增重，还会引起猪惊恐，降低食欲。因此，要尽量避免突发性的噪声，噪声强度以不超过 85 dB 为宜。

六、适时屠宰

（一）影响生长育肥猪屠宰活重的主要因素

生长育肥猪饲养到何时出栏屠宰，是养猪生产中一个重要而又复杂的问题，因为这关系到生产者的经济效益和猪肉产品的数量与质量。影响生长育肥猪适宜屠宰活重（期）的因素很多，但归纳起来，主要有生长育肥猪的生物学特性、消费者对胴体的要求与销售价格等方面。

1. 生长育肥猪生物学特性的影响

生长育肥猪的适宜屠宰活重（期）受到日增重、饲料转化率、屠宰率、瘦肉率等生物学因素的制约。生长育肥猪随着体重的增加，日增重逐渐增高，到一定阶段（随不同品种或杂交组合而异）之后，则转为逐渐下降，维持营养所占比例相对增多，饲料消耗增加，饲料转化率下降（表 5-8）。育肥猪随体重的增加，屠宰率提高，但胴体沉积的脂肪比例增高，瘦肉率降低（表 5-9）。

表 5-8　生长育肥猪活重与日增重和饲料转化率的关系

活重（kg）	每头日增重（kg）	每头日耗料量（kg）	每千克增重耗料（kg）
10.0	383	0.95	2.50
22.5	544	1.45	2.67
45.0	726	2.40	3.30
67.5	816	3.00	3.68
90.0	839	3.50	4.17
110.0	813	3.75	4.61

表 5-9 北京黑猪不同体重屠宰时的屠宰率和瘦肉率

宰前体重(kg)	屠宰率(%)	膘厚(mm)	瘦肉(%)	脂肪(%)	皮(%)	骨(%)
70	69.99	28.4	55.66	26.32	7.41	10.48
80	71.63	32.1	53.73	29.08	7.10	9.89
90	72.41	35.0	51.48	32.31	6.60	9.57
90 以上	74.00	41.0	49.29	36.50	7.85	8.34

因此，生长育肥猪的屠宰活重不宜过大，否则日增重和饲料转化率下降，瘦肉率降低。但屠宰活重过小也不适宜，此时虽单位增重的耗料量少，瘦肉率高，但育肥猪尚未达到经济成熟，屠宰率低，瘦肉产量小。

2. 消费者对胴体的要求与销售价格的影响

随着人民生活水平的提高，对瘦肉的需求很迫切，市场上瘦肉易销，肥猪肉难销。为了获取较好的销售价格和经济效益，生产者正积极探索所饲养品种或杂种猪的最佳出栏活重，一些原来有养大猪习惯的地区也在一程度上调低了生长育肥猪的出栏体重。

(二)生长育肥猪的适宜屠宰活重

生长育肥猪的适宜屠宰活重的确定，要结合日增重、饲料转化率、每千克活重的售价、生产成本等因素进行综合分析。由于我国猪种类型和经济杂交组合较多、各地区饲养条件差别较大，生长育肥猪的适宜屠宰活重也有较大不同。根据各地区的研究成果，地方猪种中早熟、矮小的猪及其杂种猪适宜屠宰活重为 70～75 kg，其他地方猪种及其杂种猪的适宜屠宰活重为 75～85 kg；我国培育猪种和以我国地方猪种为母本、国外瘦肉型品种猪为父本的二元杂种猪，适宜屠宰活重为 85～90 kg；以两个瘦肉型品种猪为父本的三元杂种猪，适宰活重为 90～100 kg；以培育品种猪的母本，两个瘦肉型品种猪为父本的三元杂种猪和瘦肉型品种猪间的杂种后代，适宰活重为 100～110 kg。

第三节　无公害猪肉生产技术

近年来英国的“疯牛病”、比利时的“二噁英”事件，以及动植物食品的农药、重金属等化学污染、病害菌虫污染（细菌、寄生虫、霉菌毒素）盐酸克伦特罗中毒、抗生素、性激素等药物残留问题的相继出现，直接威胁人类健康，使畜牧业、饲料业和食品业中的安全问题上升到重要地位，日渐引起国际重视。随着我国人们生活水平的不断提高，对生活质量和健康水平提出了新的要求，人们越来越关心食品的安全性，猪肉是老百姓副食品的重要组成部分，人们都希望吃上“安全肉”、“放心肉”，因而广大消费者和生产者都非常关心无公害生猪和猪肉的生产。为此，我们在这里做一概要介绍。

一、概念

无公害猪肉属于无公害农产品的范畴。无公害农产品，是指产地环境、生产过程和产品质量符合国家有关标准和规范的要求，经认证合格获得认证证书并允许使用无公害农产品标志的未经加工或者初加工的食用农产品。

二、无公害猪肉生产技术

生产无公害猪肉应遵循生产无公害猪肉的一系列标准进行生产，并经过专门机构对无公害产品产地认定和产品认证，才为合法认可的无公害猪肉产品。

生产无公害猪肉的一系列标准主要包括无公害食品生猪饲养饲料使用准则、无公害食品畜禽饮用水水质、无公害食品生猪饲养兽药使用准则、无公害食品生猪饲养兽医防疫准则、无公害食品生猪饲养管理准则、无公害食品畜禽产品加工用水水质和无公害食品猪肉。

1. 生猪饮用水水质

无公害生猪生产过程中的饮用水，必须符合“NY 5027 无公害食品畜禽饮用水水质”标准要求，并通过专门机构根据本标准规定的配套检测方法检测合格的猪饮用水。

2. 生猪饲养饲料使用准则

无公害生猪生产过程中所用饲料原料和添加剂应符合“NY 5032 无公害食品生猪饲养饲料使用准则”的要求。本标准规定了生产无公害生猪所需饲料原料、饲料添加剂、添加剂预混合饲料、浓缩饲料、配合饲料和饲料加工过程的要求、试验方法、检验规则、判定规则、标签、包装、贮藏、运输的规范。适用于生产无公害生猪所需的商品配合饲料、浓缩饲料、添加剂预混合饲料和生产无公害生猪的养殖场自配饲料。

饲料原料的感观应色泽新鲜一致，无发酵、霉变、结块及异味、异臭；有害物质及微生物允许量应符合 GB 13078 的规定；制药工业副产品不应作生猪饲料原料。

营养性饲料添加剂和一般性饲料添加剂感官应具有该品种应有的色、臭、味和组织形态特征，无异味、异臭；饲料中使用的营养性饲料添加剂和一般性饲料添加剂应是中华人民共和国农业部公布的《允许使用的饲料添加剂品种目录》所规定的品种和取得试生产产品批准文号的新饲料添加剂品种；饲料中使用的饲料添加剂产品应是具有农业部颁发的饲料添加剂生产许可证的正规企业生产的、具有产品批准文号的产品。

药物饲料添加剂的使用应按照中华人民共和国农业部发布的《药物饲料添加剂使用规范》执行；无公害生猪饲料中不应添加氨苯砷酸、洛克沙胂、盐酸克伦特罗等国家严禁使用的违禁药物；生猪饲料中不应直接添加兽药；使用药物饲料添加剂应严格执行休药期制度。

配合饲料、浓缩饲料和添加剂预混合饲料感官应色泽一致，无发酵霉变、结块及异味、异臭；产品成分分析保证值应符合标签中所规定的含量；配合饲料中有害物质及微生物允许量应符合GB 13078的规定。

对饲料加工也有明确要求。饲料企业的工厂设计与设施卫生、工厂卫生管理和生产过程的卫生应符合GB/T 16764的要求，配料也应按严格的操作规程执行。

3. 生猪饲养兽药使用准则

无公害生猪生产过程中所使用的兽药种类及休药期应符合“NY 5030 无公害食品生猪饲养兽药使用准则”的要求。禁止使用麻醉药、镇痛药、镇静药、中枢兴奋药、化学保定药及骨骼肌松弛药；禁止使用未经国家畜牧兽医行政管理部门批准的用基因工程方法生产的兽药；禁止使用未经农业部批准或已经淘汰的兽药。

4. 生猪饲养兽药防疫准则

无公害生猪生产过程中在疫病预防、监测控制和扑灭方面的卫生防疫应符合“NY 5031 无公害食品生猪饲养兽药防疫准则”的要求。主要规定了猪场场址选择、建筑物布局、功能分区等应符合防疫要求；配备有相应的卫生消毒设施设备；完善的卫生防疫制度、疫病监测、控制和扑灭方案。

5. 生猪饲养管理准则

无公害生猪生产过程中引种、环境、饲养、消毒、免疫、废弃物处理等涉及生猪饲养管理的各环节应符合“NY/T 5033 无公害食品生猪饲养管理准则”的要求。

猪场场址选择、建筑物布局、功能分区、生产工艺等既要符合防疫要求，又要有利于控制环境和实现现代化管理。

需要引进种猪时，应从具有种猪经营许可的种猪场引进，并按照GB 16567进行检疫，并应首先从达到无公害标准的猪场引进，引进的种猪，隔离观察15～30天，经兽医检查确定为健康合格后，方可供繁殖使用。

饲料原料和添加剂应符合 NY 5032 的要求；水质符合 NY 5027 的要求；兽药种类及休药期符合 NY 5030 的要求；卫生防疫应符合 NY 5031 的要求。

饲养员应定期进行健康检查，传染病患者不得从事养猪工作；场内兽医人员不准对外诊疗猪及其他动物的疾病，猪场配种人员不准对外开展猪的配种工作。

应对猪只进行合理分群，科学饲喂，并提供温暖、干燥、卫生、舒适的环境。

需要淘汰、处死的可疑病猪，应采取不会把血液和浸出物散播的方法进行扑杀，传染病猪尸体应按 GB 16548 进行处理；猪场不得出售病猪、死猪。

猪场废弃物实行减量化、无害化、资源化原则，妥善处理。

6. 畜禽产品加工用水水质

无公害猪肉生产过程中的加工用水应符合“NY 5028 无公害食品畜禽产品加工用水水质”的要求。并通过专门机构根据本标准规定的配套检测方法检测合格方能使用。

7. 无公害猪肉

无公害猪肉生产过程中的技术要求、检验方法、标志、包装、贮存和运输应符合“NY 5029 无公害食品猪肉”的要求。

活猪必须来自按 NY/T 5033 规定组织生产的无公害养猪场，并经当地动物防疫监督机构检验合格。

生猪屠宰按 GB/T 17236 和 NY 467 规定进行，屠宰加工过程中的卫生要求按 GB 12694 执行。

感官指标应符合 GB 2707 的规定。

理化指标应符合本标准规定。检测指标包括解冻失水率，挥发性盐基氮，汞、铅、砷、镉、铬、六六六、滴滴涕、金霉素、土霉素、氯霉素、磺胺类、伊维菌素、盐酸克伦特罗。

微生物指标应符合本标准规定，主要包括菌落总数、大肠菌群、沙门氏菌。

三、产地认定

生产单位要想生产无公害产品，除了按照无公害标准生产之外，还要向县级农业行政主管部门提交书面申请，县级农业行政主管部门应当逐级将推荐意见和有关材料上报省级农业行政主管部门。省级农业行政主管部门完成对有关材料的审核工作，符合要求的，组织有关人员对产地环境、区域范围、生产规模、质量控制措施、生产计划等进行现场检查。现场检查符合要求的，应当通知申请人委托具有资质资格的检测机构，对产地环境进行检测。

省级农业行政主管部门对材料审核、现场检查和产地环境检测结果符合要求的，颁发无公害农产品产地认定证书，并报农业部和国家认证认可监督管理委员会备案。

无公害农产品产地认定证书有效期为3年。期满需要继续使用的，应当在有效期满90日前按照本办法规定的无公害农产品产地认定程序，重新办理。

四、无公害农产品认证

产地认定后，还需进行无公害产品认证，申请单位应当向认证机构提交书面申请，认证机构通过对申请材料的审核，符合要求的，认证机构可以根据需要对产地环境、区域范围、生产规模、质量控制措施、生产计划、标准和规范的执行情况等进行现场检查。现场检查符合要求的，认证机构应当通知申请人委托具有资质资格的检测机构对产品进行检测。

认证机构对材料审核、现场检查和产品检测结果符合要求的，颁发无公害农产品认证证书。

认证机构在颁发无公害农产品认证证书后，将其颁发的认证证书副本同时报农业部和国家认证认可监督管理委员会备案，由农业部和国家认证认可监督管理委员会公告。

无公害农产品认证证书有效期为3年。期满需要继续使用的，应当在有效期满90日前按照本办法规定的无公害农产品认证程序，重新办理。

获得无公害农产品认证证书的单位或者个人，可以在证书规定的产品、包装、标签、广告、说明书上使用无公害农产品标志。

五、罚则

任何单位和个人不得伪造、冒用、转让、买卖无公害农产品产地认定证书、产品认证证书和标志。

获得无公害农产品认证并加贴标志的产品，经检查、检测、鉴定，不符合无公害农产品质量标准要求的，由县级以上农业行政主管部门或者各地质量监督检验检疫部门责令停止使用无公害农产品标志，由认证机构暂停或者撤销认证证书。

第六章　工厂化养猪

我国的养猪生产正迅速由传统家庭散养方式向规模化、集约化、工厂化方向发展，专业化、商品化、社会化程度不断提高，技术含量不断增加，整个养猪业进入了一个崭新的发展阶段，为生产优质猪肉奠定了良好的物质基础和客观条件。本篇就集约化养猪的有关概念、特征、工艺流程、生产组织等进行论述。

第一节　工厂化养猪的特征

一、工厂化养猪的概念

规模化养猪的高级阶段是集约化养猪，工厂化养猪是集约化养猪的最高级形式。

规模化养猪是指生产单位或专业户在一定的内外环境条件下，以商品生产为基本特征，合理组织与配置猪群、劳力、猪舍、设备、资金，使其达到一定的数量或规模(一般为 100 头基础母猪及相应的配套所需)，取得规模经济效益的一种养猪生产经营形式。

集约化养猪是以“集中、密集、约制、节约”为前提，按照养猪生产的客观规律，根据各地区自然、经济条件而采取对猪群、劳力、猪舍、设备的合理配置和适度组合，取得养猪最佳经济效益的经营方式。集约化养猪要求具有先进的科学技术、优良的品种、全价的饲料、适宜的环境、现代化的猪舍、设备及工艺流程，并要求劳动者具有专项劳动素质。从而使养猪生产达到高水平、高效益。“集中、密集”具体体现为合理组织各类猪群，集中饲养管理，统一安排劳力、猪舍、设备，使各类猪群的饲养密度大大高于传统养猪；“约制、节约”则表现为各类猪群应按集约化生产要求而不同程度地受生活空间等方面的限制(如采用限位栏等)从而减少猪场占地面积和栏舍面积,提高猪舍、猪栏及设备的利用率;同时,由于新技术、新设备的应用和劳动者专项劳动熟练程度的提高,可节省劳动力,提高劳动生产率。

工厂化养猪是以工业生产方式安排生产,生产程序化、流水作业化、产品规格化;要求猪群、饲料、环境标准化;设备机械化、电气化、自动化。所以生产水平高,突出地表现在劳动生产率高,是集约化养猪的最高级形式。

二、工厂化养猪的特征

(一)饲养优良的品种

工厂化养猪要饲养优良的品种,并组建起完整的杂交繁育体系,保证高产、优质、整齐、稳定、一致,以满足严整工艺流程的需要,按期完成一定数量、合乎规格的产品,实现有计划、有节律的均衡生产,取得最佳的经济效益。

(二)喂以全价配合饲料

优良的猪种必须喂给优质全价配合饲料,满足各类猪群的营养需要,最大限度地发挥其生产潜力。

(三)为猪提供适宜的环境

猪舍内的适宜环境是保证发挥优良品种最大生产潜力的重要条件。所以,工厂化养猪必须有效控制或调节猪舍内的环境,使其达到最佳状态,避免猪只受到不利环境的影响。

(四)高生产水平

由于工厂化养猪饲养有优良的品种,喂以优质全价配合饲料,提供有适宜的环境条件,所以能达到最佳的生产水平。

(五)严整的工艺流程

工厂化养猪是按照养猪生产的 6 个生产环节,从配种→妊娠→分娩→保育→生长→育肥→出栏上市,组成一条连续流水式的生产线，按照一定的繁殖节律，有序地组织生产，工艺流程十分严整。

（六）有适合各类猪群生理和生产要求、便于实现流水工艺流程的专用猪舍及相应饲养管理设备

一般建有配种舍、妊娠舍、分娩舍、保育舍、生长舍和育肥舍，其大小和栏位数量与各工艺群相适应，以保证全进全出连续流水式生产。

（七）主要生产过程实现机械化、电气化、自动化，具有高的劳动生产率

如在饲喂上实现机械化，饮水上自动化，供暖、通风、降温机械化、自动化，粪便处理机械化。

（八）严密、严格、科学的兽医卫生防疫体系及污物、粪便处理系统

工厂化养猪的场址选择及猪舍建筑应符合防疫要求；制定有明确的防疫卫生制度，科学的免疫程序；并实行场长负责制，专门兽医具体负责，严格执行，保证猪具有较高的健康水平。工厂化养猪规模大，粪尿多，应配备科学合理的粪尿处理系统。

（九）具有明确的专业分工和合理的组织体系

工厂化养猪实行专业化生产，流水式生产工艺，因而分工细，要求各环节密切协作配合，以保证流程畅通。

（十）需要社会化服务体系与之配合

工厂化养猪是有计划、有节律地均衡生产，因而也要求猪源、饲料、药品、疫苗等也要均衡供应，产品如期销出。所以，社会化服务体系必须健全或有稳定的合同关系，以保证稳定的供、产、销。

（十一）配有自己专门的营销人员

由于工厂化养猪规模大，饲料、药品等的需要也多，产品量也大，并要求有稳定的供应和销路。所以，必须配备自己专门的营销人员。

(十二)需要一支高文化素质、高技术水平、高管理能力的职工队伍

工厂化养猪是一个复杂的系统工程,分工细,组织性强,技术含量高,因此对职工素质要求较高。

三、工厂化养猪与传统养猪的区别(表6-1)

表6-1　工厂化养猪与传统养猪的区别

项目	工厂化养猪	传统养猪
目的	追求最大经济效益	积肥、解决肉食
经营方式	专业化、商品化	家庭副业、自给自足
规模	规模较大,一般在5 000头至10 000头或更大	头数少,分散饲养
生产方式	依赖于社会化服务体系,需要与种猪场、饲料厂、食品加工厂等有较稳定的合同关系	自给、半自给生产,对外部依赖程度低
生产过程	严整的流水式工艺流程,全进全出,均衡生产	混合连续饲养,不定期出栏
品种	瘦肉型猪,品种规格一致	含土种猪血液,生产性能低,整齐度差
饲料	全价配合料,饲养标准化	使用部分青粗饲料,营养低而不稳
操作和定额	机械化、自动化操作,定额比传统养猪高5～10倍	手工操作,饲养数量少
猪舍	适于不同种类和阶段的专用猪舍	通用混养猪舍
环境	人工控制环境条件	受自然环境条件影响很大
饲养效果	增重快、饲料利用率高、瘦肉率高、效益好	生产性能低、效益差
技术含量与人员素质	技术含量高,对人员素质要求高	技术含量低,对人员素质要求低

第二节　工厂化养猪的生产工艺

工厂化养猪是根据猪的生产阶段，按照配种、妊娠、分娩、保育、生长、育肥、出栏上市有序地组织生产，实行阶段饲养，全进全出，各类猪舍（车间）间既分工明确，又紧密联系，互相配合，形成特定的生产工艺。显著提高了圈舍、设备等的利用率和劳动生产率。

一、工艺流程的组织

（一）猪群类别的划分

根据猪的年龄、性别、生理阶段等，将猪群划分为不同的类别。

哺乳仔猪——从初生到断乳之前的仔猪。

保育猪（断乳仔猪）——从断乳到 25 kg 的仔猪（9～10 周龄）。

生长猪——从 25～60 kg 的猪（15～16 周龄）。

育肥猪——从 60 kg 到出栏的猪（23～24 周龄）。

后备母猪——留作种用的、5 月龄到配种以前的母猪。

后备公猪——留作种用的、5 月龄到配种以前的公猪。

基础母猪——配过种的所有母猪，包括初产母猪（从第一次配种到断乳后第二次配种前的母猪）和经产母猪（第一次产仔后再配种的母猪）。

基础公猪——配过种的所有公猪。

（二）确定猪场规模

猪场应根据产品销路、建场资金多少、技术力量、饲料供应、粪尿处理、应用机械化的程度等确定适度规模，并以能把各生产要素的潜力充分发挥出来、取得最佳的经济效益为衡量标准。规模过小，不便于实现全进全出的流水作业，生产效率低；规模过大，供料供水要考虑机械化，猪粪尿处理必须考虑排污系统。一般最小不小于100头基础母猪的规模，以300～600头基础母猪的规模较为适宜。

（三）确定繁殖节律

工厂化养猪要实现全进全出（或叫批进批出）、流水式工艺流程，必须采用母猪同期发情，以便实现同期配种、同期产仔、同期断乳、同期转群、同期出栏；同时要保证每批有固定数量的发情母猪，各批发情母猪间有固定的时间间隔，以便每批猪的数量一定，节律一致，实现均衡生产，提高猪舍、设备利用率和劳动生产率。我们把各批同期发情母猪间的时间间隔叫做繁殖节律。繁殖节律按间隔日数可分为1、2、3、7、14、28、56日等，间隔日数主要根据猪场的规模的定。年产3万～5万头商品猪的猪场多采用7日制，规模再大的猪场采用1或2日制，小规模猪场可采用14、28、56日制。其中7日制有较多的优点，原因是母猪发情周期是21天，恰好是7的倍数，有利于组织同期发情配种，减少空怀；母猪多在断乳后4～6天发情，只要合理安排断乳时间，可使母猪的配种时间躲开周六和周日，照顾工人轮休。

（四）确定工艺参数

为了准确计算场内各类猪群及每批猪的头数，据此再计算各猪舍所需栏位数、饲料需要量和产品数量，必须根据猪场的技术水平、饲养管理水平及所养品种所能达到的生产水平，参考历年生产记录及有关信息资料，实事求是地确定生产工艺参数。现以某猪场为例，说明需要估计的参数（表6-2）。

表 6-2　某万头商品猪场固定工艺参数

项目	参数	项目	参数
妊娠期(天)	114	160 日龄重(kg)	90
哺乳期(天)	28	每头母猪年提供活猪数	
保育期(天)	35	初生时(头)	21.6
断乳至受胎(天)	7～10	28 日龄时(头)	19.9
繁殖周期(天)	155	70 日龄时(头)	19.5
母猪年产胎次	2.4	160 日龄时(头)	19.3
窝产仔数(头)	10	公母猪年更新率(%)	30
窝产活仔数(头)	9	母猪情期受胎率(%)	90
成活率(%)		公母比例	1∶25
哺乳仔猪	92	圈舍冲洗消毒时间(天)	7
断乳仔猪	98	繁殖节律	7
生长育肥猪	99	周配种次数	2
初生重(kg)	1.2	母猪产前进产房时间(天)	7
28 日龄重(kg)	7	母猪配后原圈观察时间(天)	21
70 日龄重(kg)	25		

母猪年产胎次＝一年总天数/(怀孕期＋哺乳期＋断乳至受胎天数)

＝365 天/(114 天＋28 天＋10 天)≈2.4(胎)。

每头母猪年提供肉猪数＝窝产活仔数×各期成活率

＝9 头×0.92×0.98×0.99×2.4 胎≈19.3(头)。

(五)计算各类猪群总头数、批次(单元)及每单元头数

为了确定各猪舍所需栏位数、饲料需要量和产品数量，并使猪群正常地从一个工序转到另一个工序，必须准确计算和掌握各类猪群总头数、单元数及每单元头数。以繁殖节律为 7 天，年出栏 1 万头商品猪的猪场为例计算各类猪群的结构，工艺参数以表 6-2 为基础。

第一，首先根据年出栏商品猪的总数计算所需基础母猪总头数、母猪总单元数、每单元母猪头数。

年需母猪总头数＝年计划出栏肉猪数/每头母猪年提供肉猪总数＝10 000 头/19.3 头＝518(头)

母猪总单元数＝繁殖周期/繁殖节律＝155 天/7 天≈22(单元)

每单元母猪头数＝母猪总数/母猪总单元数＝518 头/22 单元≈24 头/单元

第二，根据以上数据计算各类猪群总头数、单元数、每单元猪头数。

1.公猪

公猪头数＝母猪总头数×公母比例＝518 头×1/25≈21 头

2.后备母猪

后备母猪头数＝母猪总头数×年更新率＝518 头×30%＝156 头

3.分娩舍

分娩舍每单元母猪头数为 24 头/单元。

分娩舍单元数＝(母猪临产前进产房时间＋母猪泌乳期)/繁殖节律＝(7 天＋28 天)/7 天＝5(单元)

分娩舍母猪总数＝分娩舍单元数×分娩舍每单元母猪头数＝5 单元×24 头/单元＝120 头

4.妊娠舍

如果分娩率为 100%，则妊娠舍每单元母猪头数也为 24 头/单元。

妊娠舍单元数＝(母猪妊娠期－配种舍妊娠天数－临产前进产房天数)/繁殖节律＝(114 天－21 天－7 天)/7 天≈12(单元)

妊娠舍母猪总数＝妊娠舍单元数×妊娠舍每单元母猪头数＝12 单元×24 头/单元＝288 头

5.配种舍

配种舍每单元母猪头数＝妊娠舍每单元母猪头数/情期受胎率＝24(头/单元)/90%＝27 头/单元

配种舍单元数=(母猪断乳至受胎天数+配种后母猪原圈观察天数)/繁殖节律=(10 天+21 天)/7 天≈4(单元)

配种舍母猪总数=配种舍单元数×配种舍每单元母猪头数=4 单元×24 头/单元=288 头

6. 保育舍

保育舍每单元断乳仔猪头数=分娩舍每单元母猪头数×母猪窝产活仔数×哺乳仔猪成活率=24 头/单元×9 头×92%≈199 头/单元

保育舍单元数=保育舍饲养天数/繁殖节律=35 天/7 天≈5(单元)

保育舍断乳仔猪总数=保育舍单元数×保育舍每单元断乳仔猪头数=5 单元×199 头/单元=995 头

7. 生长舍

生长舍每单元生长猪头数=保育舍每单元断乳仔猪头数×断乳仔猪成活率=199 头/单元×98%≈195 头/单元

生长舍单元数=生长舍饲养天数/繁殖节律=49 天/7 天≈7(单元)

生长舍生长猪总数=生长舍单元数×生长舍每单元生长猪头数=7 单元×195 头/单元=1 365 头

8. 育肥舍

育肥舍每单元育肥猪头数=生长舍每单元生长猪头数×生长猪成活率=195 头/单元×99%≈193 头/单元

育肥舍单元数=育肥舍饲养天数/繁殖节律=49 天/7 天≈7(单元)

育肥舍育肥猪总数=育肥舍单元数×育肥舍每单元育肥猪头数=7 单元×193 头/单元=1 351 头

9. 出栏肉猪

每周出栏肉猪 193 头/周。

每年出栏肉猪数＝每周出栏肉猪数×每年周数＝193头/周×52周/年＝10 036头≈10 000头

10. 存栏头数

该万头猪场各生产群存栏头数见表6-3。

表6-3 某万头猪场各生产群存栏头数

猪群	饲养周数	繁殖节律	群数(单元)	每群(单元)头数	总头数
种公猪	52		1		21
后备公猪	17		1	7	7
待配后备母猪	4	7	4	3～4	16
配种舍母猪	4	7	4	27	108
妊娠舍母猪	12	7	12	24	288
泌乳母猪	5	7	5	24	120
哺乳仔猪	4	7	4	216	864
断乳仔猪	5	7	5	199	995
生长猪	7	7	7	195	1 365
育肥猪	7	7	7	193	1 351
全群总					5 135

11. 不同规模猪场猪群结构

以每100头左右基础母猪为1个规模，每群猪数为大约数量，仅供读者参考(表6-4)。

表6-4 不同规模猪场猪群结构

项目	规模(每1个规模100头左右基础母猪)					
	1	2	2.5	3	4	5
种公猪	4	8	10	12	16	21
后备公猪	1	2	3	4	4	7
待配后备母猪	3	6	8	9	12	16
配种舍母猪	20	40	54	60	80	108
妊娠舍母猪	60	120	144	180	240	288

续表 6-4

项目	规模(每 1 个规模 100 头左右基础母猪)					
	1	2	2.5	3	4	5
泌乳母猪	25	50	60	75	100	120
哺乳仔猪	180	360	432	540	720	864
断乳仔猪	205	410	498	615	820	995
生长猪	280	560	682	840	1 120	1 365
育肥猪	277	554	676	831	1 108	1 351
全群存栏数	1 055	2 110	2 567	3 165	4 220	5 135
每周分娩窝数	5	10	12	15	20	24
基础母猪数	103	206	258	309	412	516
年上市肉猪	2 000	4 000	5 000	6 000	8 000	10 000

(六)计算栏位数需要量

为了保证流水式工艺流程的畅通运行，必须设置足够的栏位数。在计算栏位数时，不但要考虑各类猪的数量、饲养日数，还要考虑猪舍状况、消毒维修时间以及必要的机动备用期。下面以年出栏 1 万头商品肉猪的猪场为例加以说明。

1. 配种舍

饲养配种前的后备公、母猪，基础公猪和断乳至妊娠 21 天的母猪。

公猪栏　公猪需单圈饲养，每头公猪一栏，需 21 栏，另外加设几个后备公猪栏，每栏面积 7 m^2 左右，最好有运动场。

母猪栏　每年需 156 头后备母猪用于更新基础母猪，每周 3～4 头，饲养 4 周，共 12～16 头；每单元待配母猪 27 头，在配种舍呆 4 周，则 4 单元×27 头＝108 头。如果采用限位栏饲养，则需 124 个限位栏，再另加一个单元的限位栏(27 个)供消毒冲洗空闲 1 周用，共计需母猪限位栏 151 个；如果采用圈养，每圈 4～6 头，共需圈舍 38～25 个。

2. 妊娠舍

妊娠舍 12 个单元，288 头猪，如果采用限位栏饲养，则需 288 个限位栏，再另加一个单元的限位栏（24 个）供消毒冲洗空闲 1 周用，共计需母猪限位栏 312 个；如果采用圈养，每圈 4～6 头，共需圈舍 78～52 个。

3. 分娩舍

分娩舍 5 个单元，120 头猪，每头猪一个产床，则需 120 个产床，再另加一个单元的产床（24 个）供消毒冲洗空闲 1 周用，共计需母猪产床 144 个。

4. 保育舍

保育舍 5 个单元，每单元 199 头，每 8～9 头 1 个保育床，每单元需保育床 24 个，5 个单元 120 个保育床，再另加一个单元的保育床（24 个）供消毒冲洗空闲 1 周用，共计需断乳仔猪保育床 144 个。

5. 生长舍

生长舍 7 个单元，每单元 195 头，每 8～9 头 1 圈，每单元圈舍 24 个，7 个单元 168 个圈舍，再另加一个单元的圈舍（24 个）供消毒冲洗空闲 1 周用，共计需生长舍 192 个。

6. 育肥舍

育肥舍 7 个单元，每单元 193 头，每 8～9 头 1 圈，每单元圈舍 24 个，7 个单元 168 个圈舍，再另加一个单元的圈舍（24 个）供消毒冲洗空闲 1 周用，共计需育肥舍 192 个。

7. 某万头商品猪场各猪群栏圈需要量（表 6-5，供参考）

生产上应根据具体情况留足备用栏。

表 6-5 某万头商品猪场各猪群栏圈需要量

猪群	存栏数	饲养周	消毒周	合计周	单元数	单元猪数	单元栏数	栏圈数
后备公猪	5	16		16	1	5	5	5 圈
种公猪	21	52		52	1	21	21	21 圈
后备母猪	4	4	1	5	5	5	4	20 限位栏
配种舍母猪	108	4	1	5	5	27	27	135 限位栏
妊娠舍母猪	288	12	1	13	13	24	24	312 限位栏
泌乳母猪	120	5	1	6	6	24	24	144 产床
哺乳仔猪	864	4	1	5	5	216	24	120 产床
断乳仔猪	995	5	1	6	6	199	24	144 保育网
生长猪	1 365	7	1	8	8	195	24	192 圈
育肥猪	1 351	7	1	8	8	193	24	192 圈

二、工厂化养猪的生产工艺流程

工厂化养猪普遍采用全进全出、流水式工艺流程，所谓全进全出是指同批猪同期进一个单元（一栋猪舍或一个猪场），同期出一个单元（一栋猪舍或一个猪场），经彻底消毒后空闲 1 周再进下一批猪。以消灭上批猪留下的病原体，给新进猪提供一个清洁阶段环境，避免循环感染和交叉感染，同时，同一批猪日龄接近或生理阶段一致，也便于饲养管理和各项技术的贯彻实施。所谓流水式工艺流程是指是指从猪的配种、妊娠、分娩、保育、生长、育肥到销售，形成一条龙的流水作业，各阶段都有计划、有节奏地进行。

根据生产规模、繁殖节律和设备条件等又分为六阶段工艺流程、五阶段工艺流程和四阶段工艺流程。

（一）六阶段工艺流程

将所有猪群划分为六个阶段，即配种、妊娠、分娩、保育、生长和育肥，分别饲养于配种舍、妊娠舍、分娩舍、保育舍、生长舍和育肥舍，完成整个流程需5次转群（图6-1）。现以万头商品猪场为例说明其工艺流程。

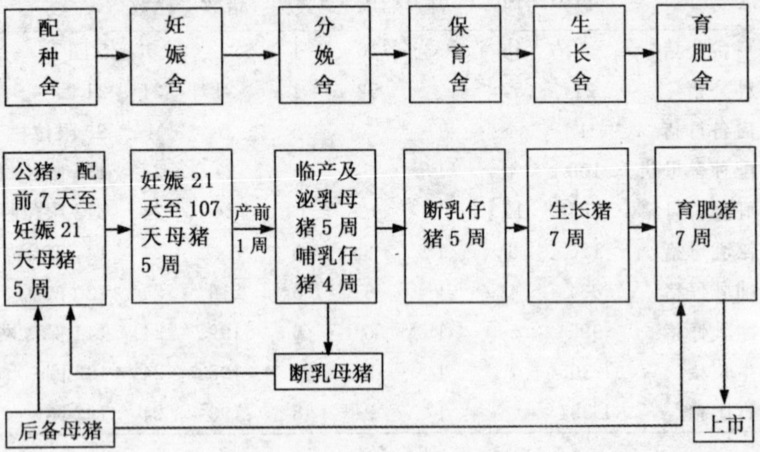

图6-1 六阶段工艺流程示意图

（1）断乳后的24头母猪在配种舍饲养1周左右，开始发情配种，同时加上3～4头后备母猪，配种后3周进行妊娠检查，已妊娠的猪（24头左右）调到妊娠舍。

（2）妊娠后3周24头母猪在妊娠舍饲养12周，于产前1周调到分娩舍。

（3）调到分娩舍的24头妊娠母猪1周后产仔，泌乳4周断乳，断乳后的24头母猪调回配种舍，开始下一轮循环，断乳后成活的199头仔猪调到保育舍。

（4）调到保育舍的199头仔猪在保育舍饲养5周，成活的195头仔猪调到生长舍。

（5）调到生长舍的195头仔猪在生长舍饲养7周，成活的193头生长猪调到育肥舍。

（6）调到育肥舍的193头生长猪在育肥舍饲养7周，体重达到

90 kg 以上出栏上市。

六阶段工艺流程分工较细，对于种猪，便于发情鉴定与配种；对于生长育肥猪，可最大限度地满足不同生长发育阶段的营养、饲养、猪舍面积、结构、环境管理的不同需要，充分发挥其生长潜力，提高养猪效率，便于专业化管理，适于大规模猪场；缺点是转群次数较多，增加劳动强度和猪群的应激。

（二）五阶段工艺流程

将所有猪群划分为五个阶段，即配种妊娠、分娩、保育、生长和育肥，分别饲养于配种妊娠舍、分娩舍、保育舍、生长舍和育肥舍，完成整个流程需 4 次转群（图 6-2）。与六阶段工艺流程的主要区别是配种和妊娠合成一个阶段。优点是减少一次妊娠母猪的转群，减轻了劳动强度和猪群的应激。缺点是不便于发情鉴定与配种。

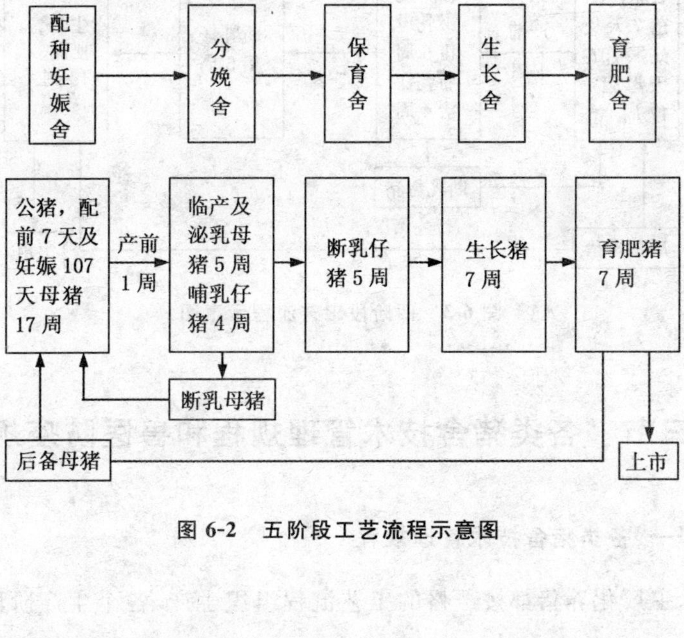

图 6-2　五阶段工艺流程示意图

(三)四阶段工艺流程

将所有猪群划分为4个阶段，即配种妊娠、分娩、保育和生长育肥，分别饲养于配种妊娠舍、分娩舍、保育舍和生长育肥舍，完成整个流程需3次转群(图6-3)。与五阶段工艺流程的主要区别是生长和育肥合成一个阶段。优点是减少一次生长猪的转群，减轻了劳动强度和生长猪群的应激。缺点是不利于满足不同生长发育阶段的营养、饲养、猪舍面积、结构、环境管理的不同需要，不便于专业化管理。

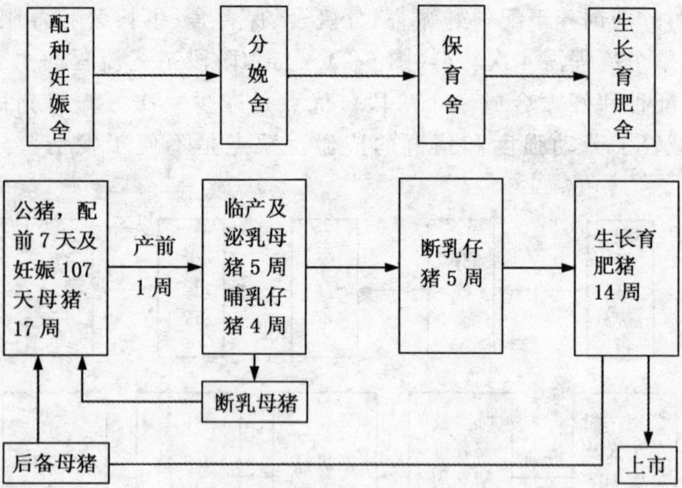

图6-3 四阶段工艺流程示意图

第三节 各类猪舍技术管理规程和兽医防疫规程

一、各类猪舍技术管理规程

工厂化养猪都按严格的工艺流程组织生产，各个生产阶段都是有计划、有节奏地进行。为了提高工作效率，保证工艺流程的畅通，必须制订出各类猪舍的管理规程，对饲养员每天的工作都有明确的要求。生产实际中多推行 7 天为一繁殖节律的生产方式，所以日常生产工作程序也是以周为单位进行安排，并考虑职工轮休，主要工作安排在周一至周五。

(一)配种妊娠舍管理规程

1. 配种妊娠舍每天工作日程

(1)喂料。每日定时喂料，定量 2 kg，根据公母猪体况、食欲等适当增减。

及时清扫散落在饲槽外面的饲料。

给产前 1 周及便秘母猪投服轻泻剂。

(2)清粪。定时清理圈内或限位栏后门的粪便。

(3)发情鉴定与配种。将后备母猪及断乳 4 天后的母猪暴露在公猪栏里试情，以刺激发情和检出发情母猪。

发情的母猪进行人工授精或本交配种，每情期配种 2～3 次。

检查复发情。对配种后 18～24 天和 38～44 天的母猪进行重点检查或试情，落实是否受胎。

填写公母猪交配记录。

(4)检查和治疗病猪。喂饲时看食欲，清扫时看粪便，平时或上下班查群看精神，查出并记录食欲差、厌食、便秘、跛行、流产、子宫阴道炎等不正常猪只或病猪，及时治疗或汇报。

(5)检查环境与设备。每日上下班和中间应检查记录舍内温度、湿度及空气状况，及时启闭窗户或排气扇。

每日上下班应检查自动饮水器是否有水或漏水，各种设备是否正常，并注意必要的保养或维修。

2. 配种妊娠舍每周工作日程

星期一：

更换脚盆消毒液。

清洁卫生。清扫猪舍墙壁、天花板、风扇及其他设备。

驱虫用左旋咪唑或阿维菌素为产前4周的母猪驱虫。

整理分析配种记录。

星期二:

对已配种的母猪进行妊娠检查,妊娠检查阴性的母猪和断乳后15天以上仍未配上种的母猪集中在配种栏内,以便采取措施,尽早发情配种。

剔除淘汰猪。生产记录中性能表现较差的母猪,四肢及全身疾患难以康复的猪,两次以上流产、三次返情、两次阴道炎(子宫炎)的猪,后备母猪阴户发育不良、体型和生产性能较差的应予以淘汰,对于老龄、生产水平下降的母猪应有计划淘汰。

星期三:

调整猪群,填补空栏,为断乳母猪转入做准备。

根据免疫程序,给产前4周左右的母猪注射应注疫苗。

星期四:

将断乳母猪从产房赶回配种舍,将后备母猪赶到配种栏内,并放进公猪,以利发情。

为即将转群的母猪填好分娩记录卡片。

更换脚盆消毒液。

星期五:

将已妊娠的母猪从配种栏(舍)赶到妊娠栏(舍)。

将临产前1周的母猪冲洗消毒,转入分娩舍。

制定下周配种计划。

其他工作:

每年给公猪驱虫两次(同一天对所有公猪同时进行)。

按免疫程序给公猪及后备母猪注射疫苗。

(二)分娩舍管理规程

1.分娩舍每天工作日程

(1)母猪喂料。进入产房的母猪每天喂料 2～3 kg;产后当天喂料 1 kg,以后逐步增加,直至泌乳期正常喂量。

喂量还应根据带仔数、食欲、体况等适当增减。

断乳当天停止喂料。

每天及时清理饲槽内剩料。

对于未分娩母猪、产后 5 天以内的母猪、便秘母猪喂以轻泻剂。

(2)仔猪补料。仔猪 5～7 日龄开始补料,饲料应保持新鲜。

(3)接产。推测产仔时间。最后一对乳头能挤出白色乳汁,12 h 以内分娩,呼吸超过 90 次/min,4 h 以内产仔。

准备好接产用具。

用尽可能多的时间去照顾在分娩的母猪。

(4)仔猪护理。仔猪出生后先擦净黏液,然后断脐,并尽快吃初乳,帮助仔猪固定乳头。

第二天上午将昨夜产的仔猪剪牙(上下腭各 4 个犬齿)、断尾、打耳号、填写分娩记录。

第四天上午阉割、注射铁剂。

(5)仔猪寄养。母猪死亡、有病、泌乳不足、产仔过多时,常将部分或全部仔猪寄出,根据仔猪出生日期、大小、数量等进行寄养,寄养出去的仔猪要注意必须吃到 2 h 的初乳。并避免腹泻仔猪的调动,以防传染。

(6)检查仔猪。

腹泻:常由母猪泌乳不足、饲料品质差、寒冷等引起。

跛行:外伤、畸形或疾病。

有无精神不振、生长不良、吃乳不足、寒冷或疾病等现象。

(7)检查母猪。

食欲:是否食欲不振或厌食。

排泄:是否便秘,是否有不正常的阴道分泌物排出。

乳房:是否坚硬、红肿、热、疼。

呼吸与体温:是否正常。

(8)记录和治疗病猪。对检查发现不正常的母猪和仔猪应记录并及时进行治疗和处理。

(9)检查环境与设备。上下班及中间应检查分娩舍温度、仔猪保温箱温度、舍内空气污浊度,发现不正常应及时进行调整处理。

检查自动饮水器是否有水或漏水,加热设施、风扇、设备等是否正常或完好无损。

(10)清扫及清理分娩舍。及时清除母猪排出的胎衣。移走死亡小猪收拾用具、器械,进行必要的清洁卫生。

及时清走母猪后面及栏内的粪便,并注意后清腹泻栏。

2.分娩舍每周工作日程

星期一:

更换脚盆消毒液,清洗猪舍入口。

清洁卫生。清扫猪舍墙壁、天花板、风扇及其他设备。

带猪消毒圈舍。

整理分析产仔记录。

星期二:

按照免疫程序给猪注射疫苗。

给丢掉耳标的母猪打耳标。

星期三:

为星期四断乳的母猪填写断乳记录卡片。

给下周准备断乳的小猪打耳标。

冲洗分娩舍前门。

星期四：

将断乳母猪赶回配种舍，将断乳仔猪转入保育舍。

清洗消毒已用过的圈舍和消毒分娩舍。

更换脚盆消毒液。

星期五：

将产前7天的母猪从妊娠舍调入分娩舍。

给临产母猪挂上分娩记录卡。

填报分娩舍生产情况表。

冲洗分娩舍前门。

(三)保育和生长育肥舍管理规程

1.保育生长育肥舍每天工作日程

(1)喂料。断乳第一天不喂或少喂料，并保持原饲料4～7天，以后再逐步换断乳料。

生长育肥住根据不同体重阶段各自喂不同的饲料。

及时清扫散落在饲槽外面的饲料。

(2)清粪。定时清理舍内走道及栏舍内的粪便。

(3)检查和治疗病猪。根据食欲、粪便、精神，查出并记录食欲差、厌食、腹泻、便秘、跛行等不正常猪只或病猪，及时治疗或汇报。

(4)检查环境与设备。每日上下班和中间应检查记录舍内温度、湿度及空气状况，及时启闭窗户或排气扇。

每日上下班应检查自动饮水器是否有水或漏水，各种设备是否正常，并注意必要的保养或维修。

2.保育舍每周工作日程

星期一：

清洁卫生。清扫猪舍墙壁、天花板、风扇及其他设备。

驱虫。用左旋咪唑或阿维菌素为进入保育舍2周的仔猪驱虫。

更换脚盆消毒液。

星期二：

将在保育舍饲养到期的一个单元仔猪调到生长舍。

冲洗消毒刚转群空出的圈舍及消毒整个保育舍。

星期三：

按免疫程序给仔猪注射疫苗。

星期四：

将断乳仔猪由分娩舍移入保育舍。

填写记录卡。

更换脚盆消毒液。

星期五：

调整各组猪群。

填报保育猪生长情况表。

3. 生长育肥舍每周工作日程

星期一：

根据猪的体重、性别、品种等的不同要求，将一个单元的生长猪转到肥猪舍。

冲洗、消毒刚转群空留的圈舍。

清洁卫生。清扫猪舍墙壁、天花板、风扇及其他设备。

更换脚盆消毒液。

星期二：

将在保育舍饲养到期的一个单元仔猪调到生长舍。

按免疫程序给生长育肥猪注射疫苗。

星期三：

根据外貌和前一时期的生长发育情况选留后备猪，留种的打上耳标。

星期四：

发运和出售肥育舍的肥猪和种猪。

冲洗消毒刚转群空出的圈舍和出猪台。

更换脚盆消毒液。

星期五：

填报生长育肥猪生长情况表。

(四)每周总的常规工作(全体饲养员要执行的共同常规工作)

星期一：

清点上周饲料利用情况，如剩余量、使用量等。

制定饲料和药物等其他物资的需要计划。

完成上周记录分析报表。

星期二：

清扫公共设施、机械设备上的污物。

检查冷热供应设备情况。

星期三：

检查防蝇、防鼠工作的开展情况，采取相应措施。

星期四：

冲洗粪尿沟，检查冲洗设备是否良好。

星期五：

对机电设备进行检修，保证在饲养员的轮休日不出现故障。

二、兽医防疫规程

为了预防、控制猪的传染病，保证养猪正常生产，提高养猪经济效益，猪场必须制定兽医防疫规程，并严格执行。

(1)猪场场址选择与猪舍建筑及布局必须符合防疫要求(见有关章节)。

(2)猪场兽医防疫卫生管理实行场长负责制，其职责为：

①组织拟订本场兽医防疫卫生计划、规划和各部门的防疫卫生岗位责任制。

②按照规定淘汰病猪、疑似传染病病猪、隐性感染猪和无饲养价值的猪只。

③组织实施传染病和寄生虫病的防治和扑灭工作。

④对场内职工及其家属进行猪场兽医防疫规程宣传教育。

⑤监督场内各部门和职工执行规程。

(3)兽医卫生防疫应由中专学历以上的兽医技术人员具体负责,其职责为:

①拟定全场的防疫、消毒、检疫、驱虫计划,并参与组织实施。定期向主管场长汇报。

②配合畜牧技术人员加强猪群的饲养管理、生产性能及生理健康检测。

③有条件的猪场应开展主要传染病的免疫检测工作。

④定期检查饮水卫生及饲料的加工、贮运是否符合卫生防疫要求。

⑤定期检查猪舍、用具、隔离舍、粪尿处理和猪场环境卫生和消毒情况。

⑥负责防疫、诊治、淘汰、死猪剖检及其无害化处理。

⑦推广兽医科研新成果和新经验,有条件的可结合生产进行必要的科学研究工作。

⑧建立疫苗领用、保管、免疫注射、消毒、检疫、抗体监测、疾病治疗、淘汰、剖检等各种业务档案。

(4)建立完善的兽医卫生防疫制度

①坚持自繁自养的原则,必须引进种猪时,在引猪之前必须调查当地是否为非疫区,并有产地检疫证明。引入后隔离饲养30天,在此期间进行观察、检疫,确认为健康者方可并群饲养。并及时注射疫苗。

②猪场严禁饲养禽、犬、猫及其他动物。猪场食堂不准外购猪只及其产品。职工家中不准养猪。

③严格控制参观猪场,必要时必须经场长许可,经更换场区工作服、工作鞋或洗澡,并遵守场内防疫制度。

④场内不准带入可能染疫的畜产品及其他物品。场内兽医人员不得对外诊疗猪只及其他动物的疾病。猪场配种人员不得对外开展猪的配种工作。

⑤猪场的每个消毒池要经常更换消毒液，保持有效浓度。

⑥生产人员进入生产区，应洗手、穿工作服和胶靴，戴工作帽，或淋浴后更换衣服和鞋。工作服应保持清洁，定期消毒。严禁相互串栋。

⑦猪场要喂全价配合饲料，禁止饲喂不清洁、发霉或变质的饲料，不得为未经无害化处理的泔水和其他畜禽副产品。

⑧每天坚持打扫猪舍卫生，保持料槽、水槽、用具干净，地面清洁，舍内可用 0.27%～0.3%过氧乙酸或其他消毒药消毒，每月 1～2 次。猪只转群时要进行消毒。

⑨猪场道路和环境要保持清洁卫生，因地制宜选择高效、低毒、广谱的消毒药品，定期消毒。

⑩每批猪只调出后，猪舍要严格进行清扫、冲洗和消毒，并空圈 5～7 天。

⑪产房要严格消毒，母猪进产房前应对猪体进行清洗和消毒。

⑫定期驱除猪的体内外寄生虫。搞好灭鼠、灭蚊蝇和吸血昆虫等工作。

14饲养员认真执行饲养管理制度，细致观察饲料有无变质、猪采食和健康状况、排粪有无异常等，发现不正常现象，及时请兽医检查。

⑭猪只及其产品出场，必经县以上防疫检疫机构或其委托单位出具检疫证明。出售种猪应包括疫病监测、免疫证明。

⑮根据本地区疫病发生的种类，确定免疫接种的内容和适宜的免疫程序。制定综合的防治方案和常用驱虫药物。

第七章　猪场建设及设备

第一节　猪 场 设 置

随着猪场向规模化、集约化、工厂化方向的发展，对猪场设置的要求更加严格，必须给予足够的重视，尤其对于生产优质的无公害、绿色猪肉更是如此。猪场建设一般应当考虑保证场区有较好的小气候条件，有利于舍内空气环境的控制；有利于防疫，便于严格执行各项卫生防疫制度和措施；便于合理组织生产，有利于提高设备利用率和劳动生产率。因此猪场的设置应从场址选择、场地规划与建筑物布局等方面考虑，尽量做到完善合理。

一、场址选择

场址的选择应根据猪场的性质、规模、集约化程度等基本特点，对地势、地形、土质、水源、能源交通、防疫、粪尿处理等方面进行考虑，综合分析后再作决定。

(一)地势地形

地势应高燥，地下水位应在 2 m 以下，以避免洪水威胁和土壤毛细管水上升造成地面潮湿。

地面应平坦而稍有缓坡，以便排水，一般坡度在 1%～3% 为宜，最大不超过 25%。

地势应避风向阳，减少冬春风雪侵袭，故一般避开西北方向的山口和长形谷地等地势；为防止在猪场上空形成空气涡流而造成空气的污浊与潮湿，猪场不宜建在谷地和山坳里。

地形要开阔整齐，有足够的面积。场地过于狭长或边角太多不便于场地规划和建筑物布局，面积不足会造成建筑物拥挤，不利于舍内环境改善和防疫，一般按可繁母猪每头 40～50 m^2 考虑。

(二)土质

猪场场地土壤的物理、化学、生物学特性，对猪场的环境、猪只的健康与生产力均有影响。一般要求土壤透气透水性强、毛细管作用弱、吸湿性和导热性小、质地均匀、抗压性强，未曾受过病原微生物污染。

沙土透气透水性强、毛细管作用弱、吸湿性小，易于干燥，有利于有机物分解和土壤自净作用；但导热性大，热容量小，易增温降温，昼夜温差大，对猪不利。

黏土透气透水性弱，吸湿性强，溶水量大，毛细管作用明显，因而易变潮湿、泥泞，有利于微生物的存活与蚊蝇滋生；含水量大，易胀缩，抗压性低，不利于建筑物的稳固；但热容量大，导热性小，昼夜温差小。

沙壤土兼具沙土和黏土的优点，是建猪场的理想土壤。

土壤一旦被病原微生物污染，常具有多年危害性，因此，选择场址时应避免在旧猪场场址或其他畜牧场场地上重建或改建。

为了少占或不占耕地，选择场址时对土壤种类及其物理特性不必过于苛求。

(三)水源水质

猪场需有可靠的水源，保证水量充足，水质良好，取用方便，易于防护，避免污染。猪场需水量见表 7-1。

表 7-1 猪场需水量

猪别	饮用量[(L/(头·天)]	总需要量[(L/(头·天)]
种公猪	10	40
妊娠母猪	12	40
带仔母猪	20	75
断乳仔猪	2	5
生长猪	6	15
育肥猪	6	25

陈清明.现代养猪生产.北京:中国农业大学出版社,1999.

(四)电力与交通

选择场址时,应重视供电条件,特别是集约化程度较高的大型猪场,必须具备可靠的电力供应,并具有备用电源。

猪场的饲料、产品、粪便等运输量很大,所以场址应选在农区,交通必须方便,以保证饲料就近供应,产品就近销售,粪尿就地利用处理,以降低生产成本和防止污染周围环境。

(五)防疫

选择场址时,应重视卫生防疫。交通干线往往是疫病传播的途径,因此,场址即要交通方便,又要远离交通干线,一般据铁路与国家一、二级公路不应少于 300~500 m,最好在 1 000 m 以上,距三级公路不少于 150~200 m,距 4 级公路不少于 50~100 m。

猪场与村镇居民点、工厂、其他畜牧场、屠宰厂、兽医院应保持适当距离,以避免相互污染。与居民点、工厂的距离宜在 500~1 000 m 以上,与其他畜牧场的距离宜在 500~1 500 m 以上,与屠宰厂与兽医院的距离宜在 1 000~2 000 m 以上。

二、场地规划与建筑物布局

场址选定后,应遵循有利防疫、改善场区小气候、方便饲养管理、节约用地等原则,考虑当地气候、风向、场地的地形地势、场地各种建筑物和设施的尺寸及功能关系，规划全场的道路、排水系统、场区绿化，安排个功能区的位置及每种建筑物和设施的朝向和位置。

（一）猪场总体布局

一个完善的规模化猪场在总体布局上应包括 4 个功能区，即生活区、生产管理区、生产区和隔离区。考虑到有利防疫和方便管理，应根据地势和主风向合理安排各区（图 7-1，图 7-2，图 7-3）。

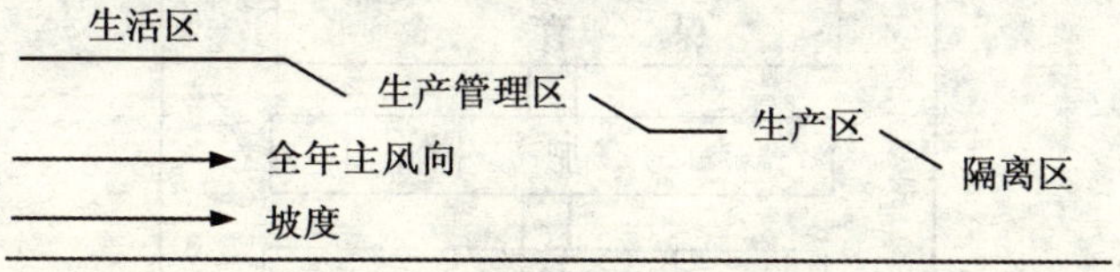

图 7-1　猪场场区规划示意图

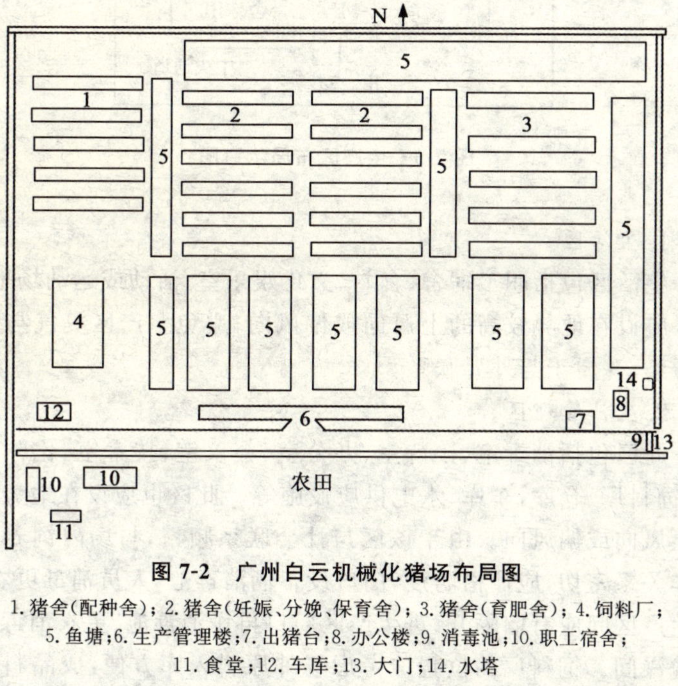

图 7-2　广州白云机械化猪场布局图

1. 猪舍（配种舍）；2. 猪舍（妊娠、分娩、保育舍）；3. 猪舍（育肥舍）；4. 饲料厂；5. 鱼塘；6. 生产管理楼；7. 出猪台；8. 办公楼；9. 消毒池；10. 职工宿舍；11. 食堂；12. 车库；13. 大门；14. 水塔

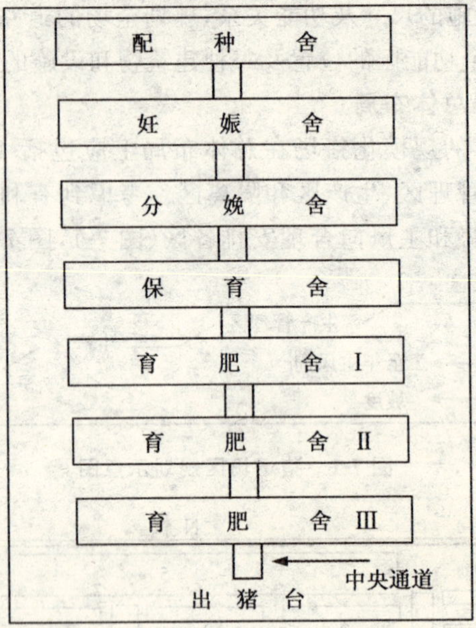

图 7-3　生产区布局示意图

1. 生活区

生活区包括职工宿舍、食堂、文化娱乐室、活动或运动场地等。此区应设在地势较高的上风向或偏风向，避免生产区臭气与粪水的污染，并便于与外界联系。

2. 生产管理区

此区包括消毒室、接待室、办公室、会议室、技术室、化验分析室、饲料厂、仓库、车库、水电供应设施等。此区也应设在地势较高的上风向或偏风向。由于该区与社会联系频繁，与场内饲养管理工作关系密切，应严格防疫，门口设车辆消毒池，人员消毒更衣室，与生产区间应有墙隔开，进生产区门口再设消毒池、更衣消毒室以及洗澡间。饲料厂的位置应考虑场外原料入库方便，成品料便于向场内运输，原料最好经卸料窗入库，非本场车辆一律禁止入场。

3. 生产区

生产区包括各类猪舍和生产设施，是猪场的最主要区域，禁止一切外来车辆与人员入内。饲料运输用场内小车经料库内门领料，围墙处设装猪台，售猪时经装猪台装车，避免装猪车辆进场。

4. 隔离区

隔离区包括兽医室、隔离猪舍、尸体剖检和处理设施、粪污处理区等。该区设在地势较低的下风或偏风处，并注意消毒及防护。

（二）生产区布局

生产区的各类猪舍是根据不同类别、年龄猪群的生理特点与其对环境的不同要求进行设计的，一般划分为 5 类，即配种舍、妊娠舍、分娩舍、保育舍和生长育肥舍。在布局上应考虑有利防疫、便于饲养管理、节约用地等原则，尽可能按照工厂化养猪的工艺流程进行安排。一般将种猪舍安排在地势较高的上风向或偏风向，保育与生长育肥舍安排在地势较低的下风向或偏风向，两区间最好保持适当距离或采取一定的隔离防疫措施，猪场的育肥猪所占比例较大，所需饲料量及粪尿排泄量也大，其位置应考虑靠近粪便处理区，饲料运输应便利。典型的生产区布局见图 7-3。

（三）场内道路和排水

场内道路与生产和防疫有关。考虑防疫，应分设净道和污道，互不交叉，净道用于运送饲料、产品等，污道用于运送粪污、病猪死猪等。生产区一般不设直通场外的道路，管理区与隔离区分别设道通向场外。场区地势宜有 1%～3%的坡度，路旁设排水沟，以及时排出雨雪水。

（四）场区绿化

绿化不仅可以吸尘灭菌，净化空气，防暑降温，减弱噪声，隔离防疫，改善场区小气候，还可以美化环境，应给予足够重视。在猪舍之间和道路两旁进行遮荫绿化，裸露地种植花草，树种可选择枝叶开阔、生长势强、冬季落叶后枝条稀少的杨树、枫树等,以便夏季遮荫而不影响通风,冬季不影响采光。场区间和场界应设隔离林带,以有利防疫。冬季主风的上风向设防风林,以起到防风阻沙的作用。

第二节 猪舍建筑

一、建筑材料的基本特性

猪舍环境的控制在很大程度上受猪舍各部结构的保温隔热能力制约。了解和掌握建筑草料的有关特性,对于理解和解决猪舍环境的控制具有重要意义。

(一)建筑材料的温热特性

建筑材料的组成和结构上的差异,具有不同的温热特性(表7-2)。表示建筑草料温热特性的指标主要有导热性和蓄热性。

表 7-2 常用建材的容重、导热系数和蓄热系数

材料	容重 (kg/m³)	导热系数 [W/(m·℃)]	蓄热系数 [W/(m²·℃)]
夯实草泥或黏土墙	2 000	0.93	10.57
草泥	1 000	0.35	5.11
土坯砖墙	1 600	0.70	9.18
普通黏土砖	1 800	0.81	9.65
多孔砖(60 孔)	1 300	0.58	6.97
空心砖	1 000～1 500	0.46～0.64	5.55～8.02
硅酸盐砖	1 350	0.58	7.03
花岗岩	2 800	3.49	25.33
钢筋混凝土	2 400	1.38	14.93
矿渣混凝土	1 200	0.52	5.87

续表 7-2

材料	容重 (kg/m^3)	导热系数 [(W/(m·℃)]	蓄热系数 [(W/(m^2·℃)]
泡沫混凝土	600	0.21	2.57
加气混凝土	500	0.12	—
矿渣砖	1 400	0.58	6.68
膨胀珍珠岩混凝土	450	0.07	2.32
石棉水泥板或块	1 900	0.35	6.33
石棉水泥隔热板	300	0.09	1.30
木纤维板	600	0.16	4.18
松及云杉垂直木纹	550	0.35	4.18
松及云杉平行木纹	550	0.17	5.87
木锯末	250	0.09	2.03
稻壳	250	0.21	8.38
芦苇	400	0.14	2.43
稻草	320	0.09	1.80
稻草板	300	0.11	1.83
建筑用毛毡	750	0.06	1.09
沥青、油毡、油毡纸	600	0.17	3.31
锅炉炉渣	700	0.22	2.01
煤灰	750	0.22	2.91
玻璃棉	200	0.06	0.84
聚苯乙烯泡沫塑料	35	0.05	0.30
铝箔纸板	160	0.06	1.01
橡皮	2 200	0.041	0.30
矿棉	50～200	0.04～0.05	—
水(0℃)	1 000	0.56	—
水(20℃)	998	0.59	—
冰(0℃)	917	2.21	—
雪	100	0.07	—

1. 导热性

表示由物体(材料)的一侧表面通过本身厚度向另一侧传递的能力。材料的导热性越强,保温隔热能力越弱。一般常用导热系数表示材料导热性能的高低。

导热系数(λ)是当物体厚度是 1 m,两表面温差是 1℃·h,1 h 内通过 1 m^2 面积传导的热量,单位是 W/(m·℃)。材料的导热性决定于材料的成分、构造、孔隙率、含水量及发生热传导时的温差等因素。导热系数在 0.12 以下的材料称之为隔热材料。

2. 蓄热性

建筑材料贮藏热的能力称之为蓄热性,常用蓄热系℃数来衡量。

蓄热系数(S)是指当物体表面温度波动 1℃时,1 m^2 外围护结构在 24 h 内吸入或散发的热量,单位是 W/(m^2·℃)。材料的蓄热系数越大,吸收和容纳的热量越多,一般在炎热地区选择蓄热系数大的材料有利。

(二)建筑材料的空气特性

建筑材料的保温性能与强度与其空气特性有关。空气特性常用间接指标容重表示。容重是指材料在自然状态下单位体积的重量,单位是 kg/m^3。容重反应材料的孔隙状况,容重小的材料孔隙多,其中充满空气,空气的导热系数低,仅为 0.023。所以,容重小的材料多孔、轻质,保温隔热性能好。

透气性也是衡量材料保温隔热性能的一个指标,空气的隔热作用只有当其处于相对稳定状态时才能表现出来,因此,连通的、粗孔的材料保温隔热能力不如封闭的、微孔的材料好。

(三)建筑材料的水分特性

建筑材料的热工特性受其水分特性的影响。当材料孔隙中的空气被水分取代时,由于说的导热系数为 0.5,是空气的 24 倍,故潮湿材料的导热能力显著增大。建筑材料的水分特性常用吸水性、吸湿性、透水性和耐水性衡量。

1. 吸水性

指材料在水中吸收水分、并自水中取出时保持这些水分的能力。孔隙率越大，吸水性越强。但封闭孔隙水分不易渗入；粗大孔隙水分不易存留。建筑上宜选吸水性低的材料。

2. 吸湿性

当周围空气的湿度变化时，材料的湿度也随着变化的性质。材料的吸湿性大小决定于材料本身的组织结构、化学成分及空气的温湿度，温度高、湿度大、物体表面孔隙多时吸湿性高。建筑上宜选吸湿性低的材料。

3. 透水性

材料在水压力作用下能使水透过的性质。孔隙率大以及连通开口孔隙多时透水性较大。猪舍地面尤其应注意选透水性低的材料。

4. 耐水性

材料在长期饱和水作用下，强度不降低或不严重降低的性质。猪舍的墙基、墙角、地面应选耐水性强的材料。

上述几种特性只涉及材料的一些物理性质，选材时还应注意材料的机械性质，如强度、弹性、韧性、硬度及耐磨性等，综合平衡，恰当选择，实际中有时需要几种材料结合使用。

二、猪舍建筑的气候分区

不同地区由于气候特点的差异，设计修建猪舍时应选择适宜的形式，不可强求一律。在此介绍民用建筑的气候分区（5 个区），供设计猪舍时参考。Ⅰ区为严寒区，1 月份平均气温在 −15℃以下，猪舍应根据防严寒要求进行设计，宜采用保温墙和保温屋顶、无窗或有窗密闭式猪舍；Ⅱ区为寒冷区，1 月份平均气温在 −5～15℃，应以防寒为主兼顾防暑，宜采用保温墙和保温屋顶、有窗密闭式猪舍，种猪及后期育肥猪也可采用半开放式；Ⅲ区为冬冷夏凉区，1月份平均气温在－5～0℃，7月份平均气温在25℃左右，既应注意防寒，又要注意防暑，宜采用普通砖墙，保温或隔热屋顶，除分娩舍及保育舍采用有窗密闭式外，其他猪舍可采用半开放式或开放式；Ⅳ为冬冷夏热区，1月份平均气温在0～5℃，7月份平均气温在27～29℃，全年空气湿度大，应以防暑为主，兼顾防寒，宜采用普通墙体，加大开窗面积，隔热屋顶，除分娩舍与保育舍外，其他猪舍可采用半开放式或开放式猪舍；Ⅴ区为炎热区，1月份平均气温在5℃以上，7月纷纷平均气温在28～30℃，空气湿度大，猪舍应根据防暑要求设计，一般均可采用开放式或凉棚式，屋顶隔热，加长出沿。

三、猪舍形式

猪舍按墙壁结构、窗户有无和猪栏排列分为多种形式。

（一）按猪舍屋顶结构分类

按猪舍屋顶结构将猪舍分为单坡式、双坡式、联合式、平顶式、拱顶式、钟楼式、半钟楼式等（图7-4）。

1. 单坡式

一般跨度较小，多用于单列式猪舍，优点是结构简单，屋顶材料较小，施工简单，造价低，舍内通风、光照较好；缺点是冬季保温差，土地面积及建筑面积利用率低。适合于养猪专业户和小规模猪场。

2. 双坡式

双坡式可用于各种跨度的猪舍，一般用于跨度较大的双列式或多列式猪舍。双坡式屋顶由于跨度大，其优点是保温好，若设吊顶保温性能更好，并节约土地面积及建筑面积；缺点是对建筑材料要求高，投资稍大。我国规模较大的猪场多采用此种类型。有些猪场采用瓦顶往板下直接附以聚苯乙烯泡沫板，降低荷载，增强保

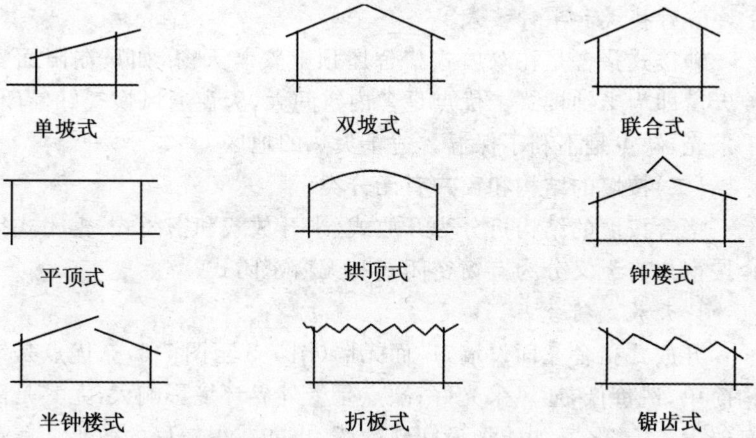

图 7-4 猪舍屋顶结构的形式

温；也有采用石棉瓦顶下直接附以聚苯乙烯泡沫板，也能达到较好的保温隔热效果，只是石棉瓦的利用年限较短。

3. 联合式

联合式猪舍的特点介于单坡和双坡式屋顶之间。

4. 平顶式

平顶式多为预制板或现浇钢筋混凝土屋面板，可适于各种跨度。该种屋顶只要做好屋顶保温和防水，合理施工，使用年限长，使用效果较好；缺点是造价较高。

5. 拱顶式

拱顶式猪舍可用砖拱或钢筋混凝土壳拱，现已很少采用。但北方一些大型猪场最近几年采用钢管做成拱形架，架上铺聚苯乙烯泡沫板，做好防水处理的大跨度轻型建筑材料猪舍，优点是节省木材和砖瓦，造价较低，能满足养猪生产需要的保温隔热要求。缺点是易燃、易遭鼠咬，应注意防火、防鼠。

6. 钟楼式和半钟楼式

钟楼式猪舍是在双坡式猪舍屋顶上安装天窗，如只在阳面安装天窗即为半钟楼式。优点是舍内空间大，天窗通风换气好，有利于采光；缺点是不利于保温。适于炎热的地区。

(二)按墙的结构和窗户有无分类

猪舍按墙的结构可分为开放式、半开放式和密闭式，密闭式猪舍按窗户有无又分为有窗密闭式和无窗密闭式。

1. 开放式猪舍

开放式猪舍三面设墙，一面无墙(图 7-5 至图 7-8)。优点是结构简单，造价低，通风采光好；缺点是受外界环境影响大，尤其是防寒能力差，在冬季如能加设塑料薄膜，也能获得较好的效果。养猪专业户可采用该种类型猪舍，冬季加设塑料薄膜。

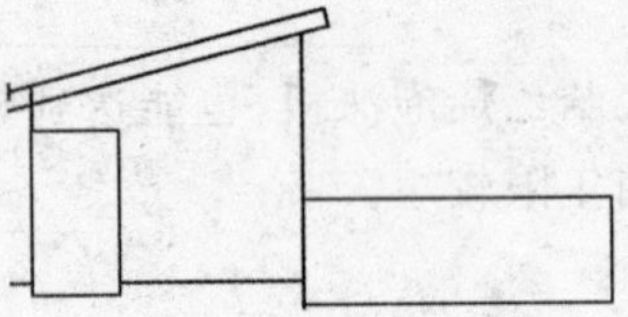

图 7-5 单列单坡开放式猪舍 A

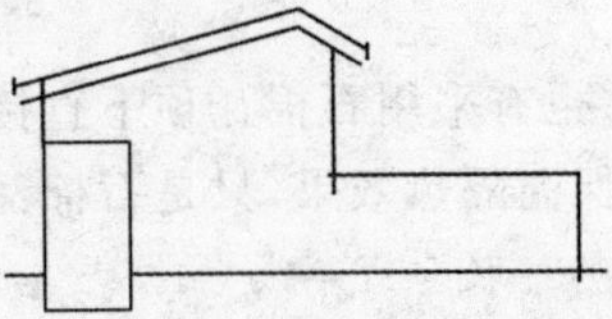

图 7-6 单列不等坡开放式猪舍

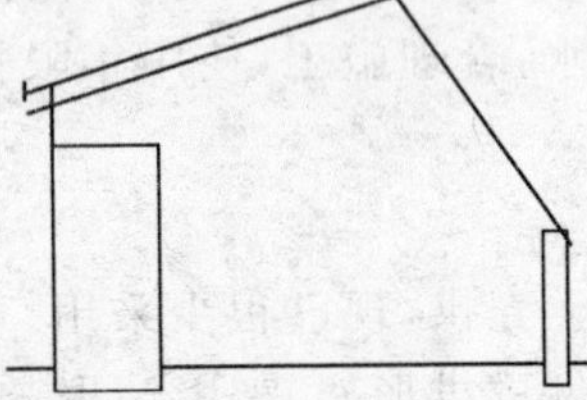

图 7-7 单列单坡开放式猪舍 B

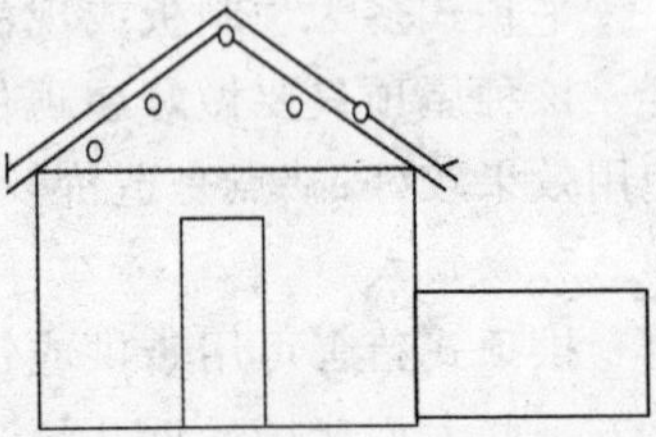

图 7-8 双列双坡开放式猪舍

2. 半开放式猪舍

半开放式猪舍三面设墙，一面设半截墙。其使用效果与开放式猪舍接近，只是保温性能略好，冬季也可采用加设草帘或塑料薄膜。

3. 有窗密闭式猪舍

该种猪舍四面设墙，纵墙上设窗，窗的大小、数量和结构可依当地气候条件来定。寒冷地区可适当少设窗户，南窗宜大，北窗宜小，以利保温。为解决夏季通风降温，夏季炎热地区可在两纵墙上设地窗，屋顶设通风管或天窗。有窗式猪舍的优点是保温隔热性能较好，并可根据不同季节启闭窗扇，调节通风和保温隔热，使用效果较好，特别是防寒效果较好；缺点是造价较高。它适合于我国大部分地区，特别是北方地区以及分娩舍、保育舍和幼猪舍。

4. 无窗密闭式猪舍

该种猪舍墙上只设应急窗，仅供停电时用。舍内的通风、光照、采暖等全靠人工设备调控。优点是能给猪提供适宜的环境条件，有利于提高猪的生产性能和劳动生产率；缺点是猪舍建筑、设备等投资大，能耗和设备维修费用高。因而在我国还不十分适用。

(三)按猪舍排列分类

猪舍按猪栏的排列又可分为单列式、双列式和多列式猪舍。

1. 单列式猪舍

单列式猪舍的猪栏排成一列，靠北墙设饲喂走道，舍外可设或不设运动场，跨度较小，一般为 4～5 m。优点是结构简单，建筑材料要求低，采光及舍内空气环境较好；缺点是土地面积及建筑面积利用率低，冬季保温能力差。该种方式适于养猪专业户和种猪舍。

2. 双列式猪舍

双列式猪舍猪栏排成两列，中间设一走道，或在南北墙再各设一条清粪通道，一般跨度在 7～10 m。优点是土地面积及建筑面积利用率较高，管理方便，保温性能好；缺点是北侧猪栏采光差，圈舍易潮湿。规模化猪场多采用双列式猪舍(图 7-9，图 7-10)。

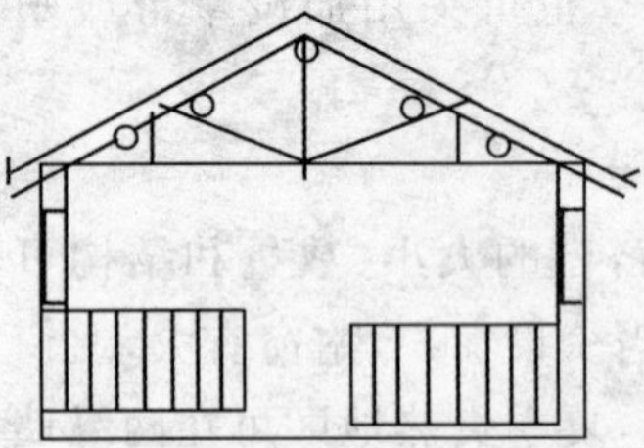

图 7-9 双列双坡有窗密闭式猪舍

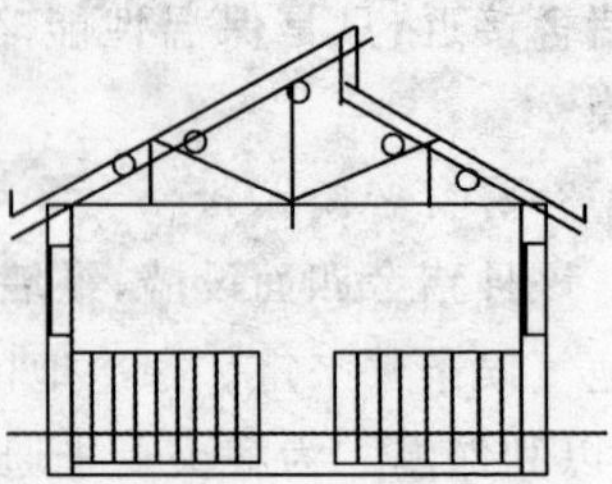

图 7-10 双列半钟楼有窗密闭式猪舍

3. 多列式猪舍

多列式猪舍猪栏排成三列、四列或更多列，一般跨度在 10 m 以上。优点是土地面积及建筑面积利用率高，管理方便，保温性能好；缺点是采光差，圈舍阴暗潮湿，空气环境差，并要求辅以机械通风。一般情况下不宜采用。

(四)按猪舍的用途分类

不同种类的猪群对猪舍环境条件要求不同，猪栏的形式、大小、饮水、清粪等要求也各不相同，很难用一种方式满足各种猪群的需要。传统养猪生产最简单的只有一种通用猪舍，各类猪群都在同一种猪舍内饲养，这种猪舍没有什么专用设备，造价低。但不能满足各类猪群对环境的要求，不利于防疫，不能按科学技术要求进行饲养管理，不便于规模经营，不利于专业化、工厂化生产。随着现代化养猪的发展，猪舍建筑常根据不同种类的猪群对环境条件的要求，将猪舍划分为 4 类，即配种妊娠舍、分娩舍、保育舍、生长育肥舍。猪舍的结构、样式、大小、保温隔热性能等都有所不同。一个猪场需建哪几种猪舍、各建多少，要根据猪场的性质、规模、预期生产水平等而确定。

四、猪舍基本结构

猪舍由各部结构组成，包括基础、地面、墙壁、门窗、屋顶。

（一）基础

基础是猪舍的地下部分，地基是基础下面承受荷载的那部分土层。作用是承载猪舍自身、猪群、设备、积雪等的重量。要求有足够的强度和稳定性。

沙、碎石、岩性土层、沙质土层是良好的天然地基，黏土、黄土、富含有机质的土层不宜作地基。

基础的宽度一般应比墙宽 10～15 cm，埋置深度应根据猪舍总荷载、地基承载力、土层冻胀程度及地下水情况而定。北方在膨胀土层建猪舍时，应将基础埋置在土层最大冻结深度以下。为防止地下水通过毛细管作用浸湿墙体，应避免将基础埋置在地下水中，在基础墙的顶部应设防潮层。

（二）地面

猪舍地面是猪只采食、活动、躺卧和排粪尿的地方，地面的好坏对猪舍空气环境、卫生状况及猪的生产性能有很大影响，应给予高度重视。猪舍地面要求坚实、保温、不透水、平整、不滑、便于清扫和清洗消毒。但不同种类的地面各有其优缺点（表 7-3），土质地面和砖地面保温性能好，但不坚固、易渗水，不便于清扫和消毒；水泥地面坚固耐用、平整，易于清扫和消毒，但保温性能差；沥青地面享有较高的评价，但因其有毒，在生产中很少采用。目前猪舍多采用混凝土地面。一般厚度在 6～8 cm，坡度 3%～4%，以利于尿水排除，保持地面干燥；表面抹光，制成防滑菱形小沟。生产上还可在不同部位采用不同的材料，如睡卧处采用木板；不同层次选用不同的材料；睡卧处铺设垫草、胶皮、木板、塑料等厩垫，以获得较好的使用效果。

表 7-3　不同种类地面的优缺点

地面种类	坚实性	不透水性	不导热性	柔软程度	不滑程度	可消毒程度	总分
夯实土地面	1	1	3	5	4	1	15
夯实黏土地面	1	2	3	5	4	1	16
夯实碎石地面	2	3	2	4	4	1	16
石地	4	4	1	2	3	3	17
砖地	4	4	3	3	4	3	21
混凝土地面	5	5	1	2	2	5	20
木地面	3	4	5	4	3	3	22
沥青地面	5	5	2	3	5	5	25
炉渣上铺沥青	5	5	4	4	5	5	28

(三)墙壁

墙是猪舍的主要结构,它将猪舍与外界隔开。按墙的功能分为承重墙和隔墙,起承受屋顶荷载的墙为承重墙,起分隔舍内成间的墙称为隔墙。按墙的位置分为外墙和内墙,直接与外界接触的墙统称为外墙,不与外界接触的墙为内墙。按墙长短又可分为纵墙和山墙(端墙),与猪舍长轴平行的墙称为纵墙,与猪舍长轴垂直的墙称为山墙。各种墙的功能不同,设计施工中的要求也不同。一般要求坚固、耐用,结构简单,墙内表面便于清洗和消毒,一般地面以上 1.0～1.5 m 墙面应设水泥墙裙;同时,应选择良好的保温隔热材料,确定适宜的墙体厚度,以保证墙体良好的保温隔热性能。我国墙体的材料多采用黏土砖,吸水能力与毛细管作用较强,为保温、防潮和便于消毒,墙的内表面宜抹水泥砂浆并用白灰水粉刷,为了加强保温,可将墙砌成空心的,内填保温材料;外墙墙身与舍外地面接近的部位称为勒脚。为防止雨水及地下水对墙体的浸蚀,应用水泥抹面以防潮。

(四)门窗

门供人、猪、手推车出入，一般宽 1.0～1.5 m，高 2.0～2.4 m。外门的设置应应避开冬季主风向，必要时加设门斗。猪舍门应向外开，不设木槛，不应有台阶，为便于推车出入，门外可设坡道。

窗户主要用于采光和通风换气。窗户面积大有利于采光和换气，但冬季散热和夏季向舍内传热也多，不利于冬季保温和夏季防暑。窗户的数量、大小、形状、位置应根据当地气候条件合理设计。一般在寒冷地区的设窗原则是：在保证采光要求的前提下尽量少设窗户，并注意考虑夏季通风；在炎热地区可适当多设，为防暑还可设地窗以利夏季通风。

(五)屋顶

屋顶其遮挡风雨和保温隔热的作用。要求坚固、耐用、不透风、不漏雨、保温隔热。屋顶面积大于墙壁，而且热空气上升，故热量易从屋顶散失，夏季接受强烈的太阳辐射，易将辐射热传到舍内，所以，屋顶的保温隔热设计对于冬季保温、夏季防暑具有重要意义。在寒冷地区，设置天棚(或叫顶棚、天花板)是一个重要的防寒保温结构。天棚是猪舍与屋顶下空间隔开的结构，要求屋顶与天棚的结构严密、不透气，天棚的材料可选用隔热的合成材料如玻璃棉、聚苯乙烯泡沫塑料、聚胺酯板等。在寒冷地区，为减少外围护结构的散热面积和供热空间，檩高 2.2～2.5 m 为宜，无顶棚的坡式屋顶还可适当降低高度，以改善舍内温度状况；在冬冷夏热地区，檩高 2.5～3.0 m 为宜；在炎热地区，檩高 2.5～3.5 m 为宜。

五、猪舍建筑与设备设计参数

建造规模化、集约化、工厂化猪场时，必须考虑各种猪舍的特点，选择适宜的温度、湿度、光照指标。根据不同猪群的特点，确定不同猪栏的高度和面积，对猪舍设备进行合理的设置，以保证工艺流程顺利进行。主要猪舍建筑参数列于表 7-4 至表 7-10 供参考。

表 7-4 各类猪舍环境参数

猪舍种类	舍温（℃）	照度（lx）	采光系数	相对湿度（%）	噪声（dB）	调温风速（m/s）
种猪舍	16～18	110	1/10	75	50～70	0.3
分娩舍	18～22	110	1/10	75	50～70	0.3
分娩舍仔猪	28～32	110	1/10	75	50～70	0.3
生长猪舍	18～22	80	1/11	75	50～70	0.3
育肥猪舍	16～20	20	1/22	75	50～70	0.3

表 7-5 猪栏面积等参数

项目	体重（kg）	每头猪最小占地面积（m²）				食槽宽（cm）	每栏头数
		实体地面	部分漏缝	全部漏缝	网上饲养		
断乳仔猪	4～11	0.37	0.26	0.22	0.20	12～15	10～30
	11～18	0.56	0.28	0.26	0.24	15～20	10～30
生长育肥	18～45	0.74	0.37	0.35	0.33	22～27	10～30
	45～68	0.93	0.56	0.56	0.56	27～35	10～30
	68～100	1.12	0.74	0.74	0.70	27～35	10～30
后备母猪	113～116	1.40	1.12	1.12	1.12	50～60	4～12
空怀母猪	136～227	1.67	1.40	1.40	1.40	50～60	4～12
初产母猪	—	1.58	1.30	1.30	1.30	50～60	4～10
经产母猪	—	1.67	1.40	1.40	1.40	50～60	4～10

表 7-6 猪场需水量标准

项目	需水量[L/(头·天)]	
	总需水量	饮水量
种公猪	25	10
空怀及妊娠母猪	25	12
带仔哺乳母猪	60	20
断乳仔猪	5	2
后备猪	15	6
育肥猪	15	6

表 7-7 各种猪群平均每日粪尿排泄量

猪别	粪尿混合(L/头)	粪(kg/头)
种猪	10	3
后备猪	9	3
哺乳母猪	14	2.5
仔猪	1.5	1
保育猪	3	1
生长育肥猪	6	2.5

朱尚雄.中国工厂化猪场.农业出版社,1990.

表 7-8 粪沟冲洗水深及流速参数

项目	水流速度(m/s)	开始水深及持续时间	冲洗次数
开放式沟	0.61	3.81 cm 10 s	2 h 1 次
板条下沟	0.63	6.35 cm 10 s	每天冲 4 次

表 7-9 粪尿沟底的最小斜度

开始水流深度(cm)	开放式粪沟底(%)	漏缝式地下沟底(%)
3.81	2.0	2.0
5.08	1.5	2.0
6.35	1.25	1.5
7.62	1.0	1.25

表 7-10 每天冲洗水总量

猪群类别	日冲水量(L/头)
母猪及1窝仔猪	132.65
哺乳仔猪	15.16
育肥猪	56.85
妊娠母猪	94.75

六、不同用途猪舍建筑设计及内部布置

不同年龄、不同性别、不同生理阶段的猪对环境及设备的要求不同，设计猪舍应根据猪的生理特点和生物学特性，合理布置猪栏、走道和合理组织饲料、粪便运送路线选用适宜的生产工艺和饲养管理方式，充分发挥猪只的生长潜力，同时提高劳动效率。

(一)配种舍

配种舍包括公猪栏和待配母猪栏，小规模猪场常分别建公猪舍和母猪舍，采用单列带运动场开放式(图 7-11 至图 7-14)。在集约化、工厂化猪场，为了管理方便，常将公猪栏和待配母猪栏设置在同一栋猪舍，叫配种舍。配种舍可设计成双列式和多列式，母猪

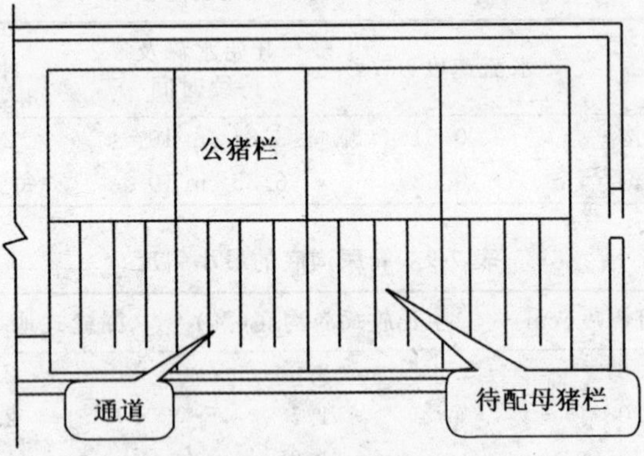

图 7-11 配种栏配置方式一

可采用圈养，每圈 4～10 头，面积 1.4～1.7 m^2；也可采用限位栏饲养，每栏长 2.1 m，宽 0.6 m。公猪采用圈养，每头一圈，每圈长 3 m，宽 2.4 m。年出栏 1 万头商品猪猪场需公猪栏 21～25 个，母猪 108 头，限位栏 135 个。常见的双列式猪栏（母猪为限位栏）配置方式见图 7-11。

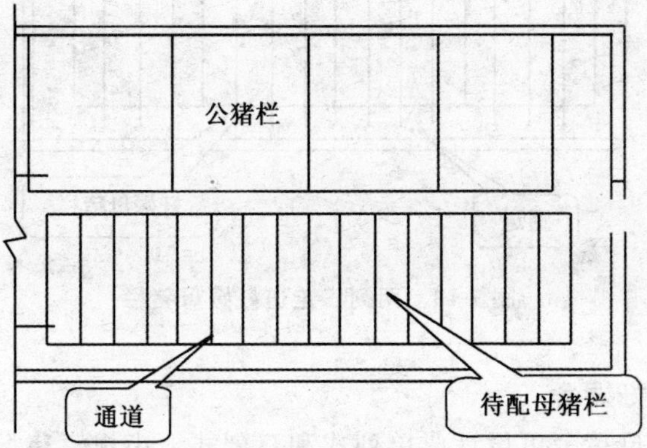

图 7-12　配种栏配置方式二

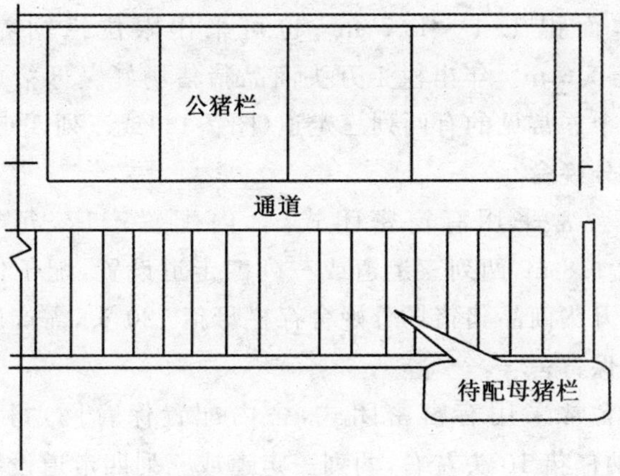

图 7-13　配种栏配置方式三

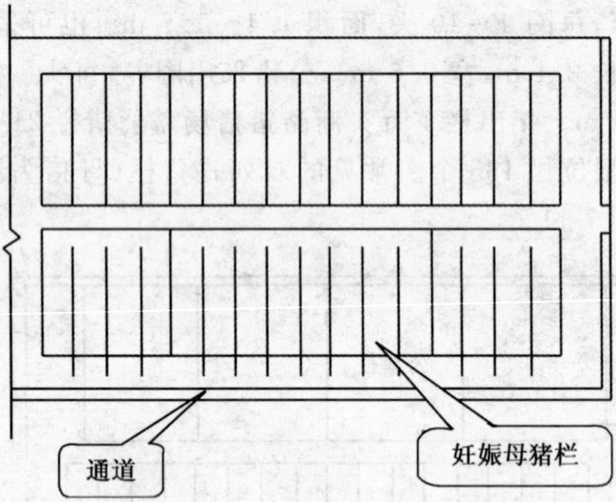

图 7-14 两列三走道妊娠母猪栏

(二)妊娠舍

妊娠母猪舍可设计成单列式和双列式。小规模猪场可采用单列带运动场开放式(猪舍样式图 7-5,图 7-6,图 7-7)。在集约化、工厂化猪场,可设计成双列式或多列式。母猪可采用圈养,每圈 4～10 头,面积 1.4～1.7 m²;也可采用限位栏饲养,每栏长 2.1 m,宽 0.6 m。年出栏 1 万头商品猪猪场妊娠母猪 288 头,限位栏 312 个。常见的有两列三走道(图 7-14)或三列四走道。

(三)分娩舍

分娩舍常采用有窗密闭式,舍内配置产床,每个产床长 2.2 m,宽 1.8 m,两列三走道或三列四走道设置,配备供暖设备。年出栏 1 万头商品猪猪场分娩舍存栏母猪 120 头,需产床 144 张。

(四)保育舍

保育舍常采用有窗密闭式,舍内配置保育网,每个保育网 3 m²,容纳仔猪 10 头左右,两列三走道或三列四走道设置,配备供暖设备。年出栏 1 万头商品猪猪场保育舍存栏断乳仔猪 1 000 头左右,需保育网 144 张。

(五)生长育肥舍

生长育肥舍可设计成单列式和双列式。小规模猪场可采用单列开放式(猪舍样式图 7-5,图 7-6,图 7-7)。在集约化、工厂化猪场,可设计成双列式(图 7-9,图 7-10)或多列式。采用地面、部分漏缝或全漏缝地板群养,每圈 10～20 头,面积 0.35～1.1 m^2/头。年出栏 1 万头商品猪猪场生长育肥猪存栏 2 700 头左右,需 384 栏(每栏 10 头左右)。常见的为两列中间一走道设置。

第三节 猪场设备

为了给猪创造良好环境、提高劳动生产率,集约化、工厂化养猪必须配备相应的设备。主要有猪栏、漏缝地板、饲料供给及饲喂设备、供水及饮水设备、供热保温设备、通风降温设备、清洁消毒设备、粪便处理系统及设备、检测仪器及用具、运输器具等。除供热保温设备和通风降温设备在猪舍内环境调控部分介绍外,其他设备将在此介绍。

一、猪栏

为了减少猪舍占地面积,便于饲养管理和改善环境,在不同的猪舍要配置不同的猪栏,按照猪栏的结构将猪栏分为实体猪栏、栏栅式猪栏、母猪限位栏、高床产仔栏、高床育仔网。有的按其用途将猪栏分为公猪栏、配种栏、妊娠栏、分娩栏、保育栏、生长育肥栏等。

(一)栅栏式猪栏(图 7-15)

即猪舍内圈与圈之间以 0.8～1.2 m 高的栅栏相隔,栅栏通常由钢管、角钢、钢筋等焊接而成。优点是猪栏占地面积小;夏季通风好,有利于防暑;便于饲养管理。缺点是钢材耗量大,成本稍高；相邻圈之间接触密切，不利于防疫。现代化猪场的猪栏多为栅栏式，适用于公猪、母猪及生长育肥猪群养。

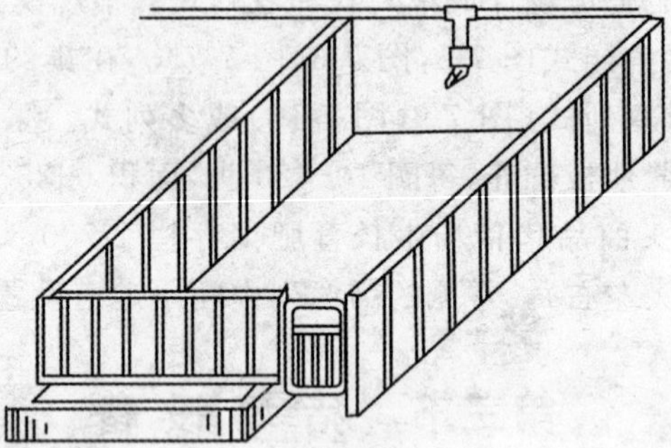

图 7-15 栅栏式猪栏

(二)实体猪栏(图 7-16)

即猪舍内圈与圈之间以 0.8～1.2 m 高的实体墙相隔，材料常用钢筋混凝土预制板、半砖厚每面抹水泥砂浆等。优点是便于就地取材，造价低；相邻圈之间相互隔断，有利于防疫。缺点是猪栏占地面积大；夏季通风不好，不利于防暑；不便于饲养管理。适用于专业户及小规模猪场饲养公猪、母猪及生长育肥猪。

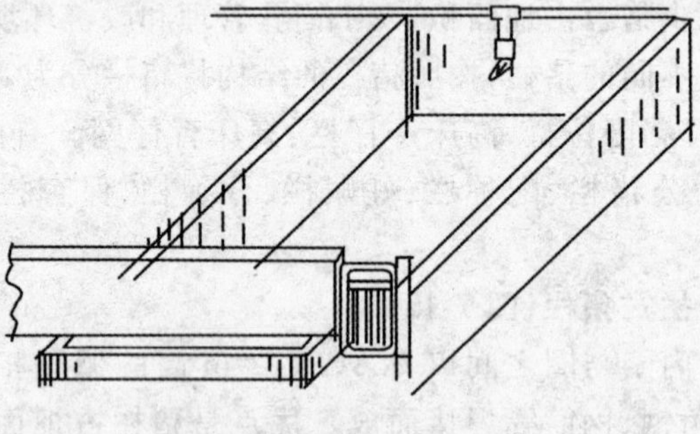

图 7-16 实体式猪栏

(三)综合式猪栏(图 7-17)

即猪舍内圈与圈之间以 0.8～1.0 m 高的实体墙相隔,沿正面通道正面用栅栏。该种猪栏集中了栅栏式猪栏和实体猪栏的优点,即适于专业户及小规模猪场也适于现代化猪场饲养公猪、母猪及生长育肥猪。

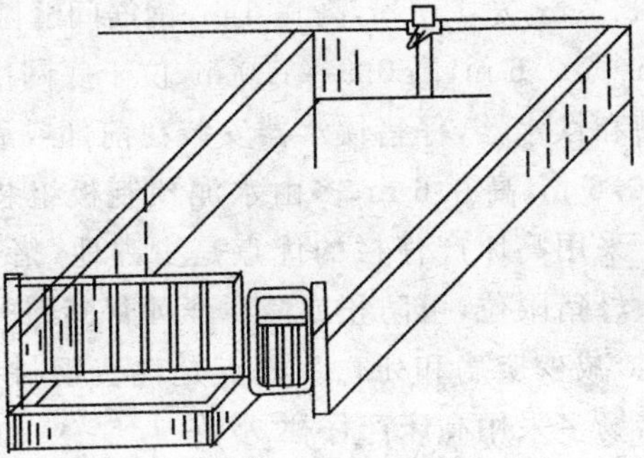

图 7-17　综合式猪栏

(四)母猪单体限位栏(图 7-18)

单体限位栏用钢管焊接而成,由两侧栏架和前门、后门组成,前门处安装食槽和饮水器,栏长 2.1 m,宽 0.6 m,高 0.96 m。单体限位栏用于饲养空怀及妊娠母猪,与以圈为单位群养母猪相比,优点是便于观察发情,便于配种;避免母猪采食争斗,易掌握喂量,控制膘情;缺点是限制了母猪运动,容易出现四肢软弱或肢蹄病。适用于集约化和工厂化养猪。

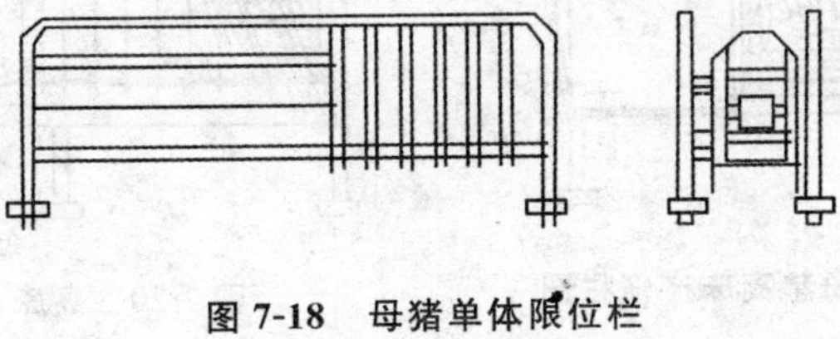

图 7-18　母猪单体限位栏

（五）高床产仔栏（图 7-19）

用于母猪产仔和哺育仔猪。由底网、围栏、母猪限位架、仔猪保温箱、食槽组成。底网多采用直径 5 mm 的冷拔圆钢编织的编织网或塑料漏缝地板，长 2.2 m，宽 1.7 m，下面附以角钢和扁铁，靠腿承起，离地 20 cm 左右；围栏为底网四面侧壁，用钢管和钢筋焊接而成，长 2.2 m，宽 1.7 m，高 0.6 m，钢筋间缝隙 5 cm；母猪限位架长 2.2 m，宽 0.6 m，高 0.9～1.0 m，位于底网中间，限位架前安装母猪食槽和饮水器，仔猪饮水器安装在前部或后部；仔猪保温箱长 1 m，宽 0.6 m，高 0.6 m，多由水泥预制板组装而成，置于产栏前部一侧。采用高床产仔栏的优点是少占地，猪舍面积利用率高；便于管理；母猪限位，可防止或减少压死仔猪；仔猪不与地面接触，干燥、卫生，减少疾病和死亡。缺点是耗费钢材量大，投资高。目前规模化猪场多采用高床产仔栏。

（六）高床育仔网（图 7-20）

主要用于饲养 4～10 周龄的断乳仔猪，其结构与高床产仔栏的底网及围栏雷同，只是高度为 0.7 m，离地面 20～40 cm，面积根据猪群大小而定，一般长 1.8 m，宽 1.7 m，饲养断乳仔猪 10 头左右 。优点是少占地，猪舍面积利用率高；便于管理；仔猪不与地面

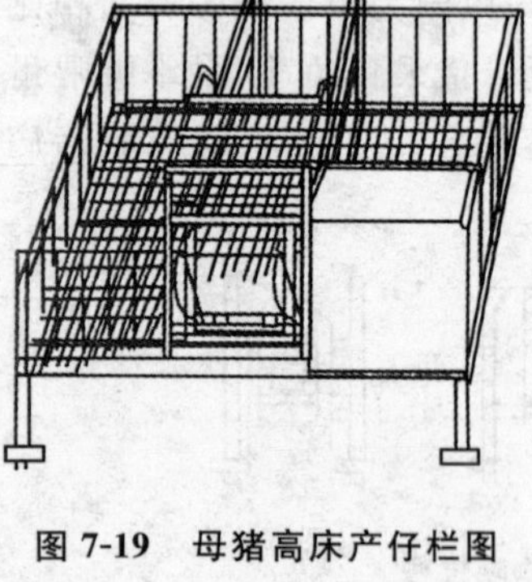

图 7-19 母猪高床产仔栏图

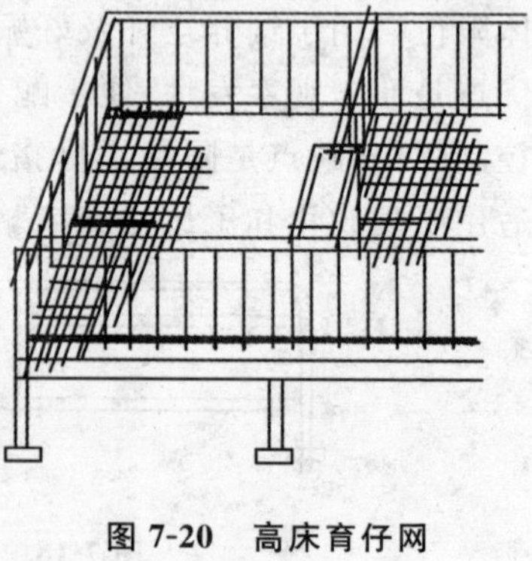

图 7-20 高床育仔网

接触，干燥、卫生，减少疾病和死亡。缺点是耗费钢材量大，投资高。目前规模化猪场多采用高床育仔网培育仔猪。

二、漏缝地板

为了保持猪舍内清洁卫生，改善环境条件，减少人工清扫，规模化猪场普遍采用粪尿沟上敷设漏缝地板，要求漏缝地板应耐腐蚀，不变形，表面平，不滑，导热性小，坚固耐用，漏粪效果好，易冲洗消毒，适应各种日龄的猪行走站立，不损伤猪蹄。漏缝地板的种类主要有钢筋混凝土板条、板块、钢筋编织网、钢筋焊接网、塑料板块、铸铁块等。

钢筋混凝土板条、板块（图 7-21，图 7-22）　其规格可根据猪栏及粪沟设计要求而定，漏缝断面呈梯形，上宽下窄，便于漏粪，主要结构参数见表 7-11。此种地面的优点是造价低。缺点是对材料及施工要求高，达不到要求时常出现漏粪效果不佳，损伤猪蹄等现象。适用于公猪栏、母猪栏和生长育肥栏。

表 7-11　不同材料的漏缝地板结构尺寸　mm

猪群类别	铸铁		钢筋混凝土	
	板条宽	缝隙宽	板条宽	缝隙宽
幼猪	35～40	14～18	120	18～20
肥猪、妊娠母猪	35～40	20～25	120	22～25

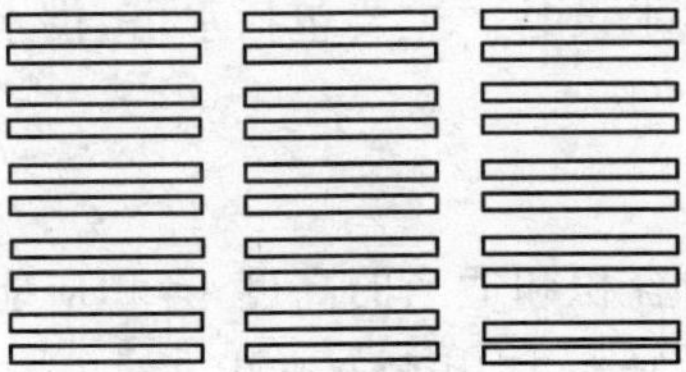

图 7-21　水泥漏缝地板块

图 7-22　水泥漏缝地板条

钢筋编织网(图 7-23) 由直径 5 mm 的冷拔圆钢编织成 1 cm 宽、4～5 cm 长的缝隙网片,再与角钢、扁钢焊合而成。钢筋编织网漏粪效果好,猪只行走不滑,使用效果好,适于分娩母猪的高床产仔栏及断乳仔猪的高床育仔网。

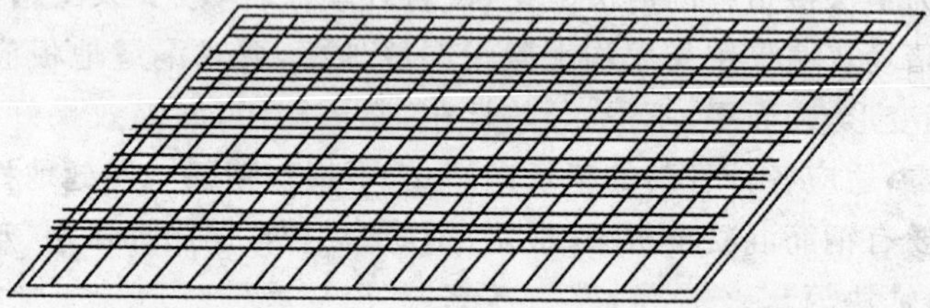

图 7-23 钢筋编织网漏缝地板

塑料板块可用于高床产仔栏、高床育仔网及母猪、生长育肥猪的粪沟上敷设,热工性能上优于金属编织网,使用效果较好,只是造价高。

铸铁块与钢筋混凝土板条、板块相比,使用效果好,但造价高,适用于高床产仔栏母猪限位架下及公猪、妊娠母猪、生长育肥猪的粪沟上敷设。

三、供水及饮水设备

猪场用水量较大,需配备供水饮水设备。主要包括水塔、供水管道和自动饮水器等。

(一)水塔

水塔是蓄水的设备,要有相当的容积和适当的高度,容积应能保证猪场 2 天左右的所水量,高度应比最高用水点高出 1～2 m,并考虑保证适当的压力。

(二)供水管道

要求设计合理，主管道要有相当的截面积，并防止滴漏、跑水和冬季冻结。

(三)自动饮水器

猪用自动饮水器的种类很多，主要包括鸭嘴式、乳头式、杯式、连通式等。猪场应用最普遍的是鸭嘴式自动饮水器。

鸭嘴式自动饮水器主要由阀体、阀杆、密封圈、回位弹簧、塞盖、滤网等组成。其中阀体、阀杆选用黄铜或不锈钢材料，弹簧、滤网为不锈钢材料，塞盖为工程塑料。猪饮水时嘴含饮水器，咬压下阀杆，水从阀杆发挥密封圈的间隙流出，进入猪的口腔，当猪嘴松开后，靠回位弹簧使阀杆复位，出水间隙被封闭，水停止流出。鸭嘴式自动饮水器结构简单，耐腐蚀，密封好，不漏水，寿命长，水流出时压力小，流速较低，符合猪只饮水要求。常用鸭嘴式自动饮水器有大小两种规格，小型的流量为 2～3 L/min，适于哺乳仔猪和断乳仔猪用，大型的为 3～4 L/min，适于生长育肥猪和公母猪用。鸭嘴式自动饮水器的主要规格、性能指标及安装高度见表 7-12，表 7-13。

表 7-12　国产鸭嘴式自动饮水器规格与性能

型式及性能	鸭嘴式 9SZY-2.5	鸭嘴式 9SZY-3.5
适用范围	乳猪及断乳仔猪	生长育肥猪及种猪
外形尺寸(直径 mm×长 mm)	22×85	27×91.5
接头尺寸(mm)	G12.70	G12.70
流量(L/min)	2～3	3～4
适用水压(kg/cm^2)	<4	<4
可负担猪数量	10～15	5～10
重量(kg)	0.1	0.2

表 7-13 鸭嘴式自动饮水器安装高度

猪体重(kg)	饮水器安装高度(cm)	
	水平安装	45°倾斜安装
断乳仔猪	10	15
5～15	25～35	30～45
5～20	25～40	30～50
7～15	30～35	35～45
7～20	30～40	30～50
7～25	30～45	35～55
15～30	35～45	45～55
15～50	35～55	45～65
20～50	40～55	50～65
25～50	45～55	55～65
25～100	45～65	55～75
50～100	55～65	65～75

朱尚雄.中国工厂化养猪实用新技术.农业出版社,1992.

四、饲料加工、供给及饲喂设备

猪场饲料的运输、饲喂工作约占工作总量的40%,为了提高劳动生产率,并将饲料定时、定量、无损地喂给猪只,必须配备相应的设备,尤其是对于集约化和工厂化猪场。其设备主要包括饲料加工机组、饲料运输车、贮料仓、饲料输送机、食槽、自动给料箱等。采用机械设备的种类、数量、程度等应根据猪场的规模、设计的现代化程度及当地的人力资源等条件来定。

根据猪场利用设备的程度,可分为以人工喂料为主和机械喂料为主两种。以机械喂料为主的方式是经饲料加工厂加工好的全价配合饲料,直接装入带绞龙的饲料罐车送到猪从生长区内,打入饲料贮存塔,然后用螺旋输送机输送到猪舍内的自动落料饲槽或食槽,供猪采食(图 7-24)。这种方式的优点是饲料保持新鲜,不受污染,减少包装装卸和散漏损失,节省劳力,提高劳动生产率。

缺点是投资大，对电的依赖性大。因此，目前只是在少数有条件的现代化猪场采用，而大多数猪场以人工喂料为主，采用袋装，人工送到猪舍，投到自动落料饲槽或食槽，供猪采食。

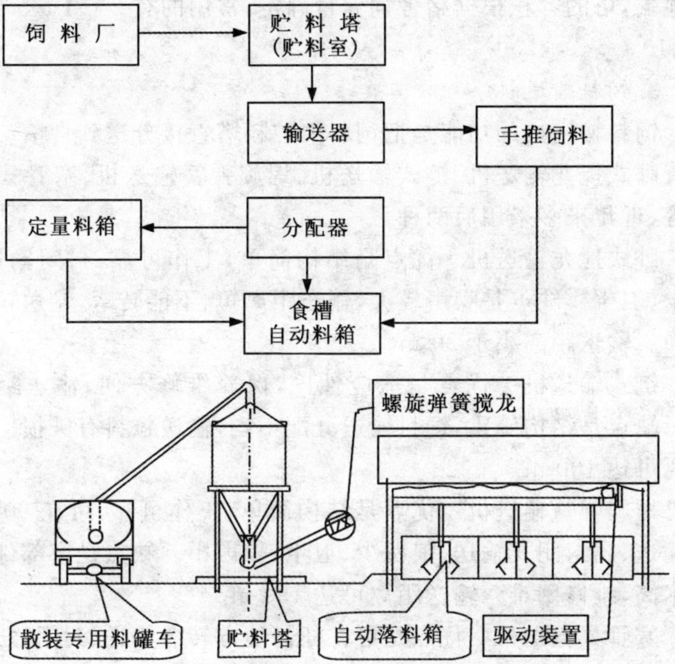

图 7-24　饲料贮存、输送和喂养的工艺流程

(一)机械喂料所需设备

1. 罐装饲料运输车

饲料车的功能是把饲料加工厂的全价配合料运送到猪场，并卸到贮料罐中。罐装饲料运输车是载重汽车上加装饲料罐而成，罐底有一条纵向搅龙，罐尾有一立式搅龙，其上有一条与之相连的悬臂搅龙，饲料通过搅龙的输送可卸入 7 m 高的饲料塔中。

2. 贮料塔

贮料塔多用1.5～3 mm的镀锌钢板压型组装而成，由4根钢管作支腿。塔体有进料口、上锥体、柱体和下锥体组成。进料口多在顶端，塔的容积根据猪舍饲养量确定，常用的有2 t、4 t、5 t、6 t、8 t、10 t等。

3. 饲料输送机

饲料输送机的功能是把饲料由贮料塔直接分送到食槽。其种类有卧式搅龙输送机、链式输送机、螺旋弹簧输送机、塞管式输送机等，近年来多采用后两种。

卧式搅龙输送机　优点是结构简单，工作可靠，封闭输送，浪费少、卫生。缺点是噪声较大，输送距离短，不能转弯，输送粒料有破损。输送距离小于30 m。

链式输送机　优点是适应性广，保养维修方便，输送距离较长。缺点是结构笨重，饲料输送分配不均，输送粒料有破损。输送距离可达100 m。

螺旋弹簧输送机　优点是结构简单、工作可靠，可在90°内自由输送、属封闭式输送，浪费少、卫生、噪声小。缺点是塞部件要求技术高，维修困难。输送距离可达150 m。

塞管式输送机　优点是可在任何地方转弯输送、封闭输送，浪费少，噪声低，输送距离长。缺点是塞部件要求技术高，维修困难。输送距离可达500 m。

4. 食槽

在养猪生产中，无论采用机械还是人共饲喂，都要选配好食槽。食槽又分为限量饲喂食槽和自动落料食槽。

限量饲喂食槽　根据所用材料分为金属限量饲喂食槽和水泥限量饲喂食槽。金属限量饲喂食槽多采用铸铁、不锈钢或厚钢板材料，主要用于产床上的母猪及哺乳仔猪，其主要尺寸见表7-14。水泥限量饲喂食槽多用混凝土浇筑而成，主要用于公猪、空怀及妊娠母猪、生长肥育猪，其主要尺寸见表7-15。

表 7-14 金属限量饲喂食槽主要尺寸

猪别	形状型号	材料	长(cm)	宽(cm)	高(cm)	重量(kg)
种猪	大	铸铁	40.0	30.5	50.0	23.0
	中	铸铁	32.0	30.5	34.0	18
	小	铸铁	30.0	30.5	30.0	12
	大	不锈钢	40.0	30.5	50.0	5
哺乳	圆形	铸铁		30.0	12.0	17.5
仔猪	长方形	铸铁	40.0	12.0	10.0	17.4
	长方形	不锈钢	40.0	12.0	10.0	0.4

表 7-15 水泥限量饲喂食槽主要尺寸 cm

猪别	高	宽	底厚	壁厚
仔猪	10～12	20	4	
生长猪	15～16	30	5	
育肥猪及种猪	20～22	40	6	4～5

自动落料食槽　根据所用材料分为金属自动落料食槽和水泥自动落料食槽。金属自动落料食槽多采用钢板材料，造价高，易生锈，使用寿命短，其主要尺寸见图7-25和表7-16。水泥自动落料食槽多用水泥预制板组装而成，造价低，使用寿命长，其主要尺寸见图7-26和表7-17。自动落料食槽主要用于断乳仔猪及生长肥育猪。

表 7-16 金属自动落料食槽主要尺寸 cm

猪别	高	宽	采食间隔	前缘高度
仔猪	40	20	14	10
幼猪	60	30	18	12
生长猪	70	30	23	15
30～60 kg	85	40	27	18
60～110 kg	85	40	33	18

表 7-17　双位水泥自动落料食槽主要尺寸　　cm

猪别	高	宽	下部深	上部深
断乳仔猪	68	45	55	30
生长育肥猪	86	68	72	42

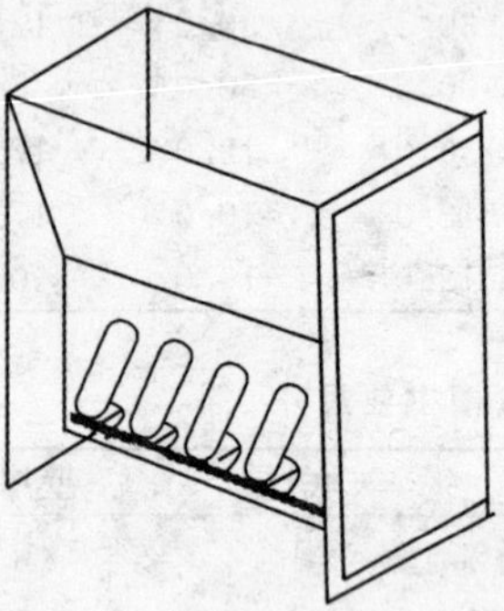

图 7-25　五位钢板自动落料箱

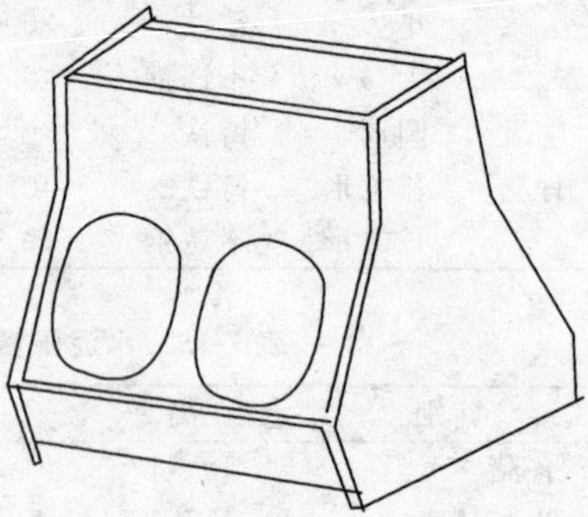

图 7-26　双位水泥自动落料箱

(二)人工喂料所需设备

人工喂料所需设备较少,除食槽外,主要是加料车(图 7-27)。加料车目前在我国应用较普遍,一般料车长 1.2 m,宽 0.7 m,深 0.6 m,有两轮、三轮和四轮三种,轮径 30 cm 左右。饲料车具有

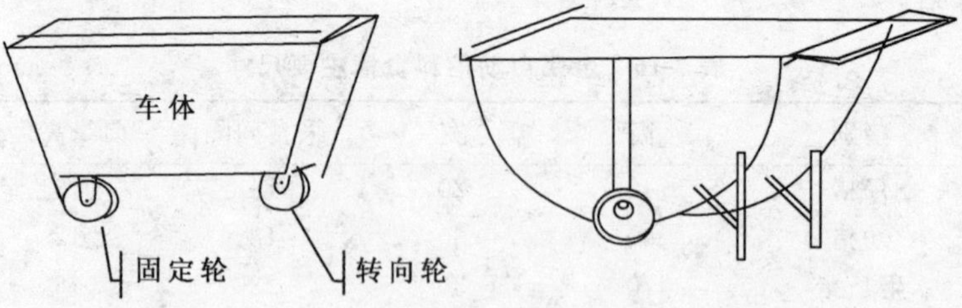

图 7-27　加料车

机动性好,可在猪舍走道与操作间之间的任意位置行走和装卸饲料;投资少,制作简单;适于运送各种形态的饲料。

五、清洁消毒设备

规模化养猪由于数量大、密度高,一旦有疫情,就很可能在猪群中迅速传播开,除了造成死亡的直接经济损失外,猪只发育生长缓慢,饲料利用率降低,药物、人力等方面的损失也十分巨大,并还会给猪场留下病根,成为后患。因此,猪场必须建立严密的卫生防疫体系,以预防为主,并采取综合措施。其中,卫生消毒是关键措施之一。所需配备的清洁消毒设备主要有人员车辆消毒设施和环境清洁消毒设备。

(一)人员车辆消毒设施

凡是进入场区的人员、车辆等必须经过彻底的清洗、消毒、更衣等环节。所以猪场应配备人员车辆消毒池、人员车辆消毒室、人员浴池等设施及设备。

1.人员车辆消毒池

在场门口应设与大门同宽、1.5倍汽车轮周长的消毒池,对进场的车辆四轮进行消毒。在进入生产区门口处再设消毒池。同时在大门及生产区门口的消毒室内应设人员消毒池,每栋猪舍入口处应设小消毒池或消毒脚盆,人员进出都要消毒。

2.人员车辆消毒室

在场门口及生产区门口应设人员消毒室,消毒室内要有消毒池、洗手盆、紫外线灯等,人员必须经过消毒室才能进入行政管理区及生产区。有条件的猪场在进入场区的入口处设置车辆消毒室,用来对进入场区的车辆进行消毒。

3.浴室

生产人员进入生产区时,必须经过洗澡,然后换上经过消毒的工作服才可以进入。因此,现代化猪场应有浴室。

(二)环境清洁消毒设备

猪场常用的主要有地面冲洗喷雾消毒机、火焰消毒器等。

1. 地面冲洗喷雾消毒机

工作时柴油机或电动机带动活塞和隔膜往复运动,将吸入泵室的清水或药液经喷枪高压喷出。喷头可以调换,既可喷出高压水流,又可喷出雾状液。地面冲洗喷雾消毒机工作压力一般为 15～20 kg/cm^2,流量为 20 L/min,冲洗射程 12～14 m。优点是体积小、机动灵活,操作方便;既能喷水,又能喷雾,压力大,可节约清水或药液。因而是规模化猪场较好的地面冲洗喷雾消毒设备。

2. 火焰消毒器

火焰消毒器是利用煤油高温雾化剧烈燃烧产生的高温火焰对猪舍内的设备和建筑物表面进行瞬间高温喷烧,达到杀菌消毒的目的。

六、检测仪器及用具

随着我国经济的发展,规模化猪场的集约化程度越来越高,所使用的检测仪器及用具也越来越先进、越来越多,主要有饲料营养成分化验室及其化验仪器和设备,兽医化验室及其仪器设备,人工授精室及其仪器设备,计算机及其猪场管理、育种、饲料配方等软件,母猪妊娠诊断仪,猪活体测膘仪,断尾钳,耳号钳,耳号牌,捉猪器,赶猪鞭,运输器具,称猪器具等。

(一)饲料营养成分化验室及其化验仪器和设备

现代化规模化猪场饲养猪只多,饲料消耗量大,一个年出栏 1 万头肉猪的商品猪场,年消耗饲料 3 000 多 t,多数猪场所需能量饲料、蛋白质饲料、矿物质饲料靠本场自己购买、加工和配制。因此,猪场应有自己的饲料营养成分化验室,最低要求能化验饲料水分和粗蛋白质,如果有条件,可化验钙、磷、粗纤维等成分。

饲料营养成分化验室还应配备分析天平、电热恒温干燥箱、小型电动粉碎机和必要的玻璃器皿等基础设备。化验水分还可配备一台快速水分测定仪,价格低廉、操作简单、出结果快,也不需培训专门人员。化验粗蛋白质可用凯氏定氮法,需配备凯式玻璃器皿一套,酸式滴定管一个。

(二)兽医化验室及其仪器设备

集约化猪场应有自己的兽医化验室,以便及时监测和诊断疾病、随时做一些药敏试验,提高猪场防病治病水平。随着集约化养猪的发展,诊断某些疾病的试剂盒也会逐步普及,也为快捷、准确监测与诊断疾病提供了便利、简单的方法。

兽医化验室应配备显微镜、恒温箱、冰箱、高压灭菌器和必要的玻璃器皿等。

(三)人工授精室及其仪器设备

现代集约化猪场为了提高优良公猪利用率,减少疾病传播,可以采用人工授精。

人工授精应配备显微镜、恒温箱、冰箱及采精、输精器械等。

(四)计算机及其软件

现代集约化养猪大都1周为单位组成完整的工艺流程,一个万头猪场,每周都有一批猪配种、妊娠、分娩、断乳、转群、出售,产生大量数据,同时各阶段的生产性能如受胎率、分娩率,产仔数、活仔数、断乳增重、耗料、发病、死亡,生长期增重、耗料、发病、死亡等也需要及时上报、统计、分析。如此大量的数据,而且结构复杂,靠传统手工方法很难满足对数据处理的准确性、及时性、完整性的要求,难以实现对猪场的宏观管理。猪场配备计算机,建立集约化猪场计算机信息管理系统,便可快速、准确、及时处理这些数据,及时掌握整个猪场生产状况,实现对猪场的合理宏观管理。

猪场配置计算机,并根据实际需要配备相应的猪场管理、育种、饲料配方等软件。在此对集约化养猪信息管理系统的主要结构及功能作一简要介绍。

集约化养猪信息管理系统由 7 个子系统组成。

1. 生产管理子系统

包括生产信息查询、生产周报、生产月报及常用生产表格的打印。

2. 生产分析子系统

包括生产静态分析、生产动态分析、动态模拟等。

3. 种猪管理子系统

包括种猪信息查询、种猪性能管理、种猪繁殖报告等。

4. 育种管理子系统

包括种猪系谱管理、综合选择指数、测定结果的综合分析等。

5. 兽医保健子系统

包括兽医免疫与疫病监测、各类猪只疾病及死亡分析等。

6. 销售管理子系统

包括种猪、肥猪和其他猪的销售数量统计、收入统计和有关销售对比分析等。

7. 成本管理子系统

包括仔猪、幼猪、肥猪生产费用统计、分析和主要产品成本计算。

(五)母猪妊娠诊断仪

应用比较普遍的是超声波妊娠诊断仪，主要有脉冲回波型和多普勒型，其中多普勒型有较多的优点，在此加以介绍。

母猪超声波妊娠诊断仪主要由机体和探头组成。原理是妊娠诊断仪发出超声波，传到母猪体内组织和液面后返回到传感器，经诊断仪处理，可发出特殊声响，以判断子宫中是否有液体(羊水)，若有液体，说明已妊娠。

母猪测定时间是在配种后 18～30 天，位置在猪体右侧后腿前 5 cm，离乳头 2.5 cm 处。测定时首先将探头接通诊断仪，将测定部位涂以植物油或矿物油，再把探头紧贴探测位置向前或向外转动 45°，以扫描子宫内的羊水，当探头与皮肤接触良好时，诊断仪将发出时断时续的鸣叫声，若诊断出有羊水，将发出持续的鸣叫声，表明已妊娠。如在右侧只发出时断时续的声响，表明可能未妊娠，为可靠起见，再重复测一次左边。

多普勒型妊娠诊断仪的优点是可进行早期妊娠诊断，一般在配种后 18～30 天便可检测出是否妊娠，诊断准确率高，可达 95％，不会因卵巢肿大、子宫发炎和积尿等误诊；可以检查分娩母猪子宫是否还存留活的或死的仔猪；小型轻便，操作简单，易于掌握。

（六）猪活体超声波测膘仪

主要有携带式数字活体测膘仪和 B 超图像活体背膘测定仪。在此仅介绍小型轻便、价格较低、操作简单的携带式数字活体测膘仪。

携带式数字活体超声波测膘仪主要由机体、探头和充电器组成。测定前先把充电器与测膘仪接通，插入交流电插座充电 12 h，使用后再充电以延长电池寿命。测定时首先剪去猪体待测部位（一般是最后肋距背中线左右 4 cm 处）的被毛，涂以矿物油或植物油，然后将探头紧贴测定部位，打开电源，并转动或摇动探头，以驱除皮肤和探头间的气泡，最初得到的读数是“77”，没有意义，只有当读数指示灯发亮时才是测定的开始。测膘仪每秒钟都进行数次探测，在得到新结果之前，以前的测定结果仍显示在屏幕上。猪体脂肪有两层，脂肪的不连续性会使仪器得出一层的数据，为此应转动或摇动探头，进可能得到较高的数值。

（七）称猪器具

猪只在出生、断乳、转群、出售时都要进行称重；平时不同品种、不同饲料配方的试验比较也要称重，以了解、监测和改进猪群的生产性能。所以猪场应配备必要的称量设备，如在出猪台、不同组群间的通道处、饲料加工厂、都应配置称量磅秤，并配备试验用侧重笼秤。

七、运输器具

猪场内的运输器具主要有仔猪转运车(图 7-28)、饲料运输车和粪便运输车。

仔猪运输车分娩舍到保育舍、保育舍到生长育肥舍的仔猪转群。一般用钢管和钢筋焊接而成,左右都有出口,有两个方向轮和两个定向轮,尺寸大小可根据猪舍通道、每车所能容纳仔猪的数量等来定。在实行人工清粪的猪场,应配备粪便运输车,一般多用单轮或双轮手推车。饲料运输车采用罐装料车或两轮、三轮和四轮加料车。

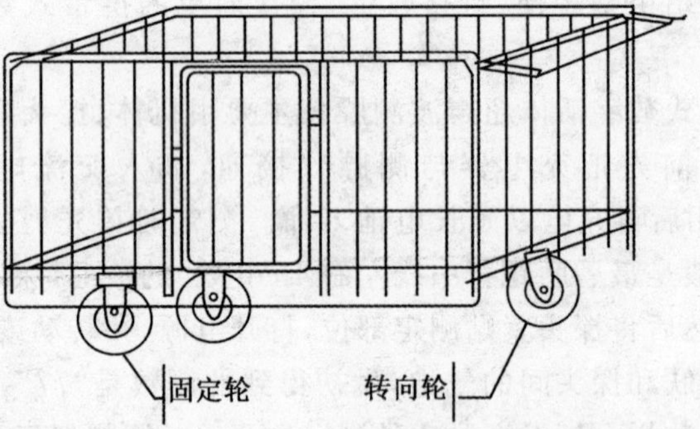

图 7-28 手推仔猪转运车

八、其他器具

猪场除配备以上设备外,还应配备断尾钳、牙剪耳号钳、耳号牌、捉猪器、赶猪鞭等。

第八章　猪场的经营与管理

搞好猪场的经营管理，是办好猪场的一个重要环节。一个猪场能否实现养猪生产的高产、优质和高效，不仅取决于养猪科学技术的运用程度，而且也取决于猪场的经营管理水平。

经营与管理是两个不同的概念。经营是指在国家法律、条例所允许的范围内，面对市场的需要，根据企业内外部的环境和条件，合理确定企业的生产方向和经营总目标，合理组织企业的供、产、销活动，以求以最少的人、财、物消耗取得最大的利润。管理是根据企业经营的总目标，对企业生产总过程的经济活动进行计划、组织、指挥、调节、控制、监督和协调等工作。

经营和管理是统一体，统一在企业整个生产经营活动中，是相互联系、相互制约、相互依存的统一体的两个组成部分；但两者又有区别：经营的重点是经济效益，而管理的重点是讲求效率；经营主要解决企业的生产方向和企业目标等根本性问题，偏重于宏观决策，而管理是在经营目标已定的情况下，如何组织高效生产，偏重于微观调控。

猪场经营管理的内容，包括范围很广，本章就猪场的计划管理、猪群管理、劳动管理、财务管理以及日常管理工作中的规章制度等方面的某些主要问题重点加以阐述。

第一节　猪 群 管 理

在规模化猪场里，猪群是最主要的最基本的生产资料，又是劳动对象和劳动产品。猪群管理的好坏，直接关系到生产效益的高低，因此，猪群管理是猪场管理的重要环节之一。

一、猪群类别的划分

按照猪的性别年龄、用途生理状态等将猪划分为各种类群。主要有哺乳仔猪、断乳仔猪、育成猪、后备公猪、后备母猪、鉴定公猪、鉴定母猪、成年公猪、成年母猪、生长育肥猪等。

1. 哺乳乳猪

初生到断乳(生后 0～28 日龄)的仔猪。

2. 断乳仔猪

仔猪断奶至 2 月龄的猪。

3. 育成猪

一般指 2～4 月龄的幼猪。

4. 后备猪

生后 5 月龄至初配(8～9 月龄)前留作种用的公母猪,公猪称为后备公猪,母猪称为后备母猪。

5. 鉴定公猪

从第一次配种至所配母猪产生的仔猪到断乳阶段的公猪,年龄一般在 1.0～1.5 岁。它们虽然已经参加配种,但需根据子代成绩的鉴定,才能决定是否留作种用。

6. 鉴定母猪

从初配妊娠开始到第一胎仔猪断奶的母猪(1.2～1.4 岁),根据其生产性能、外貌表现等鉴定其是否留种。鉴定合格的第一产母猪,第二产开始参加成年母猪群。

7. 成年公猪

成年公猪又称为基础公猪,是指经生长发育、体质外形、配种成绩、后裔生产性能等鉴定合格的 1.5 岁以上的种用公猪。

8. 成年母猪

成年母猪又称为基础母猪,是指经产仔鉴定合格留作种用的 1.5 岁以上的母猪。

从成年母猪群中选出一些优秀个体,其具有较高的生产性能和育种价值,组成核心母猪群,其后代以供选育和生产上更新种猪用。核心母猪群一般年龄在 2～5 岁为宜。

9. 生长育肥猪

专门用来生产猪肉的猪（2～6 月龄或出栏）。一般在 20～60 kg 称生长期，60 kg 至出栏称育肥期。

二、猪群的结构与周转

（一）猪群结构

各类猪在猪群中所占比例叫做猪群结构。猪场应按照生产要求科学地确定猪群结构，这是保证有计划地迅速增殖猪群、提高生产水平的重要措施。

在繁殖猪群中主要有后备猪、鉴定猪和成年猪，各群间应保持适当比例，同时还应注意繁殖猪群的年龄结构，种猪场的繁殖猪群因考虑遗传进展，一般趋于年轻化，繁殖猪场与商品猪场考虑发挥猪的繁殖潜力，一般趋于壮龄化。繁殖猪群的年龄结构见表 8-1。

表 8-1　繁殖猪群中各年龄组应占的比例

类别	基础母猪总头数									基础公猪头数				
	占基础母猪（%）	10	20	30	40	50	80	100	200	占基础公猪（%）	5	10	15	20
鉴定猪	40	4	8	12	16	20	32	40	80	40	2	4	6	8
基础猪	100	—	—	—	—	—	—	—	—	100	—	—	—	—
其中														
1.5～2 岁	35	3	6	10	14	17	28	35	70	30	2	3	5	6
2～3 岁	30	3	6	9	12	15	24	30	60	20	1	2	3	4
3～4 岁	20	2	4	6	8	10	16	20	40	20	1	2	3	4
4～5 岁	10	1	2	3	4	5	8	10	20	20	1	2	3	4
＞5 岁	5	1	2	2	2	3	4	5	10	10		1		2
每年淘汰数	25	3	5	7	10	13	20	25	50		2	3	4	5

注：1. 鉴定猪不包括在基础猪内，经鉴定合格者转入基础群。

2. 鉴定猪生产性能不合格者转入肉猪群。

3. 品质优良的青壮年公母猪 1.5～4 岁在基础群中保持 80%～85%的比例。

4. 核心群母猪包括在基础母猪内，种用提供种用后备猪。

5. 公猪与基础母猪的比例，本交时一般为 1∶(20～30)，人工授精时则公猪数量可酌情减少。

扩大再生产的规模、速度与繁殖猪群所占的比例的大小，决定着猪群的增长速度；因此，公猪、母猪、后备猪群在全部繁殖猪群中占的比例是以基础母猪群为转移的（表 8-2），而基础母猪群的大小，又与猪场的性质、规模以及年度内母猪分娩的次数和每次分娩的仔猪存活数有关。规模化养猪场的种猪群应处于经常变动状态中，不断用经过鉴定的优良青年母猪更新老年的、生产性能低下的母猪。种公猪群也是如此。

表 8-2 后备母猪和鉴定母猪选留比例

选留阶段	占基础母猪（%）	基础母猪总头数							
		10	20	30	40	50	80	100	200
断奶时选留头数	60	6	12	18	24	30	48	60	120
配种时选留头数	50	5	10	15	20	25	40	50	100
鉴定母猪头数	40	4	8	12	16	20	32	40	80

（二）猪群周转

猪群的变动一般称之为猪群周转。猪群周转遵守如下原则：

第一，后备猪达到体成熟（8～10 月龄）以后，经配种妊娠转为鉴定猪群。鉴定母猪分娩产仔后，根据其生产性能（产仔数、初生重、泌乳力和仔猪育成率等情况），确定转入一般繁殖母猪群或基础母猪群，或作核心母猪，或淘汰作肉猪（一产母猪育肥）。鉴定公猪生产性能优良者转入基础公猪群，不合格者淘汰，去势育肥。

第二，一产母猪经鉴定符合基础母猪要求者，可转入基础母猪群，不符合要求者淘汰，作商品肥猪。

第三，基础母猪 4～5 岁以后，生产性能下降者淘汰育肥。种公猪在利用 3～4 年后做同样处理。

基础母猪群的组成与周转情况如图 8-1 所示。

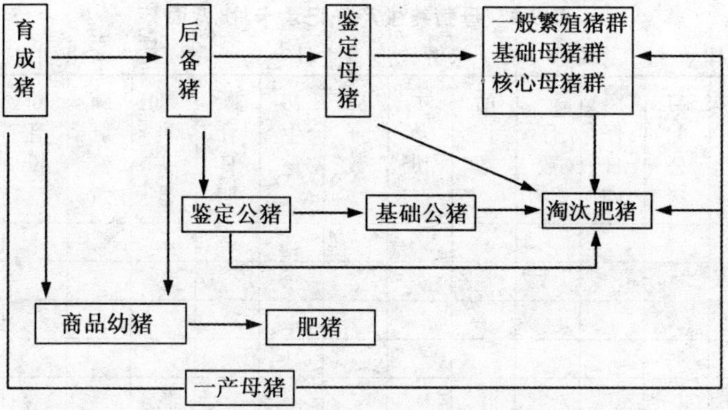

图 8-1　猪群组成与周转示意图

三、生产记录系统和统计报表

猪群的各种生产记录，是规模化猪场生产不可缺少的工作内容。要搞好各类猪场，必须做好各项生产记录，并及时进行整理和分析，这有利于总结经验，评价每头猪的生产性能和每群猪的生产状况，不断提高生产水平和改进猪群的管理工作。重要的生产记录有配种记录、母猪产仔哺育记录、种猪生长发育记录等（表 8-3 至表 8-18）。

表 8-3　母猪终生配种记录卡片（正面）

耳号　　品种　　来源　　生日　　舍号

<table>
<tr><td>母猪</td><td colspan="2">与配公猪</td><td colspan="3">配种日期</td><td rowspan="2">预产期</td><td colspan="2">妊娠检查</td><td rowspan="2">猪瘟</td><td rowspan="2">丹毒肺疫</td><td rowspan="2">乙脑</td><td rowspan="2">伪狂犬</td><td rowspan="2">口蹄疫</td><td rowspan="2">备注</td></tr>
<tr><td>胎次</td><td>计划</td><td>实配</td><td>1</td><td>2</td><td>3</td><td>1</td><td>2</td></tr>
<tr><td></td><td></td><td></td><td></td><td></td><td></td><td></td><td></td><td></td><td></td><td></td><td></td><td></td><td></td><td></td></tr>
<tr><td></td><td></td><td></td><td></td><td></td><td></td><td></td><td></td><td></td><td></td><td></td><td></td><td></td><td></td><td></td></tr>
<tr><td></td><td></td><td></td><td></td><td></td><td></td><td></td><td></td><td></td><td></td><td></td><td></td><td></td><td></td><td></td></tr>
<tr><td></td><td></td><td></td><td></td><td></td><td></td><td></td><td></td><td></td><td></td><td></td><td></td><td></td><td></td><td></td></tr>
<tr><td></td><td></td><td></td><td></td><td></td><td></td><td></td><td></td><td></td><td></td><td></td><td></td><td></td><td></td><td></td></tr>
</table>

表 8-4 母猪终生产仔记录卡片(背面)

耳号 品种 来源 生日 舍号 组别

胎次	与配公猪	产仔日期	产仔数	活仔数	木乃伊	弱仔数	初生重	断乳日期	断乳头数	断乳窝重	断乳重	备注
合计												

表 8-5 公猪配种记录 日期

日期	六	日	一	二	三	四	五

配种员

表 8-6 配种记录日(周)报表

舍号 组别 日期

母猪		与配公猪		配种日期			复配日期	预产期	妊娠检查		死亡	流产	出售	备注
耳号	胎次	计划	实配	1	2	3			1	2				

配种员

表 8-7　各车间日报表(或分开车间)

车间	舍号	存栏	耗料数	发病数	死亡数	异常情况	备注
配种							
妊娠							
产仔	1						
	2						
	3						
	4						
	5						
	6						
	合计						
保育	1						
	2						
	3						
	4						
	5						
	6						
	合计						
生长	1						
	2						
	3						
	4						
	5						
	6						
	合计						
育肥	1						
	2						
	3						
	4						
	5						
	6						
	合计						

表 8-8 配种妊娠车间周报表 年 月 日

舍号	日期	配种数	日期	受胎数	情期受胎率	备注
1						
2						
3						
4						
5						
6						
合计						

负责人

表 8-9 分娩车间周报表 年 月 日

舍号	产仔								断乳							
	日期	产仔窝数	产仔数	活仔数	木乃伊	弱仔	初生重	备注	日期	窝数	断乳仔猪数	死亡数	死亡率	弱仔数	断乳个体重	备注
1																
2																
3																
4																
5																
6																
合计																

负责人

表 8-10 生长育肥车间周报表

舍号	转入						转出											
	日期	头数	弱猪数	总重	均重	备注	日期	头数	弱猪数	死亡数	死亡率	总重	均重	增重	日增重	耗料	料肉比	备注
1																		
2																		
3																		
4																		
5																		
6																		
合计																		

负责人

表 8-11 保育车间周报表

舍号	转入						转出											
	日期	头数	弱猪数	总重	均重	备注	日期	头数	弱猪数	死亡数	死亡率	总重	均重	增重	日增重	耗料	料肉比	备注
1																		
2																		
3																		
4																		
5																		
6																		
合计																		

负责人

表 8-12 分娩车间(周)报表　　年　月　日

舍号	母猪			仔猪							
	转入数	转出数	存栏数	窝数	总仔数	活仔数	死胎数	中途死	断乳数	存栏数	转出数
1											
2											
3											
4											
5											
6											
合计											

负责人

表 8-13 保育车间(周)报表 年 月 日

舍号	转入			转出			死淘			存栏	耗料	料肉比
	头数	总重	均重	头数	总重	均重	头数	总重	均重			
1												
2												
3												
4												
5												
6												
7												
8												
合计												

组长

表 8-14 生长车间(周)报表 年 月 日

舍号	转入			转出			死淘			存栏	耗料	料肉比
	头数	总重	均重	头数	总重	均重	头数	总重	均重			
1												
2												
3												
4												
5												
6												
7												
8												
合计												

组长

表 8-15 育肥车间(周)报表 年 月 日

舍号	转入			死淘			出栏			存栏	耗料	料肉比
	头数	总重	均重	头数	总重	均重	头数	总重	均重			
1												
2												
3												
4												
5												
6												
7												
8												
合计												

组长

表 8-16 猪场猪只存栏周统计报表 日期

	转入	转出	销售	产窝	总产仔	产活仔	死胎	下床	死淘	实存	配种	耗料	料肉比	备注
种公猪														
空怀														
后备母猪														
怀孕母猪														
泌乳母猪														
哺乳仔猪														
断乳仔														
生长猪														
育肥猪														
合计														

报告人

表 8-17 每周生产情况统计报表

第 周 日 期

配种妊娠车间	转入后备公/母	/	保育车间	转入仔猪(头)	
	转入断乳母猪			转出仔猪(头)	
	转出怀孕母猪			转出均重	
	配种/返青复配	/		耗料(kg)	
	母猪流产/阴道炎	/		料肉比	
	淘汰公/母猪	/		转出仔猪成活率	
	死亡公/母猪	/		死亡	
	周末存栏母猪空怀/配种	/		周末存栏	
	预产(窝)		生长猪车间	转入保育猪(头)	
分娩车间	实产(窝)			转出生长猪	
	产活仔总数			转出均重	
	产畸形/弱仔	/		耗料(kg)	
	死胎			料肉比	
	哺乳仔猪病死/机械死亡	/		转出猪成活率	
	断乳仔猪头/窝			死亡	
	断乳仔猪平均重			周末存栏	
	断乳仔猪成活率		育肥车间	转入生长猪(头)	
	母猪淘汰/死亡			出售育肥猪(头)	
	转出仔猪数			出售育肥猪(kg)	
	转出仔猪均重			耗料(kg)	
	转出成活率			料肉比	
	存栏哺乳仔猪			出售猪成活率	
	存栏断乳仔猪			死亡	
	存栏母猪分娩/待产			周末存栏	

填表人

表 8-18　防疫统计表

日期	防疫对象	头数	疫苗种类	给药途径	备注

防疫员

第二节　计划管理

猪场的计划管理，是由编制计划、执行计划、检查计划和计划分析与调整工作构成的。执行计划主要通过责任制和目标管理来实现；检查计划一般按周、月、季、年进行；计划在执行过程中通过计划的检查，发现问题，经过分析，找出原因和解决办法，并调整和修订以后各期计划，向后延续一个执行期。在此不再叙述，仅对企业计划的种类、编制计划的方法和企业计划的主要内容进行阐述。

一、企业计划的种类

企业计划有多种，按期限长短划分，有长期计划，年度计划和阶段计划，阶段计划又包括季度计划、月计划和周作业计划。这三个计划的时间长短、内容和作用虽不同，但彼此联系，互相补充，形成一个完整的计划体系。按计划内容可分为生产计划、劳动工资计划、物资供应计划、成本计划、财务计划、技术组织实施计划、科研计划等。按计划性质可分为技术经济指标计划和作业计划等。按计划的综合程度分为年度专业计划和年度综合生产经营计划。

按计划的范围可分为企业计划、车间计划和班组计划等。

二、编制计划的方法

(一)滚动式计划法

滚动式计划,就是制订计划时,逐年逐期往后串推,近细远粗,连续滚动编制,通过边执行边调整的滚动方式,使计划既保持严肃性,又保持灵活性。

例如,用滚动式方法编制五年计划,就是每执行一年结束,就对上一次五年计划进行修正,并制订出新的五年计划(图 8-2)。

图 8-2 2000—2005 年五年滚动式计划程序

计划一般又分为若干执行期,长期计划以年为执行期,年计划以季为执行期,季计划以月为执行期,月计划以旬为执行期(图 8-3)。猪场多采用周为执行期,每一阶段 4 周;然后又把阶段 4 周为执行期,3 个执行期 12 周作为阶段计划。这样更有利于计划的检查与调整,保证年计划的完成。

滚动式计划编制好后,一般是在每一个执行期结束后,根据实

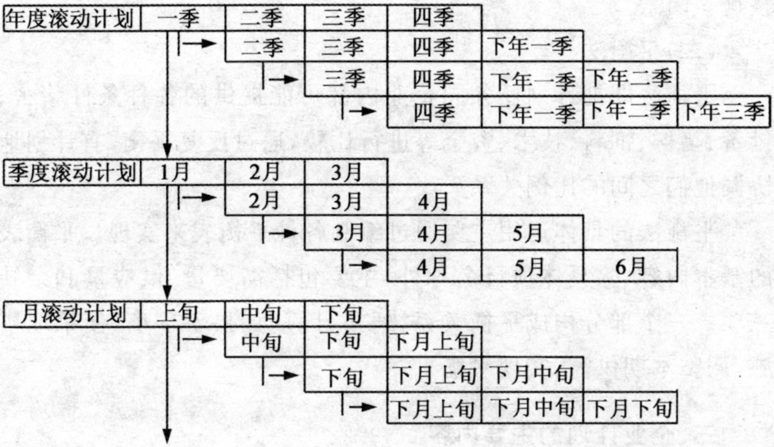

图 8-3　年、季、月滚动式计划程序

际情况和环境变化对下一执行期和各期计划进行适当的修改和调整，向前延续一个执行期。修改和调整计划的主要依据或应考虑的因素主要有：

第一，计划与实际执行之间的差异分析结果。找出差异，分析原因，再作修正。

第二，客观条件变化（环境变化）。环境指企业外部和内部的情况，外部的因素主要有国家方针政策的变动、科学技术发展、市场供应和需求的变化等。内部因素主要有生产结构的改变、种猪群的更新与产品换代、饲料供应情况、猪舍和设备的更新改造、资金情况、大自然灾害、重大疫情等。

第三，生产经营方针的调整。由于企业内外环境不断发生变化，企业不同时期要解决的生产经营活动的主要问题也各不相同。企业应根据变化了的情况，调整经营方针。企业的计划要体现好落实生产经营方针，编制计划时就必须考虑企业生产经营方针调整这一因素。

(二)平衡法

平衡法即把计划任务同企业内部可能提供的各种条件猪舍、设备、猪群、饲料、技术、资金等进行比较,通过反复平衡,有计划地协调他们之间的比例关系。

平衡法的具体运用主要通过编制各种平衡表来实现。平衡表的基本内容,除具体项目名称外,主要包括需要量、供应量和余缺三项。三个部分构成平衡关系,通过计算,如果不平衡,便采取措施,调整本期供需,实现平衡。

三、企业计划的主要内容

(一)长期计划

长期计划又称远景规划,是三五年或更长一些时间的长期计划,是猪场发展生产的纲要和安排年度计划的依据,显示了猪场美好的前景和轮廓。长期计划涉及的时间较长,一般只规定一个大体的发展方向和总的奋斗目标,其主要内容大致包括:经营方针和任务;所采用的体制;生产建设的发展规模、速度及相互间的比例;自然资源的综合利用;提高产品数量质量的措施;生产过程中现代化的步骤;职工人数指标及长期建设;改善职工生活福利等规划。

(二)年度生产计划

年度计划主要是确定全年产品的生产任务以及完成这些任务的组织措施和技术措施,并规定物质消耗和资金使用限额,以便合理安排全年生产活动,是计划管理的中心环节,也是长期计划的具体化,年度计划应该在前一个生产年度末,在总结上年生产经验、编制财务决算、修订各种定额的基础上来制定的。然后按可能达到的指标逐月、逐周落实计划。

年度计划主要有如下几种：

1. 产品生产计划和销售计划

根据市场需求和猪场自身条件，制定出产品生产的数量和质量，并制定出合理的组织销售措施，以便畅通销售渠道。

2. 利润计划

确定利润计划的依据是经营决策目标，方法可采用盈亏平衡法的原理计算。

3. 配种分娩计划与猪群周转计划

现代养猪生产已高度集约化和工厂化，为了充分利用猪舍和各种设备，以降低生产成本，并能适应现代化企业大规模生产的要求，各生产环节均采用均衡生产方式，如母猪配种、分娩和其他作业均应采用均衡的并以周为单位的操作计划。制定配种分娩计划和猪群周转计划，可推出全年配种受胎数及产品生产数量。

另外还可制定出相应的饲料需供计划、物质供应计划、劳动工资计划、科研计划、基建设备维修和更新计划、资金计划等。

(三)阶段作业计划

阶段作业计划是年度生产任务在各个不同时期的具体安排，可按照季、月、周等期限来编制。其主要作用是根据年度计划的要求，结合本阶段的具体情况，提出本阶段的具体任务，合理组织劳动、组织物质供应，使全部作业在规定的时间内，按质按量的进行，以保证年度计划的实现。由于规模猪场各生产环节均采用均衡生产方式，生产节律常以周为单位，因而周计划则成为猪场计划的核心。并以周为单位的生产计划和操作融入年度计划。

1. 周配种分娩计划

一个年产万头肉猪的养猪企业，一般有种母猪 600 头左右，母猪配种受胎率要求在 90％以上。全年配种 1 200 胎次，平均每周配种23头，全年分娩1 080胎，平均每周分娩21胎，每胎产仔10头，全年产仔猪10 800头。为了保证计划的完成，大多数企业在此基础上适当增加，大体上每周配种28头，保证有21～24头母猪受胎分娩，仔猪4～5周断奶，断奶仔猪在分娩栏留存1周。

2.周猪群周转计划

由于规模化猪场的猪群周转按小群（或按单元）连续进行，所以对整个猪群来说，每周都有部分小群发生转移。在均衡生产的情况下，从理论上说各周猪群的转移基本上是一致的，因此，在连续流水式作业的情况下，需制定出在每周的不同时间的转群计划。

星期一，妊娠猪舍产前1周的临产母猪调到分娩舍。分娩舍于前两天做好准备工作。

星期二，配种舍将通过鉴定的妊娠母猪调到妊娠猪舍，妊娠猪舍于前一天做好准备工作。

星期三，分娩舍将断奶母猪调到配种舍，配种舍于前一天做好准备工作。

星期四，将上1周断奶留栏饲养1周的断奶仔猪调到仔培舍，仔培舍于前两天做好准备工作。

星期五，将在仔培舍饲养5周的仔猪调到生长肥育舍，生长育肥舍于前一天做好准备工作。

星期六，生长育肥舍肉猪出栏。

应该注意，在转移每一群猪时，都应该随带本身的原始档案资料。为及时掌握猪群每周的周转存栏动态情况，可采用与之相适应的生猪每周调动存栏表。本表的特点是按猪的生产流程将猪群分为配种舍、妊娠舍、分娩舍、仔培舍、生长育肥舍，每种猪舍有一分表，按各舍实际需要设计具体项目。将各分表联系起来，便成为企业猪群每周的周转存栏动态总表（表8-19）。这一总表既能反映出各类猪的周内变动情况，也便于与周作业计划对比。

表 8-19　猪场每周猪群周转表

舍别	存栏猪群情况	周	周	周	周
配种舍	周始存栏数(公/母)				
	断奶母猪转入				
	空怀/流产转入				
	非断奶母猪转入				
	后备母猪转入				
	第一次配种/复配				
	死亡(公/母)				
	淘汰(公/母)				
	周末存栏数(公/母)				
	转入妊娠舍				
妊娠舍	周始存栏母猪数				
	从配种舍转入				
	转入分娩舍				
	空怀/流产				
	死亡/淘汰				
	周末存栏母猪数				
分娩舍	周始存栏母猪数				
	从妊娠舍转入				
	空怀/未断奶母猪				
	母猪死亡/淘汰				
	分娩母猪数				
	出生活存栏数/死胎				
	断奶母猪/断奶仔猪				
	转入仔培舍				
	周始哺乳仔猪/哺乳死亡				
	周末存栏母猪/仔猪				

续表 8-19

舍别	存栏猪群情况	周	周	周	周
仔培舍	周始存栏数				
	从分娩舍转入				
	转入生长育肥舍				
	死亡/淘汰				
	周末存栏数				
生长育肥舍	周始存栏数				
	从仔培舍转入				
	出售肉猪/中猪				
	死亡/淘汰				
	周末存栏数				

3. 饲料需供计划

饲料需供计划的编制大致分如下步骤。

(1)饲料消耗指标。按猪不同的生产阶段，根据要求定出不同的饲料消耗指标。

乳猪：每头 3 kg/35 日(哺乳期平均增重 6 kg，料重比 0.5∶1)。

仔猪：每头供料 25.5 kg(料重比为 2∶1，饲养期增重 12.75 kg)。

肉猪：2.5 kg/天。

成年种公猪：3 kg/天。

待配及查情母猪：2 kg/天。

妊娠前期母猪：2 kg/天。

妊娠后期母猪：2.5 kg/天。

哺乳母猪：4.5 kg/天。

(2)饲料供应量。根据饲料消耗指标和各类猪的饲养量(即猪群结构)，计算饲料供应量。在不同规模的猪场各类猪群的平均存栏量一般如表 8-20 所示。根据各类猪的饲养量和饲料消耗指标计算各类饲料供应量。

表 8-20　不同规模猪场猪群结构(参考)

猪群类别	存栏母猪(头)					
	100	200	300	400	500	600
空怀配种母猪	25	50	75	100	125	150
妊娠母猪	51	102	156	204	252	312
分娩母猪	24	48	72	96	126	144
后备母猪	10	20	26	39	46	52
公猪(包括后备)	5	10	15	20	25	30
哺乳仔猪	200	400	600	800	1 000	1 200
幼猪	216	438	654	876	1 092	1 308
育肥猪	495	990	1 500	2 010	2 505	3 015
合计存栏	1 026	2 058	3 098	4 145	5 354	6 211
全年上市商品猪	1 612	3 432	5 148	6 916	8 632	10 348

陈清明.现代养猪生产.北京:中国农业大学出版社,1997.

如 600 头基础母猪的猪场,存栏哺乳母猪 144 头,哺乳母猪料的每天供应量为 144×4.5＝648(kg),每周供应量为 648×7＝4 536(kg)。

饲料供应计划应增加一定的库存饲料量,一般要有 7～10 天饲料消耗量做库存饲料量。

应该指出,上述饲料消耗量均指配合饲料,而且未包括饲料添加剂。如果采购饲料原料自制配合饲料,饲料原料的供应计划则应按饲料配方中各原料所占比例,并按不同原料在加工过程中的消耗,折算成各饲料原料数量。

第三节　劳动管理

劳动管理实质是对人的管理。它是指企业对劳动力资源,包括管理人员、技术人员、职工所进行的指挥、调度、安排和调节等方面的一系列组织和管理工作。其目的是调动职工积极性，充分发挥职工主动性，提高劳动利用率和劳动生产率，以获得最佳的经济效益。其手段主要是劳动定额和采用生产责任制。

一、衡量劳动管理水平的主要指标

衡量劳动管理水平的主要指标主要是劳动利用率和劳动生产率，最终反应为经济效益。

（一）劳动利用率

劳动利用率即劳动力利用率，是指实际参加劳动的人数与可以参加劳动的人数的比率；或在一定时间内，平均每个劳动力实际参加劳动的工作日和应参加劳动的工作日的比率；或在一定时间内，平均每个劳动力实际参加劳动的时间和应参加劳动的时间的比率。在劳动生产率不变的情况下，提高劳动利用率，能够完成更多的工作量和产品量。提高劳动利用率可从三个方面考虑，一是提高参加生产的劳动力数；二是提高劳动者实际参加生产劳动的日数；三是提高劳动者在班工作日中的纯工作时间。提高劳动利用率的根本措施是实行完善的生产责任制，充分调动劳动者的劳动积极性，发挥其主动性，同时要合理分配和使用劳动力，使每个职工能担负起他最感兴趣、最适合他能力的工作。

（二）劳动生产率

劳动生产率是指劳动者在单位时间内所生产的畜产品的数量，或生产单位畜产品所消耗的劳动时间。提高劳动生产率就意味着劳动者在单位劳动时间内生产的畜产品数量增多，或单位畜产品中所消耗的劳动时间减少。提高劳动生产率的主要途径是：采用和推广先进的畜牧科学技术；提高物质技术装备水平；深化改革，不断完善生产责任制；重视智力开发，提高劳动者的素质（择优录用，岗前培训，在职或脱产培训等）。

二、劳动定额

(一)概念

劳动定额是指在一定的物质生产技术条件下，按一定的质量要求，完成一定的工作量(或产品量)所消耗的活劳动数量标准。按生产方式和劳动范围分为集体定额和个人劳动定额；按工作内容分为综合定额和单项定额；按时间分为常规定额和临时定额。其内容包括：工作名称、劳动条件、质量标准和数量要求。

劳动定额是编制计划、计算劳动报酬和贯彻按劳分配原则的重要依据，也是贯彻生产责任制的先决条件，因此，劳动定额是计划管理和劳动管理的一项基础工作。

(二)制订劳动定额应考虑的因素

制订劳动定额指标时，要考虑生产人员的工作种类，猪场的集约化程度、专业化程度、机械化程度、技术条件、管理水平等因素。猪的品种不同，年龄、性别、生理阶段不同，就有不同的劳动定额，集约化程度较高的规模化猪场，一般专业化程度较高，各年龄、性别、生理阶段的猪分别饲养在不同的车间和单元，工作单纯，便于管理，定额较高。相反，小规模猪场定额应稍低。

由于各个猪场生产条件和具体情况不同，劳动定额很难作统一规定。总的原则是：制订劳动定额时，必须从实际出发，既要调动劳动人员的积极性，又要照顾他们的休息，以便提高劳动生产率。

定额过高过低都会影响积极性，定额指标应当是一个中等劳动力使用一定的生产资料，在一定的技术水平和组织管理水平条件下，以通常的劳动强度积极工作一天(以 8 h 为准)，所完成的一定质量标准的工作数量。

制订劳动定额还应注意不同工作内容间的定额水平要保持平衡的原则，并力求简单明确，易于理解和贯彻执行。

(三)制订劳动定额的方法

制订劳动定额的方法有经验统计法、试工法、技术测定法等，在此不再叙述。

三、生产责任制

(一)概念

责任制是养猪企业或养猪经营者为了调动职工的积极性、增强工作责任心、提高猪场的生产水平和经济效益，根据猪场各生产阶段的不同特点制定的、生产成绩与个人利益挂钩的管理方法或生产管理制度。它是以制度的形式明确规定企业内部各单位或职工个人的工作职责范围或工作任务，完成该任务过程中应享受的权利，对完成任务的结果应得到的报酬，取得成绩和失误应给予的奖罚和应承担的责任。

责任制的基本内容主要包括责、权、利三方面。在这三者中，责任是核心，权力是保障，利益是动力。三者必须统一，才能最大限度地调动各方面的积极性，最大限度地挖掘生产潜力。具体讲，生产责任制的内容为：第一，根据企业生产条件和猪群类别，规定生产任务和承包费用指标，承包者对此承担责任；第二，企业作为发包者应提供生产资料、资金、技术或其他服务；第三，企业应给予承包人有自行安排生产、使用生产资料和内部调动职工的权力；第四，根据责任制形式，企业应对承包者确定劳动报酬和奖惩办法。

(二)责任制的形式

生产责任制的形式有多种，现仅简要介绍以下几种：

1.联产计酬(联产计酬目标责任制)

联产计酬责任制是联系产量计算报酬的一种责任制形式。双方预先签订责任书或合同，在规定时间内完成产量或目标拿工资，超产按规定给予奖金，完不成者按规定给予惩罚。有的将其归并位“八定”。即定岗、定编，定任务、定指标，定饲料、定药费，定报酬、定奖罚。

(1)定岗定编。根据本场养猪生产过程的阶段划分的实际情况,定出所设的岗位,并根据工作量大小定出所需的人数。

(2)定任务、定指标。对每个岗位定出全年或阶段生产任务及各项生产指标。任务和指标要明确,可操作性要强。对暂时没有条件操作的指标可待条件具备时再制定。

(3)定饲料、定药费。根据不同猪群情况定额给饲料,种猪可按饲养天数、肉猪可按增重数供给饲料。要建立领料制度,专人发放,过称登记,定期盘底。药费可限额供应,如B场规定如下:产房乳猪35天断奶,原圈饲养一周转仔培舍。在产房内每头小猪供料2.5 kg,药费2元。仔培舍饲养42天,供乳猪料5 kg,仔猪料32 kg,药费每头0.7元。生长育肥猪每天供料2 kg,药费每月0.5元。每头种猪年均供料1 t,药费12元(包括产后泌乳期)。

(4)定报酬、定奖罚。任务完成、达到指标,可拿到基本工资,若超额完成可领取奖金,完不成者则要按规定罚款。

2.联产承包

包括企业承包或企业内部承包。

(1)企业承包。按承包对象划分,主要有集体承包、合伙承包和个人承包。按分配关系划分,主要有利润分成、利润包干(全奖全罚)、费用包干、联利计酬等。

(2)企业内部承包。按承包对象划分,主要又集体承包、班组承包和个人承包。按分配关系划分,主要有定包奖、收入比例分成、包干上交、专业承包和联产计酬。按经济指标划分,主要有产量包干、劳动定额包干、包生产成本、包产品质量等。

(三)计酬方式

主要有计件工资、计时工资、计时结构工资(包括基本工资、工龄工资、职务或技术工资、浮动工资等)、浮动工资(包括全浮动、半浮动和联利制)、混合制(包括分段制、比照制)等。

(四)奖励与津贴

奖励和津贴时劳动报酬以外的辅助形式,这是对劳动者超过平均水平的劳动所支付的报酬。

单项奖:对完成和超额完成某项指标的奖励,如质量奖、革新奖、安全奖、节约奖、合理化建议奖等。

综合奖:多采用多种指标的百分制评奖法和年终奖励制。

津贴:包括加班津贴、夜班津贴、特殊劳动津贴、技术津贴等。

(五)联产计酬生产责任制举例

例 1

一、制定责任制注意事项

(一)制定责任制的原则

根据本场的实际生产水平制定合理的生产指标和奖罚办法,使多数员工经过努力而有所超额。

(二)正确选择生产指标

根据养猪生产的具体特点,各阶段生产指标的确立应选择既能体现生产水平(经济效益),又能够统计的量化指标,同时,不能与技术创新、生产水平提高相矛盾,应具有可操作性,指标宜少不宜多,简单实用。

(三)合理制定生产指标

制定指标包括选择指标、指标高低的奖罚标准、奖罚对象、具体核算方法等。

1. 配种妊娠阶段

此阶段的工作是饲养管理公母猪和配种,要求是多产健壮的仔猪。中等规模以下的猪场一般制定每月产仔窝数和每窝产健仔头数两个指标。大规模猪场可分为两个组,即配种组和母猪组,配种组制定(情期受胎率)每月产仔窝数和每窝产全仔头数,母猪组制定每窝产健仔头数。

2. 产仔房

此阶段的工作是饲养管理泌乳母猪好哺乳仔猪，要求仔猪多成活，断奶重大，断奶母猪膘情中等以上(断乳后 7 天以内发情)，一般制定每窝断奶合格仔猪头数一个指标。

3. 培育阶段

此阶段的工作是饲养转入育肥期的断奶仔猪，要求仔猪健康生长，提高转群体重。一般制定成活率和饲料转换率两个指标。

4. 育肥阶段

此阶段的工作是饲养育肥猪至出栏，要求生长快，均匀度好，饲料转化率高，一般制定成活率和饲料转换率两个指标。

以上为各生产阶段的主要指标，还可根据本场的具体情况规定一些其他辅助指标。如饲养头数，饲养天数，受胎率等，但不作为主要考核。

(四)健全原始记录

为了执行指标，首先要对生产中各种与指标有联系的数据进行严格、细致、准确的记录，不能弄虚作假。应每天有专人进行记录，每月进行统计。统计人员要公平、公正，其工资不能与指标高低有直接关联。

(1)产仔记录：产仔日期、母猪号、胎次、全仔、健仔、死胎、木乃伊。

(2)断奶记录：断奶日期、窝数、头数、重量。

(3)转群记录：转群日期、头数、重量。

(4)出栏记录：出栏日期、头数、重量。

(五)准确核算

根据统计数据按责任制指标要求内容，准确计算每人每月效益工资。

(六)工资要及时发放

对于受奖人员工资要每月全额发放，不能少发，对于受罚人员根据其受罚原因及数额大小来决定酌情少罚或不罚，目的是促使本人干好工作。对于少数干不好工作、屡次受罚者应及时辞退。

二、指标与奖罚

（一）母猪组

1. 指标

(1)情期受胎率 85%；

(2)平均每头母猪窝产健仔头数，初产母猪 8 头，经产母猪 9 头，健仔标准(初生重 1 kg 以上，能站立行走)，全窝死胎或没有健仔的不计产仔窝数。

2. 奖罚

(1)每月情期受胎率超过 85%，每超 1 头奖 20 元，低于 85%，每少 1 头罚 10 元。

(2)平均每窝产健仔头数，多产 1 头每月奖母猪组 10 元，少产 1 头每月罚母猪组 5 元。

（二）产仔阶段

1. 指标

28 日龄平均每窝转群合格仔猪头数，经产母猪每窝转 8.5 头，初产母猪每窝转 7.5 头，合格仔猪标准为健康无病，体重 25 kg 以上。

2. 奖罚

多转 1 头奖 10 元，少转 1 头罚 5 元。

（三）仔培阶段

1. 指标

70 日龄平均每月转合格仔猪 97%，合格仔猪标准为健康无病，体重 25 kg 以上。

2. 奖罚

多转 1 头奖 10 元，少转 1 头罚 5 元。

(四)生长育肥阶段

1. 指标

成活率每月99%。

2. 奖罚

少死1头奖40元,多死1头罚20元。

三、工资发放

每月底进行工资核算,工资的具体构成如下:

(一)饲养员基本工资300～500元+效益工资

(二)技术人员

1. 配种员兼组长

每人每月600～1 000元+配种组饲养员平均效益工资的1.2倍。

2. 产房组长

产房饲养员平均工资的1.2倍。

3. 兽医主管

全场饲养员平均工资的1.4倍。

4. 育种总管

全场饲养员平均工资的1.4倍。

5. 育种组

全场饲养员平均工资的1.1倍。

例2

实行联产计酬生产责任制以A猪场为例,该场有220头基础母猪,年出栏肉猪3 500多头,仔猪网上饲养,产房有鼓热风设备。妊娠母猪和肉猪地面饲养。

全场岗位设置为:场长1人,技术员1人(兼),统计保管员1人,门卫1人,杂务2人,育肥车间3人,种猪车间2人,产房及仔培车间3人,饲料加工1人。全场共计14人。

种猪车间负责种公猪的饲养管理和配种,空怀母猪和后备猪的饲养管理和配种,妊娠母猪的饲养管理。每月配种数不低于43头,转入产房母猪不少于37头。每头母猪产活仔猪不少于9头。如达到要求数量,每月每人奖励30元,达不到者罚款每月每人30元。

产房及仔培舍负责母猪、仔猪的日常饲养管理。要求70日龄猪群体重平均达到20 kg。产房成活率不低于90%,超1头奖励10元,少1头罚10元。仔培成活率不低于95%,多1头奖5元,少1头罚5元。

育肥车间负责育肥猪的饲养管理,饲养量1 000头,成活率不低于98%,出栏肉猪超出1头奖30元,少1头罚30元。

生产实践证明,实行任务到车间,责任到人,定额核算,合理计酬,奖罚分明的目标责任制是一个行之有效的好办法,但各猪场情况不同,不可能千篇一律。一切指标和定额都应经调查研究制定出来才能切实可行,并且在执行过程中随着生产技术的提高及设备的改进还应不断调整和完善;但承包办法必须按期兑现,由于生产成绩突出而获得高额奖励必须如数付给,如因指标确定不当也应兑现。承包指标不应经常修订,应在年初修订。场方与饲养人员签订合同,合同期至少一年或一个生产周期。

表8-21和表8-22是规模化猪场生产参数和等级管理标准可供制定目标责任制时参考。

表8-21 100头母猪规模养猪生产参数

项目	一般水平	较高水平	项目	一般水平	较高水平
情期受胎率(%)	80	85	不同龄猪的增重(g)		
分娩率(%)	85	95	0～35日龄	155	165
窝产仔总数(头)	11	11.5	35～70日龄	400	450
窝产活仔数(头)	10	10.5	70～180日龄	645	750

续表 8-21

项目	一般水平	较高水平	项目	一般水平	较高水平
猪只死亡率(%)	15	10	两胎间隔时间(天)	176	146
0～35 日龄	10	6	断奶—配种(天)	20	15
35～70 日龄	3	2	母猪年产窝数	2.0	2.2
71～180 日龄	2	2	一头母猪年产肉猪数(头)	17	20.86
各年龄猪活重(kg)			一头母猪年产肉猪重(kg)	1 271	1 877
初生	1.25	1.25	屠宰率(%)	71	73
35 日龄	6.7	7.00	每头胴体重(%)	63.9	76.65
70 日龄	19.25	22.5	一头母猪年产胴体重(kg)	1 086	1 599
180 日龄	90	105	胴体瘦肉率(%)	56	58

表 8-22　规模化猪场等级管理标准参考表

项目	级别			注释
	一级	二级	三级	
成年母猪产窝数	>2.0	>1.8	>1.6	
产活仔数(头)	>20	>18	>16	
断奶育成率(%)	93	90	87	应以 35 天计算
断奶后成活率(%)	98	95	90	应以 70 天计算
0～90 kg 天数	<170	<180	<185	初生到 90 kg 体重
母猪年提供肉猪(头)	>18	>16	>13	也可以出栏数计
肥育期料重比	3.5	3.7	4.0	育肥期计
料重比(带全群)	3.8	4.0	4.3	或用带全群指标
直接人员人均养猪数(头)	>500	>460	>400	直接参加生产人员
在编人员提供肉猪数(头)	>350	>300	>250	在编人员
饲养人员人均产值(万元)	>20	>18	>16	以现行收猪标准计
在编人员平均产值(万元)				按现价计
1 m^2 产肉猪(头)	>1.4	>1.2	>1.0	以各类猪舍面积计
1 m^2 建筑面积产肉猪(头)	>1.0	>0.9	>0.8	全场面积
考核办法	记录完善;按纪录总结;领导部门颁发登记证			

第四节　财务管理与经济核算

提高经济效益是一切企业的核心问题，而财务管理和经济核算是达到提高经济效益的重要手段，它是为提高经济效果而精打细算的经营管理工作。

一、财务管理

财务管理的任务是按照国家的有关政策正确处理本场同各方面的财务关系，合理组织资金，保证生产需要。并力求减少非生产性支出，降低生产成本，提高经济效益。

(一)编制财务计划

财务计划是在生产计划的基础上制订的，它从财务方面保证生产计划的实施。猪场的财务计划，应具体规定一年中的产品种类、数量、质量，各种产品的产值和总产值，生产成本、利润劳动生产率等各项指标。围绕这些指标，还要具体规定销售收入，提出折旧基金、零星固定资产购置费等。

(二)严格财务制度

为了加强财务管理，必须制定和严格执行各种财务制度。

1. 会计人员岗位责任制

要求会计人员：第一，应做好记账、算账、报账等业务工作，保证当日清，不错不漏；第二，按月、季、年结出账目，编制会计报表，以便分析研究；第三，编制财务报表，定时报送领导；第四，配合技术人员做好各种核算。出纳人员也应有明确的职责。

2. 仓库保管制度

猪场应当由饲料、物资的保管零用制度。饲料、物质进场入库，应核实、质检、登记；物品应按品种、规格等分类存放，并有明确标识；发放饲料或物品应保质保量，手续齐全；存放的物品应防潮、防霉、防蛀、防鼠、防盗；经常与采购或相关人员联系，防止物资积压或供应空缺，保证均衡稳定供应。

二、经济核算

提高经济效益实一切企业的核心，而经济核算是达到提高经济效益的重要手段。

(一)概念

经济核算是在国家统一计划指导下，对企业在生产过程中的资金占用、劳动消耗(一切活劳动和物化劳动消耗)和一切经营成果进行记载、计算、考察和对比分析的一种经济管理方法。通过对比分析，促使企业更好地利用人力(活劳动)、物力(物化劳动)、财力(人力和物力的价值形式(活劳动))，做到以较少的劳动消耗，取得较多的生产经营成果。

实行经济核算可推动人们自觉认识和利用资金、效率、成本、效益等经济办法管理经济，可使劳动者从切身的物质利益上关心改善经营管理，从而有利于养猪企业提高管理水平；经济核算要求企业必须按照经济核算的原则进行计划管理，把计划管理建立在经济核算的基础上，而且对每一个计划项目都要进行经济核算，从而有利于加强计划管理；通过经济核算，可使企业不断发现生产中的薄弱环节，分析效率低、消耗高、产出低、效益差的关键问题，有利于企业学习和运用先进的科学技术；实行经济核算，有利于杜绝生产中的浪费和经济领域中的贪污盗窃等不法行为。

(二)经济核算的条件

经济核算必须有一定的条件保障。

(1)企业应有经营自主权。企业应有权选择灵活多样的经营方式；有权安排自己的供产销活动；有权拥有和支配资金；有权依照规定任免、选择使用工作人员；有权自行决定用工办法和工资奖励方式；有权在国家允许范围内根据市场供求定价产品。

(2)企业应有严格的责任制和业务制度。

(3)企业应制定各种经济定额。包括劳动定额、物资消耗定额费用定额等。没有健全完整的定额,核算就没有依据。

(4)健全原始记录。对职工应当完成任务的数量、质量、费用等有准确、真实、完整的记录,以便为经济核算提供重要依据。

(5)设置必要的计量手段。实行经济核算必须在生产经营的全过程中,设置必要的计量器具,严格计量,保证记录和核算的正确与准确,分清各部门和个人的责任。

(6)制订场内计划价格。场内计划价格包括各类物资的计划价格、阶段成品(配种受胎、产仔、断奶、保育、生长、育肥出栏)的计划价格、劳务的计划价格等。场内计划价格是划清企业内部各部门之间经济责任的重要手段,也是企业进行内部核算的依据。凡场内各部门之间物资的领退、在制品的转移,劳务的提供等,一律按场内计划价格进行等价交换。

(三)方法

为了正确、及时、全面地反映和考核经济核算各项指标的完成情况和经营管理计划的执行情况,企业常采用三种统计方法综合进行核算,即会计核算、统计核算和业务核算。三种方法密切配合,相辅相成,互相补充,形成完整的核算体系,其中业务核算是最基础的核算。

1.会计核算

它是以货币为统一度量,综合、连续、系统、全面地记录、计算、考核再生产过程中的经济活动,提供适应管理过程需要的事前、事中、事后的数据和资料。如资金的取得和周转、物资的消耗与回收、费用与成本、收入与盈亏等方面的指标。具体做法是采用货币计价、会计凭证、复氏记账、账户体系、成本计算、资金平衡和会计报表等一整套方法;对企业的生产经营活动进行连续、系统的核算。

通过会计核算，可以掌握各项财产和资金的实有数，可以比较系统地记录和反映企业资金的运动和再生产过程，可以为编制计划和检查分析计划的执行情况提供必要的资料，特别是能够提供一些综合反映企业经营状况的价值指标，如资金占用的多少、产品成本的高低、利润的大小等。

2. 统计核算

它是以实物量、劳动量、价值量（货币的量）为计量单位，反映企业和企业内部各核算单位总体的或个别的经营活动状况的方法。用何计量单位，重要取决于核算对象。统计核算主要侧重于从数量方面对企业的经营活动进行大量的调查研究和统计、整理、分析，从中揭示企业的经济活动和生产发展变化的规律性。

通过统计核算，可以获得从不同方面反映企业生产经营活动情况的许多重要的数量和质量的指标。如产品的数量、质量、商品率、劳动生产率、出勤率、各项消耗定额、原材料利用率、设备利用率等资料，还可以得到如平均工资、设备的平均生产能力、种猪的平均生产力等重要的平均指标。利用统计核算，不仅能计算当前的实际水平和比例关系，还可以计算变动的速度，预测发展的趋势，为分析问题、制定计划提供依据。

统计核算有自己独特的方法，如分组法、平衡法、动态法、指数法、抽样法及典型调查、全面调查、重点调查、抽样调查等。

3. 业务核算

它是对个别的经济业务或某类的经济业务所进行的核算。它是反映和监督具体经济业务和生产技术的一种方法。它的核算范围不固定，方法也很灵活。

业务核算的重要作用在于及时反映某项技术业务的进行情况，以便有关人员可以迅速掌握动态，便于有效地采取对策。如生产部门对主要原材料或饲料、水电、动力消耗情况的核算。许多技术经济指标是靠业务核算提供的，如饲料消耗指标、受胎率指标、成活率指标等。

(四)内容

养猪企业经济核算的内容包括两个方面，一是基本建设中的经济核算，即对每一个建设项目、建设方案的投资效果进行核算。二是生产活动中的核算，主要有资金核算、生产成果核算、劳动工资核算、产品成本核算、利润核算。这五个方面之间密切联系，互相补充，构成一个完整的核算体系，其中以成本核算为中心。在此仅介绍成本核算。

(五)资金核算

加强资金核算与管理，有利于保证企业再生产的资金需要，加速资金周转，以尽可能少的资金占用和消耗，取得尽可能多的生产经营成果。

1. 企业资金

(1)资金。养猪企业所拥有或控制的、能以货币计量的、为企业提供经济效益的一切经济资源，包括现金、库存材料、猪群、存款等流动资产与猪舍建筑、设备等固定资产、无形资产、长期投资等均称其为企业资产。而资产价值的货币表现即为资金。

(2)资金构成的分类。养猪企业的资金一般由猪舍、设备、原材料、猪群、货币等形态的资金构成。根据它们在企业再生产过程中的用途和周转方式不同，将资金分为固定资金、流动资金和专用基金三类(表 8-23)。

表 8-23　企业的资金分类及其构成

<table>
<tr><td>固定资金</td><td colspan="3">流动资金</td><td>专用基金</td></tr>
<tr><td colspan="2">生产资金</td><td colspan="2">流通资金</td><td rowspan="3">更新改造基金、大修基金、科技投入等</td></tr>
<tr><td>固定生产资金</td><td>流动生产资金</td><td rowspan="2">库存及发出商品</td><td rowspan="2">结算资金、货币资金等</td></tr>
<tr><td>房屋、猪舍、设备等</td><td>饲料、燃料、电力动力、低值易耗品</td></tr>
</table>

固定资金：固定资产价值的货币表现即为固定资金（或是指固定资产所占用的资金）。固定资产是指使用期限超过一年，单位价值在规定标准以上，并且在使用过程中保持原有物质形态的资产，包括房屋及建筑物、机器设备、运输工具、器具等。凡不具备这两个条件的视作低值易耗品。由于固定资产的价值随时间的推移而逐步老化、损坏，因此其价值每年应部分转移到产品中去，直至报废，再更新才完成一次周转。所以固定资产每年要提留折旧费、大修基金，列入当年的生产成本，均摊到商品猪上。提高固定资产的利用率也就降低了成本。

流动资金：流动资产价值的货币表现即为流动资金（或是指流动资产所占用的资金）。流动资金依次通过生产储备资金（饲料等）、在产品（生长猪等）、生产成品（待出栏肥猪等）三种形态的运动，称为资金周转。流动资金周转一次所需的时间称为周转周期。流动资产是指在一年内或一个营业周期内可以变现或耗用的资产，如仔猪、生长育肥猪、公母猪（有的把种公母猪归为固定资产）、饲料、燃料、兽药、低值易耗品、银行存款、现金、短期投资、应收及预付账款等。流动资产在生产、流通过程种不断改变原来的物质形态，一般只参加一个生产过程就被消耗掉了，其价值也一次全部转移到新产品中去了。流动资产是保证生产经营持续进行的必要条件。

专用基金：这是为了特定的需要，以一定的来源形成并具有专门用途和使用范围的资金。主要有更新改造基金、大修理基金、企业基金、生产发展基金、职工福利基金、职工奖励基金等。专项基金应做到专款专用，先提后用。

2. 资金核算

资金的核算主要是核算固定资金和流动资金的利用情况，衡量资金的利用效果，是将资金的占用量同所取得的成果进行比较。

(1)固定资金核算。固定资金核算包括固定资金利用核算和折旧核算。

①固定资金利用核算。反应固定资金利用情况的主要指标有设备利用率、设备生产率、固定资产产值率和固定资金盈利率。

设备利用率是设备的实际使用天数或时数与日历天数或时数的比率。它反应正在使用的设备在时间上的实际利用情况。设备利用率与设备是否配套,生产任务是否饱和,生产过程的组织是否合理有关。

$$日历时间设备利用率=\frac{设备有效作业时间}{日历时间}$$

设备生产率是反映企业的机器设备在单位工作时间内的产品产量。

$$每台时平均产量=\frac{产品产量}{设备台数\times设备工作时间}$$

固定资金产值率是反映单位价值的固定资金在一定时期内生产的总产值。数值越大,表明固定资产综合利用效果越好。

$$固定资金产值率=\frac{总产值}{固定资产平均原值}$$

固定资金盈利率是反映单位价值的固定资金在一年内的盈利状况。

$$固定资金盈利率=\frac{全年盈利总额}{全年固定资金占用总额}$$

②固定资金折旧核算。为了对已经磨损消耗的固定资产进行大修理和更新,必须按期将其磨损计入生产成本,在产品销售出去之后,回收这笔费用,积累起来,以便在一定时期以后用于大修理和更新。这种按期将固定资产磨损消耗转作生产成本的方式叫折

旧。这部分转作生产成本的固定资产损耗的价值叫折旧费。固定资产的损耗除有形损耗外，还包括由于科技进步而引起的固定资产贬值的无形损耗。

固定资产折旧有为固定资产的更新而提取的折旧，为基本折旧；为支付大修理费用而提取的折旧，称为大修理折旧。计算固定资产折旧一般采用使用年限法和工作量法。

$$每年基本折旧额=\frac{固定资产原值-残值-清理费用}{使用年限}$$

$$每年大修理折旧额=\frac{使用年限内大修理次数\times每次大修费}{使用年限}$$

在实际工作中，如果主管部门事先规定了折旧额，就可根据固定资产原值计算折旧额。

某项固定资产折旧额＝该固定资产原值×该固定资产折旧率

(2)流动资金核算。主要是核算流动资金占用情况和利用程度。指标有产值资金率、流动资金盈利率和流动资金周转率。

①产值资金率，即每百元产值占用的流动资金。

$$百元产值占用流动资金=\frac{流动资金平均占用额}{总产值}\times100$$

公式中平均流动资金占用额是指一年内平均占用流动资金的数额。一般按四个季度平均计算。

②流动资金盈利率。它主要反应资金周转速度，表明流动资金使用的实际经济效果。

$$流动资金盈利率=\frac{全年盈利总额}{使全年平均流动资金占用额}$$

③流动资金周转率，是反映流动资金周转速度的指标。包括全部流动资金周转率好定额资金周转率。用周转一次需要的天数

表示。全部流动资金周转率计算公式如下：

$$流动资金周转次数=\frac{计算期产品销售收入总额}{计算期流动资金平均占用额}$$

$$流动资金周转天数=\frac{计算期天数}{周转次数}$$

(六)生产成果的核算

生产成果的核算包括产量和质量两方面指标。

1. 产量指标

产量指标有三种形式，一是实物量，二是劳动量，三是价值量。实物量为基本形式。一般采用商品产量、商品产值、总产值和净产值四个指标。

①商品产量，是企业生产的可供销售的一切合格产品。产量单位一般以头或千克表示。可用产量和查两计划完成率衡量。

$$产量计划完成率=\frac{实际完成产量}{计划产量}\times 100\%$$

②商品产值，即以货币形式表示的商品产量。通过它可以测算企业的销售收入。

③总产值，即以货币形式表示的生产工作总量。综合反映企业的全部生产成果，是计算产值利润率等指标的依据。

④净产值，是反映企业新创造的价值。

2. 质量指标

它是企业各种产品应达到的质量标准。包括受胎率、成活率、健猪率、出栏肥猪背膘厚、瘦肉率等指标。

(七)劳动工资核算

劳动工资核算包括劳动生产率核算好工资核算。

1. 劳动生产率核算

它反映养猪企业劳动者在一定时间内生产猪产品的能力，是劳动者取得的劳动成果和相应的劳动消耗之间的比率。这种比率通常用单位时间内创造猪产品的量，或消耗于单位猪产品的劳动时间来衡量。

$$\text{养猪企业劳动生产率（用产量表示）}=\frac{\text{质量合格的猪产品数量}}{\text{消耗的劳动时间}}$$

$$\text{养猪企业劳动生产率（用时间表示）}=\frac{\text{消耗的劳动时间}}{\text{质量合格的猪产品数量}}$$

公式中的产品数量可换为产值、净产值或纯收入。

公式中的消耗劳动时间既可指消耗的物化劳动和活劳动的总和，也可仅指消耗的活劳动时间。一般只计算活劳动时间的消耗。它既可按全体直接生产工人计算，也可按企业全体劳动者计算。具体化为人年、人日、人时，通常以人年为计算单位。

$$\text{生产工人劳动生产率}=\frac{\text{总产值和实物量}}{\text{生产工人平均人数}}$$

$$\text{全员劳动生产率}=\frac{\text{总产值和实物量}}{\text{全部职工平均人数}}$$

因而衡量养猪企业劳动生产率的最常用指标就有人年生产产品数量、单位产品耗工时数、人年创产值数、人年创纯收入等。

2.工资总额核算

主要核算工资总额的实际数与计划数的差异情况及工资总额的变动与构成情况。

(八)成本核算

1.成本和成本核算的概念

成本即费用，指在平均生产条件下，生产商品所消耗的物化劳动和活劳动的总和。也就是所消耗的生产资料的价值和劳动者支出的必要劳动所创造价值的总和。

2.成本分类

(1)按经济用途划分,其费用类别叫产品成本项目(图 8-4)。

- 价格
  - 产品成本
    - 物化劳动
      - 饲料、燃料费
      - 医药费
      - 低值易耗品费用
      - 电力、动力费
      - 固定资产折旧费等
    - 活劳动
      - 工人工资
      - 管理人员工资
      - 奖励、福利等
  - 税金
  - 利润

图 8-4 按经济用途划分的成本项目

(2)按计入成本的方法划分,一般分为直接费用和间接费用。

①直接费用(成本)。直接费用指生产过程中的直接消耗费用,包括劳动消耗和物质消耗,也叫直接生产费用。

劳动消耗:包括交付给饲养人员、配种、防疫、饲料生产、加工人员的工资、奖金、福利费等支出。

物质消耗:包括消耗的饲料、医药、用具、水电、燃料、低值易耗品、公母猪饲养成本给折旧、固定资产折旧、大修等费用。

②间接费用(成本)。间接费用指为组织和管理生产经营活动而发生的各种费用,包括管理费用、销售费用和财务费用。

管理费用:包括由企业统一负担的公司经费、工会经费、董事会会费,行政闲杂人员工资、福利、办公费等,技术转让费、技术研发费,咨询费、职工教育经费、劳动保险费、待业保险费,税金、土地使用费、无形资产摊销、业务招待费以及其他管理费。

销售费用:包括销售产品或提供劳务过程中发生的应当由企

业负担的运输费、装卸费、包装费、保险费以及专设销售机构的人员工资和其他经费等。

财务费用：包括企业经营期间发生的利息支出、汇兑净损失、银行手续费等。长期负债的应计利息支出；筹建期间的，计入开办费；生产经营期间的，计入财务费用；清算期间的，计入清算损益；与购建固定资产或者无形资产有关的，在资产尚未交付使用或虽已交付使用但尚未办理竣工决算以前，计入购建资产的价值；流动负债的应计利息支出，计入财务费用。

把成本中的各种费用区分为直接费用和间接费用，是为了便于计算成本，便于通过成本分析找出降低成本的方法。

(3)按生产费用（成本）与产量的关系划分，可分为变动费用（变动费用的综总和就是变动成本）与固定费用（固定费用的综总和就是固定成本）。

变动费用：是指随产量增减而正比例增减的费用。如原材料、饲料、计件工资等。

固定费用：是与产量怎增减没有直接关系而相对稳定的费用。如折旧费、管理人员工资等。

将费用划分为变动费用和固定费用，有利于成本的预测、决策、控制、分析和管理。

3. 成本核算

猪场生产成本核算有分群核算和混群（全群）核算。分群成本计算是按猪的年龄、生理阶段和饲养工艺划分为若干群，分群归集生产费用，分群计算产品成本。混群核算是以整个猪群作为成本计算对象来归集生产费用，也是各分群成本之和。在实际工作中，为了便于及时发现猪场各阶段的薄弱环节或关键问题，加强对猪场各阶段饲养成本控制和管理，分群成本核算必不可少。在此仅介绍分群成本核算。

猪场一般将猪群划分为：

后备猪群：包括育成猪、后备猪、鉴定猪。

种猪群：包括成年公、母猪、哺乳仔猪。

仔猪群：指断奶仔猪（保育猪）。

肥猪群：指育肥猪。

生产中一般要计算猪群的增重成本、活重成本和饲养日成本。

1. 增重成本计算公式

增重成本是反映猪场经济效益的一个非常重要的经济指标。

（1）哺乳仔猪增重成本计算公式：

$$哺乳仔猪单位成本=\frac{种猪群饲养费用合计-副产品价值}{哺乳仔猪总增重}$$

仔猪总增重量＝期末活重＋本期离群活重＋本期死亡重量－本期初生重量

（2）断乳仔猪、生长猪、育肥猪增重成本计算公式：

$$某猪群增重单位成本=\frac{该猪群饲养费用合计-副产品价值}{该猪群总增重}$$

该猪群重量＝期末活重＋本期离群活重＋本期死亡重量－期初活重－本期转入重量

2. 活重成本计算公式

（1）哺乳仔猪活重成本计算公式：

$$哺乳仔猪活重单位成本=\frac{种猪群饲养费用合计-副产品价值}{哺乳仔猪断乳总活重}$$

哺乳仔猪断乳总活重＝期末活重＋本期离群活重＋本期死亡重量

（2）断乳仔猪、生长猪、育肥猪活重成本计算公式：

$$某猪群活重单位成本=\frac{该猪群活重总成本}{该猪群总活重}$$

该组群活重总成本＝该猪群饲养费用合计＋期初活重总成本＋转入总成本－副产品价值

该猪群总活重＝该猪群期末存栏活重＋本期离群活重（不包括本期死猪重量）

3.饲养日成本计算公式

饲养日成本是指某猪群平均每头猪一日所花费的费用，是考核猪场饲养费用水平的一个重要指标。

$$\text{某猪群饲养日成本}=\frac{\text{该猪群饲养日费用合计}}{\text{该猪群日饲养头数}}$$

（九）利润核算

1.利润

企业利润是扣除成本和税金后的纯收入。它是企业在一定时期内以货币表现的最终经营成果。

利润＝产品价格－产品成本－税金

毛利又称税前利润，是扣除成本后的收入。

毛利＝产品价格－产品成本

2.利润核算

可从利润额和利润率两个方面进行考核。

（1）利润额。利润额是利润的绝对数量。它包括产品销售利润和总利润两个指标。

销售利润＝商品销售收入－生产成本－销售费用－税金

总利润＝产品销售利润±营业外收支净额

（2）利润率。利润额只能反映利润的多少，而利润率可以反映利润的水平。利润率包括称成本利润率、产值利润率、资金利润率和投资利润率 4 个指标。

①成本利润率，它是销售利润与销售产品成本的比率。它从利润上反映企业劳动消耗的效果。

$$成本利润率=\frac{销售利润}{销售产品成本}\times 100\%$$

②产值利润率，是总利润与总产值的比率。它从利润上反映企业综合生产能力的效果。

$$产值利润率=\frac{总利润额}{总产值}\times 100\%$$

③资金利润率，是总利润与占用资金总额的比率。它从利润上反映整个企业经济活动的好坏。

$$资金利润率=\frac{总利润额}{占用资金总额}\times 100\%$$

④投资利润，是企业全年利润额与基本建设投资总额的比率。它从利润上反映投资效果的指标。

$$投资利润率=\frac{年利润额}{基本建设投资总额}\times 100\%$$

第九章　猪病防治

第一节　猪传染病的预防

一、传染病的概念与危害

传染病是由病原微生物引起的、具有一定潜伏期和临床症状并具有传染性的疾病。

目前,我国养猪业正迅速向专业化、规模化、集约化方向发展。由于规模的扩大和高密度的饲养方式,降低了成本,提高了生产水平和经济效益,同时,也为猪传染病的发生和流行创造了有利条件,数量大使得猪场个别猪发病不可避免,密集饲养使得猪只接触密切,一旦有疫情,就很可能在猪群中迅速传播开,除了造成死亡的直接经济损失外,猪只发育生长缓慢,饲料利用率降低,药物、人力等方面的损失也十分巨大,并还会给猪场留下病根,成为后患。因此,必须首先了解传染病发生的条件,以便采取相应的技术措施,切实做好防疫工作,保证养猪业顺利健康发展。

二、传染病发生的条件

家畜传染病的流行过程,就是从家畜的个体发病发展到家畜群体发病的过程,也就是传染病在畜群中发生和发展的过程。传染病在畜群中蔓延流行,必须具备三个相互连接的条件,即传染源、传播途径和对传染病易感的家畜。当这三个条件同时存在并相互联系时就会造成传染病的蔓延。因此,掌握传染病流行过程的基本条件及其影响因素，有助于我们制定正确的防疫措施，控制传染病的蔓延和流行。

（一）传染源

传染源是产生病原微生物（病原体）的根源，病原微生物是传染病发生和传播的根本原因，没有传染源和病原微生物，传染病就不可能发生，因此，加强猪群的健康监测与检疫，及时发现与消灭传染源或防止引入病原携带者，是防制传染病发生与流行的重要环节之一。

（二）传播途径

病原体由传染源排出后侵入新的动物体的过程中，在外界环境停留、转移所经历途径称为传播途径。研究传播途径的目的在于切断病原体继续传播的途径，防止易感动物受传染，它是防制传染病发生与流行的又一重要环节。

在传播途径上可分为直接接触传播和间接接触传播：

1. 直接接触传播

它是指在没有任何因素参与下，病原体通过被感染的动物（传染源）与易感动物直接接触而引起的传播方式。许多传染病都可以通过直接接触传播，所以发生传染病后隔离病畜非常必要，但以直接接触传播为主要传播途径的传染病（如狂犬病，猪痘、猪喘气病）并不多，所以，为控制传染病的传播，仅靠隔离病畜是不够的。

2. 间接接触传播

它是指在外界环境因素的参与下，病原体通过传播媒介使易感动物发生传染的方式。传播媒介主要有空气、土壤、饲料、饮水、人类以及鼠、猫、飞鸟等动物，蚊、蝇等昆虫。大多数传染病如口蹄疫、猪瘟、猪传染性胃肠炎等虽然可通过直接接触传播，但以间接接触传播为主要传播方式，所以，为控制传染病的传播，除了采取隔离病畜等措施外，还应高度重视传播媒介。

间接接触传播一般经如下几种媒介传播：

(1)空气(飞沫、飞沫核、尘埃)传播。经空气而散播的传染病主要是通过飞沫、飞沫核或尘埃为媒介而传播的。

经飞散于空气中带有病原体的微细泡沫而散播的传染称飞沫传染。呼吸道传染病如猪气喘病、猪萎缩性鼻炎、猪流行性感冒等主要是通过飞沫而传播的,猪传染性胃肠炎、猪肺疫等也可通过飞沫传播。病猪一次喷出的飞沫传播的距离不过几米,时间最多几小时。不过潮湿、阴暗、低温和通风不良时飞沫飘浮的时间较长,其中的病原体死亡较慢,一般在冬春季节、圈舍条件差而拥挤容易导致该类病的流行。因此,每排猪舍间有适当的距离,每间猪舍设隔墙,保持猪舍干燥、温暖、阳光充足和通风良好将有利于控制该类传染病的传播。

含有病原体的飞沫干燥后,便形成由蛋白质和病原体组成的飞沫核在空气中飘扬造成传播;被传染源污染的饲料、粪便、土壤等干燥后,由于空气流动冲击,使带有病原体的尘埃在空气中飘扬造成传播。它们较飞沫在空气中飘浮的时间久,传播的距离远。

(2)污染的饲料及饮水传播。以消化道为主要侵入门户的传染病如口蹄疫、猪瘟、猪丹毒、猪肺疫、仔猪副伤寒、猪传染性胃肠炎、大肠杆菌病等,其传播媒介主要是污染的饲料和饮水。病畜的分泌物、排泄物和病畜尸体及其流出物直接污染了饲料和饮水,或污染了饲槽、水池、水桶、管理用具、车船、猪舍等辗转污染了饲料、饮水而传给易感猪。因此,应在猪舍的设计、卫生管理、防疫消毒制度等方面严格把关,防止饲料和饮水的污染。

(3)污染的土壤传播。能在土壤中生存较久的病原体可通过污染了的土壤传播,如破伤风、炭疽、猪丹毒等。经污染的土壤传播的传染病,其病原体对外界的抵抗力较强,疫区的存在相当牢固,因此应特别注意病畜排泄物、污染的环境、物体和尸体的处理,防止病原体落入土壤,以免造成不可收拾的后患。

(4)活的媒介物传播。蚊、虻等吸血昆虫可通过在病畜和健畜间的刺螫吸血而散播病原体，以该种方式传播的病主要有猪乙型脑炎、猪丹毒等。

家蝇、飞鸟等虽不吸血，但活动于猪场与猪场、猪舍与猪舍之间，畜体与排泄物、分泌物、尸体、饲料之间，在传染一些消化道传染病方面不容忽视。

鼠类等野生动物可机械地传播猪瘟、口蹄疫等病；还可由于野生动物对某种病原体易感，在受感染后再传染给猪，如鼠类传播沙门氏菌病、沟端螺旋体病、布鲁氏菌病、伪狂犬病等。

猫等野生动物还可作为弓型虫等寄生虫病的中间宿主，造成寄生虫病的传播。

饲养人员、兽医以及进入猪场的管理人员，参观人员，如不注意卫生防疫制度，消毒不严，在进出病畜和健畜的畜舍时可将手上、衣服、鞋底沾染的病原体传播给健畜。兽医的体温计、注射针头以及其他器械如消毒不严就可能成为猪瘟、乙型脑炎等病的传播媒介。

传染病流行时其传播途径十分复杂，可经消化道、呼吸道或皮肤黏膜创伤等借助于空气、饲料、饮水、土壤、动物与人类等传播媒介在同一代动物之间横向传播，也可通过卵巢、子宫或初乳传播到下一代，即垂直传播。

（三）猪群的易感性

猪群的易感性是指猪群对某种传染病病原体的感受性大小，猪群中易感个体所占的百分率和易感性的高低，直接影响到传染病能否造成流行以及疫病的严重程度。猪群易感性的高低与猪的遗传特性、特异免疫状态以及外界环境条件有关。

1. 猪的遗传特性

不同品种或品系对不同传染病的抵抗力有遗传上的差别，如我国地方品种对喘气病的抵抗力低于国外引入品种。不同年龄的猪对传染病的抵抗力也不同，一般幼龄猪较老龄猪对传染病的易感性高,特别是大肠杆菌病、沙门氏菌及魏氏梭菌病等。

2. 猪群的外界因素

猪的饲养管理水平、居住环境——包括温度、湿度、拥挤程度、卫生状况等是决定猪群健康水平和对传染病抵抗力的重要方面,良好的居住环境与饲养管理水平可明显提高猪群的抗病力。

3. 猪群的特异性免疫状态

给猪注射预防某种传染病的疫苗,可使猪产生对该种传染病的特异免疫力,降低猪群对该种传染病的易感程度及易感个体的比率。

某些传染病流行时,猪群中易感性最高的个体容易死亡,余下的个体或耐过,或经过无症状传染都可获得特异免疫力。所以,某种传染病流行之后该猪群对该传染病的易感性降低,该猪群母猪所生后代可通过吃初乳获得免疫,在幼龄期对该病具有一定的免疫力。

某些传染病常在的地区或猪场,猪群的易感性很低,大多表现为无症状传染,其中不少带菌者并无临床表现,但从无该病地区或猪场引进的猪群一被传染常引起急性暴发。

三、预防传染病的主要措施

传染病的发生必须同时具备上述三个条件,似乎只要消除其中一个条件就能防止传染病的发生。但在实际上并不可能,因上述每一个条件都有其复杂性,都难以彻底消除。

传染源与病原体在自然界分布很广,几乎是不可能被彻底消灭,只能在小范围内,通过宰杀和消毒,达到短期内消灭某种或某些传染源与病原体的目的。由于猪场不可能与外界完全隔绝,不久又会受到污染。即便在小范围内,有时病猪也难以及时发现和隔离,隐性带菌者更难以发现,非烈性传染病又不可能全部扑杀,所以,传染源与病原体不可能被彻底消灭。

猪在生活过程中必须呼吸、饮食，体表也常和地面或其他异物接触。能作为病原体媒介物的空气、饲料、饮水、土壤、工具、器械等难保绝对不受污染；活的媒介物如蚊蝇等昆虫、鼠类等野兽也不可能全部被消灭；进出猪场的人员消毒不一定完全彻底，所以传播途径这一环也是无法彻底切断的。

降低易感性方面，给猪注射疫苗可产生免疫力，但随时间的推移，免疫力会逐步降低，个体间也存在差异，当大量或强毒病原体、或已发生变异的病原体侵入体内时，也仍会得病。况且有些传染病的疫苗保护率并非百分之百，有些传染病至今还未制成疫苗。所以，免疫也不是绝对的。

综上所述，可知预防传染病不能依靠单一措施，必须从消灭传染源与病原体，切断传染途径和降低易感性三方面同时进行，采取综合性措施才能奏效。而且要严格把关，坚持经常。以下分 12 个方面进行叙述。

（一）场址选择与建筑物布局

场址选择与建筑物布局要重点考虑切断传播途径。猪场场址应选择地势高燥、背风、向阳、水源充足、水质良好、排水排污方便、无污染、供电和交通方便的地方，并远离铁路、公路、城镇、居民区 500 m 以上，离开屠宰场、畜产品加工厂、垃圾场及污水处理场所、风景区 1 000 m 以上，周围建有围墙或防疫沟。场址最好设置于种植区内，有利于种养结合，形成良性的生态循环。

猪场的建筑物布局既要考虑生产管理方便，又要避免猪、人、饲料、粪便等的交叉污染。猪场的生活区与生产管理区、生产区、隔离区要严格分开。

1. 生活区

包括职工宿舍、食堂和文化娱乐室等。一般宜设在猪场大门外地势较高处和上风或偏风向。

2. 生产管理区

包括办公室、接待室、饲料工厂、车库、杂品库、消毒池、更衣消毒和洗澡间、水电供应设施等。本区与社会往来密切，兼有经营管理、物料供应、和产品输出三大功能。距生产区不宜远。管理区大门设要设置宽同大门、长为机动车轮一周半水泥结构的消毒池，进生产区门口设消毒池、更衣消毒和洗澡间。饲料工厂具有接纳、加工、调制、贮存等功能，其地域位置一般面向生产管理区，背靠生产区，前面纳入来料，后面输出成品，厂区前后门均应设置消毒池。生产管理区应设在生产区上风或偏风向。

3. 生产区

包括各类猪舍和生产设施。该区严禁车辆进出，各猪舍由料库内门领料，靠围墙处设装猪台，售猪时由装猪台装车。种猪舍、保育舍和肥猪舍间应有一定距离，要求在 20 m 以上，如有条件可在 500 m 以上。在配种、怀孕、分娩、保育、生长、育肥猪舍门口设置脚浴盆，内放消毒液供往来人员出入消毒。场内道路应分设净道和污道，互不交叉，净道用于运送饲料、产品等，污道则专运粪污、病猪、死猪等。水塔应建立在生产区地势高亢的地方，应汲取深井地下水，忌用地面渗漏水。水质应符合人饮用水的卫生质量要求。

4. 隔离区

包括兽医室、隔离猪舍、病死猪无害处理间、粪污处理及贮存设施等。该区社在整个猪场的下风或偏风向、地势低处，最好与生产区保持 300 m 以上的距离。该区是卫生防疫和环境保护的重点。

(二)创造良好的居住环境，加强饲养管理

良好的居住环境和高水平的饲养管理不仅可以提高生产性能，而且也是提高猪群健康水平、增强猪群抗病力、降低猪群易感性、预防传染病发生的积极主动措施。因此平时应保持圈舍清洁舒适，通风良好，冬季保温防寒，夏季凉爽防暑。合理制订并严格执行各类猪的饲养管理规程，提高猪群的健康水平。

（三）坚持自繁自养

猪场频繁各地引种，极易将各种病原引入本场，同时，由于新引猪与原有猪对不同病原体的易感性可能不同，极易暴发传染病。因此，猪场应坚持自繁自养，尽可能少引或不引种，特别对于种源缺乏或不稳定的地区。

（四）精选种源，引种检疫

一个猪场引种有时是不可避免的，为防止引猪带来传染病，需由特定猪场一个健康猪群提供，而不应由几个不同的猪场或猪群提供。同时，引种前必须详细了解该猪场猪群的健康状况，并要求猪场满足如下 3 个条件，确定可靠的免疫程序；有良好的供应历史；保证没有特定的传染病。另外，引种时应进行检疫，引入猪不应有猪瘟、伪狂犬病、猪痢疾密螺旋体、传染性胃肠炎、流行性腹泻、疥癣等病。引种后还应进行隔离观察 2～3 个月，检疫合格后才可与原猪群合群。

（五）隔离饲养，全进全出

养猪生产有连续饲养和隔离饲养、全进全出两种方式，“连续饲养”是在一栋猪舍饲养几批年龄不同的猪群，转群或出售时不能一次全部调出，新猪群调入时部分猪舍仍留有尚未调走猪群，这样容易造成各种慢性传染病的循环感染，使猪的生产性能和健康水平日趋下降，治疗费用增加，经济效益下降。

隔离饲养又叫多隔离点生产，是国外商品猪生产用的越来越多的一种健康管理系统名称。这种系统的基础是将处于生命周期不同阶段的猪养在不同的地方。多点养猪时，生产过程划分为配种、妊娠和分娩期，保育期，育肥期。可将这些处于不同阶段的猪放在三个分开的地方饲养，距离最少在 500 m 以上。也可采用两点系统，即配种、妊娠和分娩在一个地方，保育猪和育肥猪在一个地方。采用这一方法宜采用早期断乳(10～20 日龄),并在每次搬迁隔离前对猪群进行检测,清除病猪和可疑病猪。这样有利于消灭原猪群中存在的病原体,防止循环感染。

隔离饲养结合"全进全出"更好。"全进全出"即同批猪同期进一栋猪舍(场),同期出一栋猪舍(场),猪全部调出后,经彻底清扫消毒后空闲一周再进下一批猪。这样可以消灭上批猪留下的病原体,给新进猪提供一个清洁的环境,进一步避免循环感染和交叉感染。同时,同一批猪日龄接近,也便于饲养管理和各项技术的贯彻执行。

(六)卫生消毒

1. 消毒的基本知识

(1)消毒的概念与作用。消毒就是杀灭或清除传染源排到外界环境中的病原微生物。其目的是切断传播途径,阻止动物传染病的传播和蔓延。不同传染病的传播途径不尽相同,消毒工作的重点也就不一样。主要经消化道传播的传染病,如猪瘟、猪丹毒、猪肺疫、口蹄疫、仔猪副伤寒、猪传染性胃肠炎、大肠杆菌病等,是通过被病原微生物污染的饲料、饮水、饲养工具等传播的,搞好环境卫生,加强饲料、饮水、地面、饲槽、饲养工具等的消毒,在预防该类传染病上具有重要意义。主要经呼吸道传播的传染病,如猪气喘病、萎缩性鼻炎、流行性感冒等,患病猪在呼吸、咳嗽、喷嚏时将病原微生物排入空气中,并污染环境物体的表面,然后通过飞沫、飞沫核、尘埃,借助于空气传给健康动物,为了预防这类传染病,对污染了的猪舍内空气和物体表面进行消毒具有重要意义。一些接触性传染病,如狂犬病,猪痘、猪喘气病等,主要是通过病毒和健康猪的皮肤、黏膜的直接接触传播的,控制这类传染病可通过对动物皮肤、黏膜和有关工具的消毒来预防。某些蚊蝇等昆虫传播的传染病,如乙型脑炎、猪丹毒等,鼠类等动物传播的传染病,如沙门氏菌病、沟端螺旋体病、布鲁氏菌病、伪狂犬病等,这些传染病的预防必须采取杀虫灭鼠等综合措施。

对不属于特定传染病的病原微生物引起的一般外科感染、呼吸道感染、泌尿生殖道感染，虽然没有特定的传染源，但其病原体都来自外界环境、自身体表或自然腔道等，为预防这类感染和疾病的发生，对外界环境、猪体表及腔道、畜牧生产和兽医诊疗的各个环节采取预防性消毒也是非常必要的。

(2)消毒的种类。根据消毒的目的，将消毒分为预防性消毒、紧急消毒和终末消毒三类。

①预防性消毒。没有明确的传染源存在，对可能受到病原微生物污染的场所和物品进行的消毒称预防性消毒。它又包括经常性消毒和定期消毒两种。

经常性消毒是为预防传染病，在猪场大门口设有消毒室、消毒池，每栋猪舍门口设有足部消毒盆或消毒池。经常过往车辆的出入口消毒池的长度应大于一个半车轮周长的长度，宽度同出入口的宽度，在消毒池内放麻袋片或草垫浸有20%新鲜石灰乳或2%～4%氢氧化钠等消毒液，消毒药应定期添加。有条件可设喷淋装置，用0.2%～0.5%过氧乙酸或5%来苏儿对车辆进行喷淋消毒。来访人数严格限制，必要的来访者，应为其提供胶靴、防护服，洗手消毒后方可进场。种猪场和大型集约化猪场一般不允许参观，必要时应在场外居住1周以上，然后洗澡、更衣、彻底消毒后才可进场。

定期消毒是为预防传染病按拟定的消毒制度按期进行。可根据具体情况采用1周1～2次对圈舍、场地、用具等进行消毒，1个月进行一次大的彻底的清扫消毒。一批猪调走，圈舍空出后、下批猪入舍前要进行彻底清扫、消毒。

②紧急消毒。是在传染病发生时，为及时消灭刚从病猪体内排出的病原体，多次随时进行的消毒。消毒对象主要是病猪所在圈舍、隔离舍以及被病猪分泌物、排泄物污染和可能污染的一切场

所、用具和物品。

③终末消毒。是在病猪解除隔离、痊愈或死亡后，或是在疫区解除封锁前，为消灭疫区内可能残留的病原体所进行的全面、彻底的大消毒。

(3)消毒的方法。消毒方法大致划分为五大类：机械清除消毒法、物理消毒法、化学消毒法、生物学消毒法和综合消毒法。

①机械清除消毒法，是通过清扫、冲洗、洗刷、通风、过滤等机械方法清除环境及畜体上的病原体。它是生产中最常用的一种消毒方法。虽然此法不能杀灭和彻底清除病原体，但是，据测定可使猪舍细菌减少 90%以上，所以应配合其他消毒法进行，一般在化学消毒前后进行。

②物理消毒法，是指用物理因素杀灭或消除病原微生物和有害微生物的方法。包括日光、人工紫外线、火焰、焚烧、煮沸、流通蒸汽、高压蒸汽、干热灭菌消毒等。该法特点是作用迅速，消毒物品上不留有害物质。

③化学消毒法，应用化学药品的溶液或气体，进行消毒的方法。该法简便，效果可靠，但有些消毒药品有一定毒性和腐蚀性，使用时应根据消毒对象、环境等合理选用。常采用的化学消毒方法主要有喷洒法、清洗法、浸泡法、熏蒸法等。

④生物学消毒法，是利用生物发酵等方法杀灭病原微生物的方法。主要用于粪便、污水和其他废弃物的无害化处理。

⑤综合消毒法，是结合机械、物理、化学、生物等两种或两种以上方法进行的消毒。生产中多采用综合消毒法，如对猪舍的消毒常先清扫、冲洗，然后再用化学药物喷洒消毒，以确保消毒效果。

(4)影响消毒效果的因素：

①消毒方法。不同消毒方法的消毒作用和效果不同，实际中应根据消毒目的和消毒对象加以选择，不怕火或无用的物品可采用焚烧的办法，不怕湿、不怕侵蚀的物品可用药液，并可根据具体

情况联合运用不同的消毒方法。

②药物的种类及病原微生物的敏感性。不同种类的药物对同一病原微生物的作用效果不一样，不同种类的病原微生物对同一消毒药的敏感性也有明显的差别。休眠期的芽孢对消毒药的抵抗力最强，要杀灭细菌芽孢，必须选择高效消毒剂，提高药液浓度，增加药液与消毒物品的接触时间，氢氧化钠、戊二醛、甲醛、环氧乙烷可杀死芽孢。病毒对消毒药的抵抗力介于芽孢和细菌之间，氢氧化钠、百毒杀、菌毒敌、戊二醛、甲醛、环氧乙烷、过氧乙酸都有强大的杀病毒作用。大多数消毒药对细菌有作用，革兰氏阳性菌较革兰氏阴性菌对消毒药更敏感。总之，为了取得理想的消毒效果，必须根据消毒对象选择消毒药。

③药液的浓度与剂量。在一般情况下，消毒液的浓度和它的杀菌力成正比，消毒液的浓度越高，杀菌力越强。药液浓度越高，对人及动物的毒性也相应增大。因此，应选择最经济、最有效而又安全的杀菌浓度。但酒精的浓度在70%时杀菌效果最好。消毒时，要保证一定的消毒药喷洒施用量，一般最低限度不能少于每平方米300 mL。

④药液的温度。一般情况下，消毒药液加温后杀菌力显著增强，在外界温度较高的夏季，消毒药的作用较冬季为强。

⑤药物的作用时间。消毒药与微生物的接触时间越长，消毒效果越好。但各种消毒药灭菌所需时间并不相同，如氧化剂作用快，所需时间短，环氧乙烷消毒时间较长。一般至少应接触30 min以上。

⑥环境中的有机物等。环境中的有机物可大大减低消毒药的杀菌力，粪尿等污物能中和或吸附部分药物，使药物作用减弱，或对细菌起到机械保护作用，使药液不易和细菌接触，阻碍药物消毒作用的发挥。彻底的机械清扫可除去环境中90%以上的微生物。因此，在应用消毒药前，应充分进行清扫、冲洗、除去表面的有机

物，确保消毒效果。另外酸碱等理化因素也影响消毒效果。

2.常用消毒药的使用方法及注意事项

理想的消毒药应具备如下条件：杀菌谱广，作用速度快，有效浓度低，性质稳定，易溶于水，可在低温下使用，不易受有机物和酸碱等其他理化因素影响；无色、无味，对物品无腐蚀性，消毒后易除去残留药物；毒性低，不易燃烧爆炸，使用无危险；价格低廉，供应充足，便于运输。但完全理想的消毒药没有，同一消毒药不可能适合所有微生物和所有物品，实际中应根据消毒目的及消毒对象选用合适的消毒剂。

化学消毒药按其作用水平分为高、中、低三类，高效消毒剂可以杀灭一切微生物，包括细菌繁殖体、细菌芽孢、亲水病毒、亲脂病毒、真菌等。如氢氧化钠、戊二醛、甲醛、环氧乙烷有机氯等；中效消毒剂除不能杀灭细菌芽孢之外，可杀灭其他各种微生物，如乙醇、酚、碘制剂等；低效消毒药只能杀死细菌繁殖体、真菌和亲脂病毒，如新洁尔灭、洗必泰等。

化学消毒药按其结构分为酚、醇、酸、碱、氧化剂、卤素、重金属、季铵盐（表面活性剂）、染料、挥发性烷化剂等 10 类，以下只介绍一些常用化学消毒剂。

(1)环境消毒药：

来苏儿

性状　来苏儿又称煤酚皂溶液、甲酚皂溶液，主要成分是甲酚（煤酚），占 48%～52%。来苏儿为黄棕色黏稠液体，有酚臭，难溶于水，与水混合呈乳浊液。性质稳定，耐贮存。

作用与用途　本品对细菌、亲脂病毒、真菌有一定杀灭能力，常用于体表、器械、猪舍等的消毒及污物处理等。

用法与用量　1%～2%浓度用于皮肤手臂消毒，5%～10%浓度用于器械、猪舍及污物的消毒处理。

注意事项　配制时不要使用硬度过高的水。

菌毒敌(菌毒灭、复合酚、农乐)

性状 本品为深红色或深褐色黏稠液体，是一种复合酚类消毒剂，含酚41%～49%，醋酸22%～26%。气味小，毒性低，无刺激。

作用与用途 菌毒敌是一种高效、广谱消毒剂。具有杀灭多种细菌、病毒、真菌等病原微生物及寄生虫卵的功能。主要用于猪舍、笼具、排泄物的消毒。用药1次，药效可维持7天。

用法与用量 0.35%～1%溶液喷洒消毒，对严重污染的环境可适当增加浓度与喷洒次数。

注意事项 稀释用水最好不低于8℃；禁止与碱性药物或其他消毒药液混用。

农福

性状 本品为深深褐色液体，是一种复合酚类消毒剂，含高沸点煤焦油酸39%～43%，醋酸18.5%～20%，十二烷基苯磺酸23.5%～25.5%。有醋酸和煤焦油气味。

作用与用途 农福是一种高效、广谱消毒剂。具有杀灭多种细菌、病毒、真菌等病原微生物的功能。主要用于猪舍、笼具、排泄物的消毒。用药1次，药效可维持7天。

用法与用量 1∶(60～100)水溶液用于猪舍喷洒消毒；1∶60水溶液用于器具车辆浸洗消毒。

注意事项 稀释用水最好不低于8℃；禁止与碱性药物或其他消毒药液混用。

甲醛

性状 甲醛是醛类化合物应用最早的消毒剂，是一种具有强烈刺激性臭味的无色气体易溶于水和醇，常用的含甲醛37%～40%的水溶液称福尔马林。置于冷处时可因甲醛的聚合而发生浑浊沉淀，市售福尔马林常含10%～12%的甲醇或乙醇，以防止甲醛聚合。

作用与用途 甲醛具有极强的还原活性，在气态或溶液状态下均可凝固蛋白质、溶解类脂质，呈现强大的广谱杀菌作用，对细菌、病毒、芽孢、霉菌等均有效。

消毒应用、用法与用量 2%福尔马林用于器械浸泡消毒(1～2 h)，5%～10%福尔马林用于固定解剖标本及保存病料，10%～20%福尔马林用于治疗蹄叉腐烂。

注意事项 福尔马林消毒时应注意防止接触皮肤与黏膜。

戊二醛

性状 本品为无色油状液体，溶于水和乙醇，溶液呈微酸性，在4℃时稳定，碱性水溶液(pH值7.5～8.5)可保存2周。市售戊二醛含量为20%～50%。

作用与用途 戊二醛是一种广谱、高效消毒剂，具有作用快速、刺激和腐蚀性小、低毒安全、不受有机物影响水溶液较稳定等特点。对繁殖型细菌作用迅速，对耐酸菌、芽孢及某些病毒、霉菌也有作用。

消毒应用 2%戊二醛水溶液加入0.3%碳酸氢钠作缓冲剂，使pH值为7.5～8.5(该剂稳定性较差)，其消毒作用显著增强，是甲醛的2～10倍，可用于不宜加热消毒的器械，如体温计、橡胶和塑料制品等，浸泡15～20 min既可彻底消毒，对芽孢需4～12 h。只是本品价格较贵。

百毒杀(癸甲溴氨溶液)

性状 百毒杀是双链季铵盐消毒剂，经溴原子代替氯原子和石蜡长链代替甲基，其杀菌力较一般季铵盐增强数倍。本品性质稳定，易溶于水，低毒无味、无刺激、无腐蚀；不易受有机物、软硬水、温湿度等的影响，并有除臭作用。

作用与用途 本品高效、速效、广谱，5～10 min即可杀死多种病毒与细菌。常用于猪舍喷雾、喷洒、冲洗消毒。

用法与用量 日常预防消毒时可于每10 L水加50%的百毒

杀3 mL，进行喷雾或喷洒消毒。

发生传染病时可于每10 L水加50%的百毒杀10 mL，进行喷雾或喷洒消毒。

防治腐蹄或皮肤病时，可用10 L水加50%的百毒杀20 mL喷洒或浸泡消毒。

注意事项 避免与肥皂或其他阴离子表面活性剂混用。

百菌灭

性状 本品为微黄色液体，是一种新型季铵盐消毒灭菌剂，主要成分为双八、双十烷基二甲基氯化铵。性质稳定，易溶于水，低毒无味、无刺激、无腐蚀；不易受有机物、软硬水、温湿度等的影响。

作用与用途 本品通过与病原体接触，使菌体蛋白变性，阻碍呼吸作用而消毒灭菌。对细菌、病毒、真菌等病原微生物具有杀灭作用，并有除臭与清洁作用。

用法与用量 猪舍进猪前消毒时，800～1 000倍稀释，喷雾、喷洒，作用15 min。

带猪非病期气雾消毒时，1 000倍稀释喷雾，每周2次。

带猪病期气雾消毒时，500倍稀释喷雾，每周2次。

疫病期环境消毒时，300倍稀释喷雾，喷洒。

注意事项 避免与肥皂或其他阴离子表面活性剂混用。

喜爱迪-20(CID-20)

性状 本品是一种复合型消毒灭菌剂，每升含有效成分261.8 g，其中季铵盐60 g，乙二醛58 g，戊二醛19.8 g，甲醛84 g，异丙醇40 g。本品性质稳定，不易受软硬水、温湿度等的影响，作用快，时间持久，刺激、腐蚀性小。

作用与用途 本品对细菌、病毒、真菌、霉菌等病原微生物具有杀灭作用。

用法与用量 常规情况下，用1 000倍稀释作猪舍地面、墙壁、物品及运输工具的喷洒消毒；发生传染病时500倍稀释喷洒消毒;0.25%～0.5%浓度用于足部药浴消毒。

TH4⁺喜菌必死

性状　本品是一种复合型消毒灭菌剂,含有戊二醛和季铵盐等成分,具有性质稳定,不易受有机物、软硬水等的影响,作用快,低毒、无刺激、无腐蚀、无残留。

作用与用途　本品对细菌、病毒、真菌等病原微生物具有杀灭作用。

用法与用量　常规情况下,用200倍稀释(0.5%),每平方米0.3 mL对猪舍进行喷雾消毒;杀灭细菌与真菌时用0.5%的浓度,杀灭病毒时用0.5%～2%的浓度;1%～2%浓度用于足部或轮胎的药浴消毒。

漂白粉(氯化石灰)

性状　漂白粉为白色颗粒状粉末,有氯臭,易溶于水,溶液浑浊并有残渣。主要成分为次氯酸钙(32%～36%),氯化钙(29%),氧化钙(10%～18%),氢氧化钙(15%),水(10%),市售漂白粉含有效氯25%～32%。水溶液显酸性,稳定性差。

作用与用途　漂白粉可分解成次氯酸、活性氯(CL)、活性氧(O),通过氧化、氯化和活性氧使菌体破坏,抑制各种细菌酶活性,从而杀灭细菌。其中次氯酸的氧化作用是主要的,在中性及酸性环境中离解度小,杀菌力强,碱性环境中杀菌力减弱,有机物减弱其杀菌作用。漂白粉易于生产,价格低廉,对细菌、病毒、芽孢、真菌、原虫均有较好的杀灭作用。漂白粉对组织刺激性大,具有漂白和腐蚀作用,一般用于水体、容器、器具及排泄物的消毒。

用法与用量　10%～20%的乳剂用于猪舍、粪池、车辆和排泄物等的喷洒消毒;用粪便1/5量的干粉与粪便混合消毒;每立方米水体用6～10 g漂白粉,消毒30 min既可饮用。

注意事项　不能用于金属制品及有色棉织物的消毒,用时现配,久贮易失效。一般应贮存与干燥、密闭的容器内,即使如此,每月有效氯仍散失1%～3%。另外应注意不与易燃易爆品放在一起。

氢氧化钠

性状 氢氧化钠为白色的干燥块状、棒状或片状结晶。易溶于水和乙醇，易潮解，易吸收空气中的二氧化碳而形成碳酸盐，故应密封保存。

作用与用途 本品所解离出的高浓度氢氧根可水解蛋白质及核酸，破坏菌体结构及酶系的正常功能而消毒灭菌。对细菌、病毒、芽孢均有杀灭作用，并有去污作用，加热后使用可增强消毒力与去污力。

用法与用量 2%热水溶液喷洒被病毒或细菌污染的圈舍、车船等；3%～5%热溶液喷洒炭疽芽孢污染的地面。烧碱为工业用品，价格低廉，生产上较为常用。

注意事项 消毒猪舍是应先将猪只赶出，喷洒消毒后12 h用清水冲洗后方可再进猪。对人畜皮肤有腐蚀性，对纺织品及铝制品有损害作用，消毒时应注意防护，消毒后用水冲洗干净。

氧化钙(生石灰)

性状 白色或灰白色硬块，无臭，易吸收水分，空气中吸收二氧化碳，逐渐变成碳酸钙而失效。

作用与用途 氧化钙与水混合生成氢氧化钙，俗称熟石灰或消石灰，呈强碱性，可杀死多种病原菌，对芽孢无效。

用法与用量 一般加水配成10%～20%的石灰乳涂刷猪舍墙壁、猪栏与地面。

氧化钙加水350 mL，制成熟石灰粉，撒布与阴湿地面、粪池周围及水沟等处消毒。

注意事项 生石灰撒布于干燥地面时，消毒作用极差；石灰乳应现配现用，不宜久贮，以防失效。

过氧乙酸(过醋酸)

性状　本品为无色透明液体，易溶于水和有机溶剂，易挥发，有刺激性醋酸味。本品极不稳定，贮存过程中会自然分解，遇热、金属离子、强碱、有机物等易分解。我国市售过氧乙酸浓度为20%，一般无爆炸危险，但性质也不稳定，应密闭、低温保存，有效期半年，但稀释液只保持药效3～7天。故一般现配现用。上海桃浦化工厂生产的处理好的冰醋酸和过氧化氢溶液，两液在常温下贮存稳定性好，使用前将冰醋酸和过氧化氢溶液按体积10∶8的比例混合，摇匀后放置1天即可使用，其过氧乙酸的浓度为20%。

作用与用途　过氧乙酸具有酸性和氧化剂的特点，具有高效、速效、广谱的消毒特点，对细菌、病毒、芽孢、真菌都具有高效的杀灭作用。但对组织有刺激和腐蚀作用。0.05%～0.5%的溶液1 min可杀死芽孢，50～500 mg/kg溶液1 min可杀死细菌。可用于耐酸塑料、玻璃、搪瓷、橡胶制品及用具的浸泡消毒，猪舍、仓库、地面、墙壁、通道等的喷洒消毒及舍内喷雾空气消毒。

用法与用量　用0.5%溶液喷洒消毒畜舍、饲槽、车辆等，作用30～60 min。

0.3%溶液每立方米30 mL带猪喷雾消毒。

5%溶液每立方米2.5 mL喷雾消毒实验室、无菌室、仓库等。

0.04%～0.2%溶液用于耐酸塑料、器械等的浸泡消毒，作用时间15～30 min。

0.1%～0.5%溶液浸泡衣物30～60 min消毒。

0.2%～0.4%溶液擦拭浸泡手1～2 min消毒。

注意事项　性质不稳定，易分解，应贮存在阴凉通风处，温度不宜超过25℃，切忌与其他药品、有机物随便混合，以免剧烈分解甚至爆炸。

本品对棉织品有漂白作用，蒸气有刺激性，带猪消毒时浓度不宜过高。

高浓度药液具有强腐蚀性和刺激性，谨防溅到眼内、皮肤或衣服上，如不慎溅及，应立即用水洗。

(2)皮肤黏膜消毒防腐药：

乙醇(酒精)

性状 无色透明液体，易挥发，易燃烧，能与水及有机溶剂任意混合。市售乙醇的浓度按容量计不得低于94.87%，按重量计不得低于92.3%。

作用与用途 乙醇能使菌体蛋白脱水、变性或沉淀，并干扰微生物的新陈代谢对细菌、病毒均有杀灭作用。乙醇浓度按体积比在75%、重量比在70%时消毒作用最强。由于费用较高，故主要用于局部皮肤、针头、体温计及小型诊疗器械的消毒。

用法与用量 75%乙醇溶液浸湿棉球，用于擦拭消毒。

注意事项 乙醇应密闭保存，消毒前应将消毒表面擦拭干净。

碘及碘制剂

性状 碘为黑色带金属光泽的片状结晶或颗粒，易挥发，微溶于水(1∶2 950)，易溶于醇(1∶13)、甘油(1∶80)、含碘化物的水溶液或酒精溶液中。消毒中常用的碘制剂有碘酊、浓碘酊、复方碘溶液、碘甘油等，其中碘酊是最常用最有效的皮肤消毒药。

作用与用途 碘具有渗透性，能使蛋白质卤化、沉淀，具有强大的消毒作用，能杀灭细菌、病毒、芽孢、真菌、霉菌等，各种碘制剂作用快速，性能稳定，容易保存，毒性低，但对皮肤黏膜有刺激作用。因价格贵，故目前仅用作局部皮肤消毒。

制剂、用法与用量：

5%碘酊：碘50 g，碘化钾10 g，蒸馏水10 mL，加75%酒精至1 000 mL配成。为棕红色液体，置玻璃瓶中密封保存。主要用于手术部位、注射部位、手指、小面积创伤的涂擦消毒。

10%浓碘酊：碘100 g，碘化钾20 g，蒸馏水20 mL，加75%酒精至1 000 mL配成。有较强的刺激作用，主要用作皮肤刺激药治疗慢性腱炎、腱鞘炎、关节炎、骨膜炎等。

复方碘溶液(鲁格氏液):碘 50 g,碘化钾 100 g,加蒸馏水至 1 000 mL 配成。本品刺激性小,用于治疗黏膜的各种炎症,或向关节腔或瘘管内注入。

5%碘甘油溶液:碘 50 g,碘化钾 10 g,甘油 200 mL,加蒸馏水至 1 000 mL 配成。本品刺激性小,作用时间较长,常用于治疗黏膜的各种炎症。

注意事项 碘在室温下升华,配制的各种制剂应存放在密闭容器中。时间过久,颜色变淡,应补足浓度后再用。

皮肤用碘酊消毒过后,最好用酒精棉球擦拭脱碘,避免引起发泡和皮炎。碘对伤口刺激性强,尤其是碘酊,使用时应注意。

碘酊不宜与红汞同时涂用,以免腐蚀皮肤。

新洁尔灭

性状 为淡黄色胶状液体,是一种季铵盐类表面活性剂,具有芳香气味,极苦,易溶于水市售的为 5%、10%、50%的溶液。本品性质稳定,可长期避光、密封保存。

作用与用途 本品兼有杀菌去污作用,通过改变细胞膜的通透性、使菌体蛋白变性而起到杀菌作用。能杀灭多种细菌与病毒,对芽孢有抑制作用。本品对组织刺激性小,杀菌作用强而快,毒性低,不腐蚀器械,主要用于皮肤、黏膜、器械消毒。

用法与用量 0.05%～0.1%的水溶液浸泡手臂、皮肤(5 min)及器械 30 min 以上,内加 0.5%亚硝酸钠防锈。

0.01%～0.05%的水溶液冲洗腔道黏膜。

注意事项 本品不能与肥皂、阴离子洗涤剂、碘和过氧化物合用。有机物影响本品的消毒效果。如已用过肥皂或洗衣粉,应冲洗干净后再用本品。禁止使用铝制品配药。

消毒净

性状 为白色结晶粉末,是一种季铵盐类广谱消毒剂,无臭,味苦，易溶于水和乙醇，水溶液易起泡沫，具有表面活性作用，本品耐热，可长期保存。

作用与用途 本品兼有杀菌去污作用能杀灭多种细菌与病毒，对芽孢有抑制作用，效力较新洁尔灭强，但价格稍贵。本品对组织刺激性小，不腐蚀器械，用于皮肤、黏膜、器械消毒。

用法与用量 0.1%的水溶液浸泡手臂、皮肤（5～10 min）及器械 30 min 以上，内加 0.5%亚硝酸钠防锈。

0.02%的水溶液冲洗腔道黏膜。

注意事项 本品不能与肥皂、阴离子洗涤剂、碘和过氧化物合用。有机物影响本品的消毒效果。

洗必泰

性状 属双胍化合物，强碱性，我国生产的有醋酸洗必泰和盐酸洗必泰，为白色结晶粉末，无臭、味苦、性稳定、微溶于水；葡萄糖酸洗必泰，溶于说、乙醇、甘油等，性稳定，耐贮存，多为 20%的水溶液剂型。

作用与用途 洗必泰可杀灭细菌、真菌，抑制芽孢，作用迅速，毒性小，无局部刺激性，效力强于新洁尔灭等。主要用于手术前洗手，术部皮肤消毒；创伤冲洗；器械浸泡消毒；猪舍、手术室等的喷雾、喷洒或擦拭消毒。

用法与用量 0.02%水溶液用于手臂浸泡（3 min）消毒。

0.5%水溶液或 0.5%乙醇溶液（用 70%的酒精配制，效力与碘酊相当）用于手术部位皮肤消毒。

0.05%水溶液用于创伤冲洗；0.01%～0.1%水溶液冲洗黏膜腔道。

0.1%水溶液用于浸泡器械消毒，浸泡时间 10 min，2 周更换 1 次药液。

0.5%水溶液用于猪舍、手术室等的喷雾、喷洒或擦拭消毒。

注意事项 不能与肥皂、洗衣粉混合使用或前后使用，以免失效；不能与碘酊、高锰酸钾、甲醛、红汞等药物配伍使用。

(3)创伤消毒防腐药。

过氧化氢溶液(双氧水)

性状 含过氧化氢3%，为无色透明液体，性质不稳定，遇光、热、金属离子、振摇或放置过久，均易分解失效。加少量酸或稳定剂(每100 mL加硫酸奎宁30 mg或乙酰苯胺40 mg)可防止其分解。

作用与用途 过氧化氢与组织中过氧化氢酶相遇，立即分解放出生态氧而呈现杀菌作用。但作用时间短，穿透力弱，且易受有机物影响，故杀菌作用很弱。但对细菌、病毒、芽孢、真菌等都有一定作用。过氧化氢与创面接触时会迅速分解产生气泡，松动创伤中的浓块、血块及坏死组织，有利于将其清除，故临床上主要用于清洗化脓创面或黏膜。

用法与用量 3%过氧化氢溶液用于清洗化脓创面、去除痂皮；0.3%～1%的溶液用于冲洗口腔或阴道。

注意事项 不能注入密闭体腔或气体不易逸散出的深部脓疡。

高锰酸钾

性状 本品为黑紫色结晶，属强氧化剂，性质稳定，耐贮存，易溶于水，溶液宜现配现用，放久则易还原成棕色而失效。遇有机物易失效，遇强还原剂或某些有机物如甘油等易发生剧烈燃烧或爆炸。

作用与用途 遇有机物放出生态氧而呈现杀菌、除臭和解毒作用，对细菌、病毒、芽孢均有杀灭作用，其效力较过氧化氢强而持久，酸性条件下效果更好。高锰酸钾还原后所生成的二氧化锰，一与蛋白质结合成蛋白盐类复合物，固有收敛、止泻作用。常用于皮肤、黏膜、创面等的消毒。

用法与用量 0.1%高锰酸钾溶液用于冲洗黏膜、创伤、溃疡等。

0.01%～0.05%高锰酸钾溶液用于药物或毒物(如有机磷、氯丙嗪、氰化物)中毒时洗胃。

0.1%～0.5%高锰酸钾溶液内服(0.3～0.5 g 高锰酸钾/次)用于治疗猪的药物或毒物中毒。

2%～5%高锰酸钾溶液用于24 h可杀死芽孢。

注意事项 贮存与密闭容器内,不要与还原剂和某些有机物如甘油、乙醇、木炭、硫磺等接触;容器消毒后应及时洗净,以免着色;不要用湿手接触本品结晶,以免被着色或腐蚀。

甲紫

性状 深绿紫色粉末,溶于水和乙醇,溶液呈紫色。与龙胆紫和结晶紫属同一类性质相同的碱性染料,其中龙胆紫应用较广泛。

作用与用途 甲紫为碱性染料,通过破坏菌体蛋白而起作用,对许多革兰氏阳性细菌、霉菌与真菌有效。对组织无刺激,毒性小,具有收敛作用主要用于皮肤、黏膜创伤及溃疡。

用法与用量 1%～2%的水溶液或乙醇溶液(紫药水)治疗皮肤、黏膜创伤感染及溃疡;0.1%～1%的水溶液用于冲洗结膜、角膜、烧伤及皮肤霉菌感染。

碘仿(三碘甲烷)

性状 黄色有光泽的针状结晶。有特殊臭味,微溶于水,能溶于甘油、乙醇及醚。应密封避光保存。

作用与用途 本身无防腐作用,当与组织液接触时,能缓慢分解释放游离碘而呈现抑菌作用,效力持久(1～3 天),对组织刺激性小,并能促进肉芽形成。其特殊气味具有防蝇作用。主要用于创伤、溃疡及腔道感染。

制剂、用法与用量:

碘仿甘油:(碘仿 15 g、甘油 70 mL、加蒸馏水 120 mL 配成),用于化脓创。

碘仿硼酸粉:(9份碘仿与1份硼酸混匀而成),用于创伤、溃疡等。

碘仿磺胺粉:(9份碘仿与1份磺胺混匀而成),用于新鲜感染创。

碘仿铋糊剂:(2份碘仿,1份次硝酸铋和2份液体石蜡研合而成),用于化脓创和子炎。

3%～10%碘仿醚溶液:用于治疗深部漏管、蜂窝织炎和关节炎等。

5%～10%碘仿凡士林软膏:涂敷患处。

松馏油

性状　由松树干馏而得,为棕黑色黏稠液体,有特殊臭味。微溶于水,易溶于醇、醚、植物油等,其主要成分为松节油、木馏油、酚、二甲苯醋酸等。应密封避光保存。

作用与用途　具有防腐、溶解角质、止痒、促进炎性物质吸收、刺激肉芽增生等作用。可以治疗湿疹、皮癣、过敏性皮炎、创面以及裂蹄病等。

制剂、用法与用量　50%松馏油软膏涂于患处。

松馏油膏(松馏油30 g,碘仿50 g或碘酊30 mL,蓖麻油1 000 mL),涂于患处。

3. 畜牧生产中的消毒技术

(1)猪场舍地面的消毒。猪场舍的消毒是保证猪只健康的重要措施,猪舍一般一周消毒1～2次,一排或一个单元的猪舍腾空后,应进行彻底地清扫消毒(包括空气、地面、墙壁、顶棚、设备等)。

清扫和刷洗:其过程为先用清水喷洒浸泡,然后进行彻底清扫,再用清水洗刷。

消毒药喷洒:猪舍地面洗刷干净后,即可用消毒药喷洒。喷洒消毒时,消毒液的用量一般为每平方米0.4～1 L,土地面可适当增加,参考用量见表9-1。常用消毒药有1%～4%的氢氧化钠、过氧乙酸、百毒杀、百菌灭等。如果在猪舍使用了对猪体或皮肤毒害较严重的消毒药，作用一定时间后，应再用清水冲洗干净。

猪场及猪舍门口应设消毒池，宽度与门宽度相同，长度为车轮的一周半。内放2%氢氧化钠溶液或其他消毒液，并及时更换。

表 9-1 猪场舍地面消毒液参考用量 L/m^2

地面种类	消毒液用量
表面光滑的木头	0.35～0.45
原木	0.5～0.7
砖	0.5～0.8
混凝土	0.4～0.8
泥土	1
	1.0～2.0

(2)空气、人员及猪体的消毒。

紫外线照射：猪场生产区门口除设消毒池外，还应设更衣消毒室，多采用紫外线照射法，主要对空气、地面和人的外衣进行消毒。国产紫外线灯管有30瓦、20瓦和15瓦等几种，一般每9 m^2 面积安装30瓦紫外线灯管一根。猪舍一般很少用紫外线照射消毒。

化学消毒：消毒猪舍空气和猪体表时多采用消毒药液喷雾。在带猪消毒时应注意选择杀菌作用强而对猪体毒害小的药物，常用消毒药有过氧乙酸、百毒杀、百菌灭等。消毒时应注意掌握浓度与用量，如用过氧乙酸喷雾消毒空气时，浓度为0.3%～0.5%，用量为每立方米30 mL，喷雾后密闭1～2 h。带猪喷雾消毒时浓度为0.1%～0.3%，用量为每立方米30 mL，喷雾的粒子直径在0.08～0.1 mm、喷雾距离在1～2 m为最好。

(3)土壤的消毒。在自然界中，土壤是微生物存在的重要场所，并以10～20 cm的浅层土壤中的含量最多。其中含有多量外界污染的病原微生物及本身就存在着能较长时期生活的病原微生物。不同种类的病原微生物在土壤中的生存时间也各不相同(表9-2)。为了防治病原微生物的传播，对土壤的消毒、特别是对被病原微生物污染的土壤进行消毒是十分必要的。

疏松土壤、阳光中的紫外线照射、种植冬小麦、葱、蒜、三叶草等植物均能杀灭土壤中的病原微生物。

在实际工作中，除利用上述自然净化作用外，还采用化学消毒法进行土壤消毒。消毒药主要有漂白粉、5%～10%漂白粉澄清液、4%甲醛溶液、2%～4%氢氧化钠热溶液等。喷洒消毒时每平方米用消毒药 1 000 mL，芽孢杆菌污染的地面还应掘地翻土 30 cm，每平方米撒漂白粉干粉 5 kg，与土混匀，加水混匀，原地压平。如为一般传染病，则每平方米撒漂白粉干粉 0.5～2.5 kg，

表 9-2　病原微生物在土壤中的生存时间

病原微生物名称	在土壤中生存时间
猪瘟病毒	3 天(土壤与血液一起干燥)
猪丹毒杆菌	166 天(土壤中尸体)
巴氏杆菌	14 天(土壤表层)
伤寒沙门氏杆菌	3 个月
化脓性球菌	2 个月
布氏杆菌	100 天
结核杆菌	5 个月～2 年

(4)粪便的消毒。

掩埋法：将粪便与漂白粉或生石灰混合，埋于 2 m 深的地下。该法浪费肥料，且有污染地下水的危险。

焚烧法：利用燃料将粪便焚烧。该法浪费燃料与肥料，一般很少采用。

化学消毒法：用漂白粉或 10%～20%漂白粉液、0.5%～1%过氧乙酸、20%石灰乳等与粪便混合均匀以消毒，该法操作麻烦，

并且消毒不彻底。

生物热消毒法：主要有发酵池法和堆积发酵法两种（详细内容见粪便处理一章），发酵池法主要用于稀薄粪便、废弃物的消毒处理，此法可结合沼气利用；堆积发酵法主要用于较干的粪便、垫料、废弃物等消毒处理。生物热消毒法既可使非芽孢污染的粪便变为无害，且不丧失肥料的应用价值，是最常用的消毒方法。

4. 兽医诊疗中的消毒技术

(1)器械及用品的消毒。

①注射器及各种玻璃管。用0.2%过氧乙酸浸泡30 min后再清洗，经煮沸或高压消毒后备用；针头用皂水煮沸消毒15 min后再洗净消毒备用；体温计用1%过氧乙酸浸泡2次，不可煮沸或高压消毒。

②刀剪等器械。先用清水将脓血清洗干净，再用蒸馏水煮沸15 min或高压消毒后备用；或在0.1%新洁尔灭溶液中浸泡30 min以上，用无菌蒸馏水冲洗后再用。金属器械消毒洗净后应立即擦干，防止生锈。

③橡胶类皮管等。用0.2%过氧乙酸浸泡30 min，用清水冲洗，再用皂水冲洗管腔，后用清水冲净备用。

④手术衣、帽、口罩等。用0.2%过氧乙酸浸泡30 min，用清水冲洗，再用皂水搓洗，清水洗净，晾干高压灭菌备用。

(2)诊疗操作者的消毒。兽医在接触病猪或手术前应更衣，根据需要穿戴已消毒的工作服、手术衣、帽、口罩、胶靴等，并修剪指甲、清洗手臂，然后进行彻底消毒。

双手及上臂1/3伸入75%酒精中浸泡，用小毛巾擦洗，用小毛巾擦洗5 min，然后擦去酒精、晾干，进入手术室后穿上手术衣。或双手及上臂1/3分别伸入两桶0.1%新洁尔灭溶液中依次浸泡5 min，然后擦净、晾干，再用2%碘酊涂搽指甲缝及皮肤皱纹处用75%酒精脱碘，进入手术室后穿上手术衣。

(3)诊疗对象的消毒。在给病猪进行注射或手术时,应对注射、手术部位进行严格消毒。常用于皮肤的消毒药有75%酒精、5%碘酊、0.1%新洁尔灭,0.5%洗必泰等。

注射部位消毒时,先用75%酒精脱脂,然后用5%碘酊涂擦,再用75%酒精脱碘,随后即可注射。

手术部位消毒时,应从手术中心开始向四周涂擦消毒液,但对感染的肛门等处进行消毒时,则从清洁的周围向内涂擦。先用75%酒精脱脂,然后用5%碘酊涂擦,3～5 min后再用75%酒精脱碘,再涂碘酊、脱碘一次。也可用0.5%新洁尔灭溶液消毒术部3次,每次2 min,然后用浸有0.5%新洁尔灭的纱布覆盖术部5 min。

(七)免疫接种

免疫接种是激发猪只机体产生特异性抵抗力,降低猪易感性的重要手段,是预防和控制猪传染病发生的重要措施之一。对某些传染病如猪瘟等,免疫接种更具有关键性的作用。

1. 菌苗、疫苗的概念与种类

菌苗是利用病原性细菌本身,经人工加工处理除去或减弱它的致病作用而制成的。根据菌苗中细菌的存在形式——活的还是死的,分为弱毒菌苗或灭活苗两种:弱毒苗是经人工培育或从自然流行的病原中分离得到的无毒或毒力减弱的活菌苗,如冻干猪肺疫弱毒菌苗等,这种疫苗的优点是用量小,产生免疫力需要的时间短,免疫期长,缺点是不易保存,有效期短;灭活苗是用化学药品或物理方法将病原菌杀死,制成死菌苗,如猪丹毒氢氧化铝菌苗,猪肺疫氢氧化铝菌苗等,这类菌苗的优点是容易保存,保存时间长,缺点是用量大,产生免疫力所需要的时间长,免疫期较短。

疫苗是利用病毒本身,经人工加工处理除去或减弱它的致病作用而制成的。同菌苗一样,也分为弱毒疫苗(如猪瘟兔化弱毒疫苗)或灭活疫苗(猪O型口蹄疫灭活疫苗)两种,这两类疫苗的优缺点与菌苗大致相同。

近年来又有基因工程苗的问世，它是把病原微生物控制病原部分的基因提出来，用生物工程的方法嫁接到另外的生物载体上，令其大量繁殖，繁殖的后代表现所获得的基因，这种方法生产的苗称基因工程苗。

2. 疫(菌)苗的保存与运输

疫苗、菌苗都属于特殊的生物药品，不同于普通的化学药品。成分上主要含有蛋白质，有些制品是活的微生物。因此，它们一般怕光、怕热，有些还怕冻结。保存和运送条件要求严格而细致，应切实按照生物药品厂的要求或说明去做，否则可直接影响它们的质量。

疫(菌)苗应保存在干燥阴暗处，避免阳光及人工紫外线照射。

温度条件对生物制品的影响非常大，不适宜温度和温度的急剧变化极易损害其效能。疫(菌)苗应放在冷库或冰箱内，适宜温度为2～8℃或－15℃以下(有些疫苗不能冻结)，一般温度越低保存时间越长。如干燥猪瘟兔化弱毒疫苗，在－15℃下可保存一年以上，在0～8℃下能保存6个月，而在10～25℃下最多不超过10天即失效。

运送灭活的疫(菌)苗时，要求在2～15℃条件下保存和运输，在严冬季节，应避免结冻；需在低温保存的活疫(菌)苗或弱毒疫(菌)苗，在运输途中不得高于10℃，避免日晒，并尽快送到目的地。实际中常将其装入有冰的广口保温瓶中。

3. 疫(菌)苗使用注意事项

(1)使用生物药品之前要逐瓶检查，注意装瓶有无破损，封口是否严密，瓶签是否完整，特别是药品的名称、批号、有效日期、检验号等是否完整清除，药品的物理性状是否与说明书所述相符，是否有异物、凝块、变色等异常变化，以上各项，凡有任何不全、不符、不清、过期或可疑者，均不要使用。

(2)使用疫(菌)苗所需的器械,如注射器、针头、滴管等,在使用前后都需洗净消毒。注射针头应尽可能做到每头猪换一个。废弃的疫(菌)苗要妥善处理,活疫(菌)苗必须煮沸或用火烧掉,灭活苗倒在坑内深埋,用过的小瓶应进行消毒处理。

(3)需要稀释后使用的疫(菌)苗应根据每瓶规定的头份、用规定的稀释液稀释,切忌用热的稀释液稀释疫苗。稀释后的疫(菌)苗、特别是活的疫(菌)苗,应当天用完,当天用不完的应废弃,以免注射后无效。

(4)注射活疫(菌)苗的7天内,不应饲喂或注射抑制或杀灭该类病毒、病菌的抗生素等药物。

(5)预防注射前,应对被注射的猪进行详细的检查和了解,注意其生理状态、健康状况、饲养管理条件好坏等。一般成年、体壮、饲养管理条件好的猪注苗后异常反应率低,产生免疫效力也好;幼年、体弱、有慢性病和饲养管理条件不好的猪注苗后异常反应较大,产生免疫效力也差。故一般对于体弱、有病以及产前产后2周和怀孕前期的母猪,如果不是已受到传染的威胁,最好暂时不要注射。

4.免疫程序

免疫接种需按合理的免疫程序进行。一个地区、一个猪场可能发生的传染病不止一种,而用来预防这些传染病的疫(菌)苗的性质又不尽相同,免疫期长短不一,因此,猪场往往需用多种疫(菌)苗来预防不同的传染病,这就需要根据当地或猪场可能发生的传染病的种类、时间、猪群的免疫状态、疫(菌)苗的免疫特性等合理地制订预防接种的疫病种类、疫苗种类、接种时间、次数和间隔等,这就是所谓的免疫程序。

可见免疫程序是根据当地或猪场具体情况制订的,不可能有一个适合我国的不同地区、不同规模、不同饲养方式的统一免疫程序,各地区、各猪场应在实际中总结经验,制订适合于本地区和本场的免疫程序，而且要不断地研究改进。在此，列举1个免疫程序（表9-3），仅供参考。

表9-3 免疫程序

猪别	日（周）龄	防疫内容
仔猪	7天 20天 30～45天 45～60天	（气喘病） 仔猪副伤寒（气喘病） 猪瘟、丹毒、（肺疫） 猪瘟
初产母猪	配种前4周 分娩前2周	猪瘟、丹毒、（肺疫）、细小病毒 仔猪黄痢
经产母猪	产前2～3周 断奶前7天	仔猪黄痢 猪瘟、丹毒、（肺疫）、细小病毒
青年公猪	配种前4周	猪瘟、丹毒、（肺疫）、细小病毒
成年公猪	6个月防一次	猪瘟、丹毒、（肺疫）、细小病毒
5月龄以上后备猪	5月初	日本乙型脑炎
所有猪群	10月初 11月初	口蹄疫 传染性胃肠炎-流行性腹泻二联苗

注：括号内的病根据各场情况决定防疫与否，摘自实用瘦肉型猪饲养技术。

5. 猪的常用疫苗简介

猪瘟兔化弱毒冻干疫苗（活）

性状 为乳白色或淡红色海面状疏松团块，易于瓶壁脱离，加入生理盐水后迅速溶解为均匀的混悬液。

用途 预防猪瘟。

用法与用量 按瓶签所标识的头份量，于无菌条件下加入灭菌生理盐水，稀释成每头份1 mL，不论猪只大小，一律皮下或肌肉注射1 mL。哺乳仔猪产生免疫力不坚强，50～60日龄时必须再注一次。

免疫期 注苗后4天产生免疫力，免疫期1年。

保存有效期　−15℃条件下保存，有效期为1年，0～8℃条件下保存，有效期为6个月，8～25℃条件下10天；稀释后的疫苗在15℃以下6 h用完，15～27℃ 3 h用完，过时不可再用。

注意事项　病猪、弱猪、体温不正常的猪暂时不注射。

猪丹毒氢氧化铝菌苗(灭活)

性状　本品静置时上部为橙黄色透明液体下部为棕灰色沉淀，充分摇匀后，呈灰白色均匀的乳浊液。

用途　预防猪丹毒。

用法与用量　断乳15天以上的猪，皮下或肌肉注射5 mL，也可间隔30～45天注射2次，每次3 mL。哺乳仔猪产生免疫力不可靠，如需断乳前注射，断乳后还应注射一次。

免疫期　注苗后14～21天产生坚强的免疫力，免疫期6个月。

保存有效期　在2～15℃条件下保存，有效期为18个月。

注意事项　菌苗严防冻结，用时充分摇匀。

猪丹毒GC_{42}弱毒菌苗(活)

性状　为红褐或淡灰色海绵状疏松团块，易与瓶壁脱离，加入稀释液后迅速溶解为混悬液。

用途　预防猪丹毒。

用法与用量　不论口服或注射法，按瓶签所标识的头份量，于无菌条件下加入20%铝胶生理盐水，稀释成每头份1 mL，摇匀后，不论猪只大小，一律皮下注射1 mL，口服时加倍，每头2 mL。

免疫期　注苗后7天，口服后9天产生免疫力，免疫期6个月。

保存有效期　在−15℃条件下保存，有效期为1年，0～8℃条件下保存，有效期为9个月，9～25℃条件下30天，26～30℃条件下10天。稀释后4 h用完。

注意事项　在用苗前1周和用苗后10天内停止使用抗菌药

物，必须使用时，停药 1 周后需补注一次。

口服法免疫时，拌苗用饲料及水不可偏酸，不能用酸败及发酵饲料，不能用热水热食；猪应空腹喂苗，每头猪应吃到规定剂量的菌苗，喂苗后 30 min 方可常规喂食。

猪丹毒 $G_4T_{(10)}$ 弱毒菌苗(活)

性状 本品为疏松固体，加入稀释液后迅速溶解为混悬液。

用途 预防猪丹毒。

用法与用量 按瓶签所标识的头份量，于无菌条件下加入 20%铝胶生理盐水，稀释成每头份 1 mL，摇匀后，不论猪只大小，一律皮下注射 1 mL。

免疫期 注苗后 7 天产生免疫力，免疫期 6 个月。

保存有效期 在－15℃条件下保存，有效期为 1 年，0～8℃条件下保存，有效期为 9 个月，25～30℃条件下 10 天。

注意事项 不能用口服法；在用苗前 1 周和用苗后 10 天内停止使用抗菌药物，必须使用时，停药 1 周后需补注一次。

猪肺疫氢氧化铝菌苗(灭活)

性状 本品静置时，上部为黄色透明液体，下部为灰白色沉淀，充分摇匀后，呈均匀的乳浊液。

用途 预防猪肺疫。

用法与用量 断乳后的猪不论大小，一律皮下注射 5 mL。

免疫期 注苗后 14 天产生免疫力，免疫期 6 个月。

保存有效期 于 2～15℃阴暗干燥处保存，有效期为 1 年，28℃以下阴暗干燥处保存，有效期为 9 个月。

注意事项 不能冻结，使用时充分摇匀。

猪肺疫内蒙古系(679-230 株)弱毒菌苗(活)

性状 本品为灰白色海绵状疏松团块，易与瓶壁脱离，加稀释液后迅速溶解为乳浊液。

用途 预防猪肺疫。

用法与用量 临用前，用生理盐水稀释，口服，每头猪3亿活菌。

免疫期 喂饲后7天产生坚强的免疫力，免疫期10个月。

保存有效期 于−15℃以下阴暗干燥处保存，有效期为1年，16～28℃阴暗干燥处保存，有效期为1个月。稀释后6 h以内用完。

注意事项 本菌苗只能口服，严禁注射；在用苗前1周和用苗后10天内停止使用抗菌药物，必须使用时，停药1周后需补注一次。

猪肺疫EO630弱毒菌苗(活)

性状 本品为灰白色海绵状疏松团块，易与瓶壁脱离，加稀释液后迅速溶解为混悬液。

用途 预防猪肺疫。

用法与用量 按瓶签所标识的头份量，于无菌条件下加入20%铝胶生理盐水，稀释成每头份1 mL，摇匀后，断乳半个月以上的猪，一律肌肉注射1 mL。

免疫期 接种后7天产生较强的免疫力，免疫期6个月。

保存有效期 于−10～15℃下保存，有效期为1年，0～8℃阴暗干燥处保存，有效期为6个月，20～25℃阴暗干燥处保存，有效期为10天。稀释后4 h以内用完。

注意事项 在用苗前1周和用苗后10天内停止使用抗菌药物，必须使用时，停药1周后需补注一次。

猪丹毒、猪肺疫氢氧化铝二联菌苗(灭活)

性状 本品静置时上部为橙黄色透明液体，下部为灰褐色沉淀，充分摇匀后，呈灰褐色均匀混悬液。

用途 预防猪丹毒、猪肺疫

用法与用量 断乳15天以上的猪，皮下或肌肉注射5 mL，也可间隔30～45天注射2次，每次3 mL。哺乳仔猪产生免疫力不可靠，如需断乳前注射，断乳后还应注射一次。

免疫期 免疫期6个月。

保存有效期 在2～15℃下保存，有效期为18个月，28℃以内保存，有效期为9个月，20～25℃阴暗干燥处保存，有效期为10天。稀释后4 h以内用完。

注意事项 菌苗严防冻结，用时充分摇匀。

猪瘟、猪丹毒、猪肺疫弱毒三联菌苗(活)

性状 本品为微黄或淡褐色海绵状疏松团块，易与瓶壁脱离，加稀释液后迅速溶解为均匀混悬液。

用途 预防猪瘟、猪丹毒、猪肺疫。

用法与用量 按瓶签所标识的头份量，于无菌条件下加入20％铝胶生理盐水，稀释成每头份1 mL，摇匀后，断乳半个月以上的猪，一律耳后肌肉注射1 mL，哺乳仔猪或刚断乳的仔猪产生免疫力不坚强，30～45天后还应注射一次。

免疫期 断乳半个月以上的猪，注三联苗后猪瘟的免疫期为1年，猪丹毒与猪肺疫为6个月。

保存有效期 在－15℃下保存，有效期为1年，0～8℃阴暗干燥处保存，有效期为6个月，20～25℃阴暗干燥处保存，有效期为10天。稀释后4 h以内用完。28℃以内保存，有效期为9个月，20～25℃阴暗干燥处保存，有效期为10天。稀释后4 h以内用完。

注意事项 在用苗前1周和用苗后10天内停止使用抗菌药物，必须使用时，停药1周后需补注一次。

仔猪副伤寒弱毒菌苗(活)

性状 本品为乳白或淡黄色海绵状疏松团块，易与瓶壁脱离，加稀释液后迅速溶解为均匀混悬液。

用途 预防仔猪副伤寒。

用法与用量

口服法 临用前按瓶签所标识的头份数，用冷开水稀释成每头份 5～10 mL(30 亿活菌)，对 1 月龄以上的仔猪拌料喂服，也可将每头份菌苗稀释成 1～10 mL 逐头灌服。

注射法 按瓶签所标识的头份数。于无菌条件下加入 20% 铝胶生理盐水，稀释成每头份 1 mL，摇匀后，对 1 月龄以上的仔猪，于耳后浅层肌肉注射 1 mL(30 亿活菌)。对经常发生仔猪副伤寒的地区，为加强免疫力，可于断乳前后各免疫一次，间隔 3～4 周。

保存有效期 在－15℃下保存，有效期为 1 年，2～8℃阴暗干燥处保存，有效期为 9 个月，20～25℃阴暗干燥处保存，有效期为 10 天。

注意事项 在用苗前 1 周和用苗后 10 天内停止使用抗菌药物，必须使用时，停药 1 周后需补注一次。

乳猪黄、白痢遗传工程菌苗(活)

性状 本品为灰白色海绵状疏松团块，加稀释液后迅速溶解为均匀混悬液。

用途 预防仔猪黄、白痢。

用法与用量 口服法：临用前按瓶签所标识的头份数，用生理盐水或冷开水稀释，每头份菌液加入 2 g 小苏打混合均匀，对产前 20～25 天的怀孕母猪拌料喂服。为增强效果，可按成年猪 1/20 的剂量给出生 2～4 日龄的仔猪灌服。

保存有效期 在－15℃下保存，有效期为 1 年，0～8℃阴暗干燥处保存，有效期为 4 个月，10～30℃阴暗干燥处保存，有效期为 1 个月。稀释后 4 h 以内用完。

注意事项 在用苗前 1 周和用苗后 10 天内停止使用抗菌药物；忌用热水、热料、发酵饲料等拌食。

母猪大肠杆菌纤毛苗(M_4)

简介 本苗含有猪大肠杆菌 K_{88}、K_{99}、987P、F_{41} 4 种血清型细菌的纤毛抗原。它是用基因工程的方法培养含有丰富纤毛抗原的细菌，用化学方法除去菌体和内毒素而制成。

用途 预防仔猪黄、白痢。

用法与用量 初免的母猪产前4周、2周各肌肉注射2 mL，经免母猪产前2周肌肉注射2 mL。

保存 在2～8℃阴暗干燥处保存，稀释后尽快用完。

注意事项 严防冻结，用时充分摇匀。

仔猪红痢氢氧化铝菌苗(灭活)

性状 本品静置时上部为黄褐或褐色透明液体，下部为灰白色沉淀，充分摇匀后，呈灰白色均匀的混悬液。

用途 预防由魏氏索菌引起的仔猪红痢。

用法与用量 初免的母猪产前4周、2周各肌肉注射5～10 mL，经免母猪产前2周肌肉注射3～5 mL。

保存 在2～15℃条件下保存，有效期为1年。

注意事项 菌苗严防冻结，用时充分摇匀。

猪霉型体肺炎(气喘病)灭活苗(MH)

简介 本品每瓶100 mL(50头份)和20 mL(10头份)。

用途 预防猪气喘病。

用法与用量 仔猪1～2周龄每头肌肉注射2 mL，2周后再注2 mL。母猪一般不接种该苗，以防母源抗体对仔猪免疫的干扰。

免疫期 注苗后24 h开始产生免疫力，3天后产生良好的保护作用。免疫期7个月。

保存 最好在2～8℃下保存。

注意事项 菌苗严防冻结，用时充分摇匀。一经开瓶启用，应尽快用完。屠宰前3周内不得用此苗。

猪萎缩性鼻炎三联灭活菌苗(2DT)

简介 本菌苗含猪支气管败血波德氏杆菌、巴氏杆菌、A型、产毒素D型及巴氏杆菌A、D型类毒素。对猪萎缩性鼻炎提供完整的保护。本品每瓶 100 mL(50 头份)和 20 mL(10 头份)。

用途 预防猪萎缩性鼻炎和猪肺疫。

用法与用量

母猪:产前 4 周每头肌肉注射 2 mL,2 周后再接种一次。

种公猪:每年每头肌肉注射 2 mL。

仔猪:母猪已接种,仔猪于断乳前肌肉注射 2 mL;母猪未接种,仔猪于 7～10 日龄肌肉注射 2 mL。

如果现场污染严重,应在首免后 2～3 周加强免疫一次。

保存:最好在 2～8℃下保存。

注意事项 菌苗严防冻结,用时充分摇匀。一经开瓶启用,应尽快用完。屠宰前 3 周内不得用此苗。

猪传染性胸膜肺炎放线杆菌灭活菌苗(APP)

简介 引起猪传染性胸膜肺炎的放线杆菌目前已知最少有 12 种血清型,各型之间不能交叉保护,适合中国的是 1、5、7 血清型组合的 APP 菌苗。母猪自然感染 APP 后,其母源抗体可延续 4～8 周,因此,仔猪在 4 周前接种 APP 效果不佳。本品为水质佐剂,黏度较低,每瓶 100 mL(50 头份)。

用途 预防猪传染性胸膜肺炎。

用法与用量

母猪:产前 4 周每头肌肉注射 2 mL,2 周后再接种一次。

种猪:6 月龄或引进前每头猪肌肉注射 2 mL 首免,2～3 周后再注 2 mL 加强免疫。

仔猪:母源抗体高的仔猪,于断乳前肌肉注射 2 mL,2～3 周后再注 2 mL 加强免疫。

母源抗体低的仔猪,于 7～10 日龄肌肉注射 2 mL,2～3 周后再注 2 mL 加强免疫。

保存 最好在 2～8℃下保存。

注意事项 菌苗严防冻结,用时充分摇匀。一经开瓶启用,应尽快用完。屠宰前3周内不得用此苗。为防止在免疫前感染本病，接种前应使用药物预防本病。

猪乙型脑炎活疫苗

性状 本品静置时，上部为红色透明液体，下部为少许细胞碎片。

用途 预防各种动物的乙型脑炎。

用法与用量 本疫苗应在蚊蝇季节到来前1～2个月注射，部分性别年龄，一律皮下或肌肉注射1 mL。幼畜注射一次后，第二年必须加注一次。

免疫期 本疫苗注射2次(间隔1年)，免疫期为3年。

保存有效期 在2～6℃阴暗干燥处保存，有效期为2个月。

注意事项 如果疫苗保存有疑问，每年需加强注射一次。

猪细小病毒疫苗(G-1)

简介 本品每瓶100 mL(50头份)和20 mL(10头份)。

用途 预防猪细小病毒病。

用法与用量 种母猪于配种前2～3周进行肌肉注射2 mL。种公猪8月龄首次肌肉注射2 mL，以后每年注射一次。

免疫期 免疫期为6～12个月。

保存有效期 在2～8℃阴暗干燥处保存。

注意事项 菌苗严防冻结，用时充分摇匀。一经开瓶启用，应尽快用完。屠宰前3周内不得用此苗。

猪伪狂犬弱毒冻干活疫苗

性状 本品为微黄色海绵状疏松团块，加中性磷酸缓冲液后迅速溶解为均匀混悬液。

用途 预防猪伪狂犬病。

用法与用量 按每瓶疫苗实含病毒液量(不足者先加磷酸缓冲液至足量)，用磷酸缓冲液稀释20倍，供肌肉注射。

3月龄以上的猪及妊娠母猪(产前3～4周)肌肉注射2 mL。

仔猪：母猪已接种，仔猪于断乳前肌肉注射 2 mL；母猪未接种，仔猪于 7～10 日龄肌肉注射 0.5 mL，断乳后再注射 1 mL。

免疫期 接种疫苗后 6 天产生免疫力，免疫期为 1 年。

保存有效期 在～20℃下保存，有效期为 18 个月，0～9℃阴暗干燥处保存，有效期为 9 个月，10～30℃阴暗干燥处保存，有效期为 1 个月。稀释后当天用完。

注意事项 在运输途中应保持冻结状态。

猪伪狂犬病 G1 基因缺失弱毒活疫苗
猪伪狂犬病 G1 基因缺失灭活疫苗

简介 猪伪狂犬病 G1 基因缺失灭活疫苗抗原浓度高，能激发高水平的抗体，通过母源抗体保护小猪。本疫苗采用水包油型特殊佐剂，黏稠度低，容易注射，局部刺激小。本品每瓶 100 mL (50 头份)和 20 mL(10 头份)。

猪伪狂犬病基因缺失疫苗免疫后，可区别因自然感染或因疫苗接种而产生的抗体为猪场净化猪群所必须。

用途 预防猪伪狂犬病。

用法与用量

预防猪伪狂犬病：

小母猪 配种前接种 1～2 次弱毒活疫苗，每次肌肉注射 2 mL。

母猪 分娩前 4 周肌肉注射 2 mL 灭活疫苗。

公猪 每年接种弱毒活疫苗 1～2 次，每次肌肉注射 2 mL。

生长猪 10～14 周龄肌肉注射 2 mL 弱毒活疫苗，4 周后再免疫接种一次。

减少和消灭猪伪狂犬病：

小母猪 10～14 周龄肌肉注射 2 mL 灭活疫苗，6 月龄时再免疫接种一次

母猪、公猪 每 4 个月接种灭活疫苗一次，每次肌肉注射

2 mL。

生长猪　10～14 周龄肌肉注射 2 mL 灭活疫苗，4 周后再免疫接种一次。

保存　最好在 2～8℃下保存。

注意事项　菌苗严防冻结，用时充分摇匀。一经开瓶启用，应尽快用完。屠宰前 3 周内不得用此苗。

猪繁殖与呼吸道综合征灭活疫苗(PRRS)

简介　目前猪繁殖与呼吸道综合征主要有欧洲猪和美洲猪，该疫苗是采用在西班牙分离到的毒株制备的。本品每瓶 20 mL(10 头份)。

用途　预防猪繁殖与呼吸道综合征。

用法与用量

母猪　6 月龄时肌肉注射 2 mL，3 周后再注射 2 mL。以后每个泌乳期肌肉注射 2 mL，时间应在配种前 15 天(一般配种前后 10 天或产前 10 天不接种该苗)。

公猪　6 月龄时肌肉注射 2 mL，3 周后再注射 2 mL。以后每年接种 2 次。

保存　最好在 2～8℃下保存。

注意事项　菌苗严防冻结，用时充分摇匀。一经开瓶启用，应尽快用完。屠宰前 3 周内不得用此苗。

猪 O 型口蹄疫灭活疫苗

简介　有一定毒力，应用时应慎重。

用途　预防猪 O 型口蹄疫。

用法与用量　10～25 kg 的猪耳后肌肉注射 2 mL，25 kg 以上的猪 3 mL。

免疫期　免疫期 6 个月。

保存有效期　于 2～15℃阴暗干燥处保存。

注意事项　不能冻结，使用时充分摇匀。母猪在怀孕后期注射有时造成流产或死胎。

猪链球菌氢氧化铝灭活菌苗

性状 本品静置时，上部为茶褐色透明液体，下部为浓厚的沉淀，充分摇匀后，呈均匀的乳浊液。

用途 预防猪链球菌病

用法与用量 猪不论大小，一律皮下注射 5 mL（浓缩苗 3 mL）。

免疫期 注苗后 21 天产生免疫力，免疫期 4～6 个月。

保存有效期 于 2～15℃阴暗干燥处保存，有效期为 1 年，

注意事项 不能冻结，使用时充分摇匀。

猪链球菌弱毒活菌苗

性状 本品为乳白色海绵状疏松团块，加稀释液后迅速溶解为混悬液。

用途 预防猪链球菌病。

用法与用量 按瓶签所标识的头份量，于无菌条件下加入 20%氢氧化铝胶生理盐水，稀释成每头份 1 mL，摇匀后，断乳半个月以上的猪，一律皮下或肌肉注射 1 mL。也可口服，每头猪 2 亿活菌。

免疫期 接种后 7 天产生免疫力，14 天后产生较强的免疫力，免疫期 6 个月。

保存有效期 －15℃阴暗干燥处保存，有效期为 1 年；0～8℃保存有效期为 6 个月；15～20℃阴暗干燥处保存，有效期为 30 天；25～30℃阴暗干燥处保存，有效期不超过 7 天。稀释后的菌苗 4 h 内用完。

注意事项 在用苗前 1 周和用苗后 10 天内停止使用抗菌药物，必须使用时，停药 1 周后需补注一次。

(八)预防性投药

猪场可能发生的疾病种类很多，有些病目前已研究出有效的

疫(菌)苗,还有些病尚无疫(菌)苗可用,有些病虽有疫(菌)苗,但实际效果并不理想。因此,防治这些疾病,除了加强饲养管理,搞好检疫诊断,环境卫生和消毒工作外,应用药物防治也是一项重要措施。猪日粮中添加高浓度抗菌药物可预防和治疗疾病,低浓度时可增进健康,提高生产性能。但应注意添加药物的种类、剂量与停药期,避免病菌产生抗药性和产品药物残留。常用抗菌药物添加剂的用量及效果见表9-4。

表9-4 常用抗菌药物添加剂的用量及效果

项目	添加量	增进健康	细菌性肠炎	猪痢疾	萎缩性鼻炎
杆菌肽锌	10～100	+	+		
斑伯霉素	2	+			
金霉素	10～200	+	+		+
竹桃霉素	5～11.5	+			
土霉素	7.5～150	+	+	+	+
维吉尼霉素	10～100	+	+	+	
喹乙醇	15～50	+			

(九)猪场禁养其他动物

猪场严禁饲养禽、犬、猫等动物。猪场食堂不准外购猪只及其产品。职工家中不准养猪。

(十)杀虫、灭鼠

1. 杀虫

虻、蝇、蚊、蜱等节肢动物都是家畜疫病的重要传播媒介。因此,杀灭这些昆虫,在预防和扑灭猪疫病方面有重要意义。杀虫的方法主要有物理、生物和化学药物等法。

(1)物理杀虫法。猪舍安装纱窗,阻止蚊蝇等进入猪舍;根据杀虫的环境状况及物品种类,采用沸水、蒸汽、火焰、机械拍打等办法杀灭部分昆虫。

(2)生物杀虫法。即采用昆虫天敌、粪便生物发酵杀死虫卵等办法消灭昆虫。实际中采用诱集捕杀法常取得良好效果。方法是利用酵母菌发酵麦糠产生的酸甜气味,吸引家蝇在其上产卵,在发酵糠上加一些新鲜猪粪,可吸引大头金蝇在其上产卵。如想利用蝇蛆,可让其在发酵糠中生长1～2天,用于喂鸡喂鱼,否则,用热水或其他办法将其杀死。

(3)化学药物杀虫法。常用杀虫药物主要有敌百虫、敌敌畏、倍硫磷等。

敌百虫:为一种纯白色结晶粉,敌百虫水溶液常用浓度为0.1%;毒饵可用1%溶液浸泡米饭、面饼等,灭蝇效果较好;烟剂每立方米用0.2～0.3 g。

倍硫磷:是一种低毒高效的有机磷杀虫剂,油状液体,略带蒜味。主要用于杀灭蚊、蝇和孑孓等,喷洒用0.25%的乳剂,用量为每平方米0.5～1 g。

2.灭鼠

鼠除了破坏建筑、偷吃饲料外,还是多种人畜传染病的传播媒介和传染源,因此,灭鼠对于防病灭病和提高经济效益具有重要意义。常用的有天敌、器械和药物灭鼠法。在此仅介绍几种药物灭鼠法。

磷化锌:为灰黑色粉末,性质稳定,不溶于水。毒饵浓度一般3%～8%。

毒饵:用粮食5 kg,煮至半熟,晾到七成干,加食油100 g、磷化锌150 g拌匀即成,将毒饵放到鼠洞口旁,每处放5～10 g。

毒粉:磷化锌5～10 g,加干面粉90～95 g,混合均匀,撒布于鼠洞内,能粘在鼠皮毛及趾爪上,鼠舔毛时中毒死亡。

灭鼠安:纯品为淡黄色粉末,无臭、无味,性质稳定,不溶于水和油,溶于乙醇和丙酮。本品对畜禽毒性低。用0.5%～2%的毒饵,每堆投放1～2 g。

(十一)病猪尸体及粪便处理

因患传染病而死亡的病猪尸体,含有大量病原体,是散播疫病最主要的祸根之一。对病猪尸体的处理是否妥善,是关系到猪传染病能否迅速扑灭的一个重要环节。因此,对病猪应严格进行检查,尽快确诊,及时送隔离室。需要剖解的死猪及时送到解剖化验室,经兽医检查后,认为是传染病或疑似传染病的猪不能随便乱抛,更不能食用和拿到集市上出售,以免散播疫病或发生肉食中毒。通常的处理办法是烧毁、深埋或化制后作工业原料。

生产上应训练猪定点排粪,及时清扫。并将粪便送发酵池处理或堆肥发酵。

(十二)严格兽医卫生防疫制度

猪场应有明确、完善的兽医卫生防疫制度,并有专人负责,严格执行。

四、猪群的健康监测

在整个养猪生产过程中,猪群随时都可能发生传染病,而且一旦发生,规模越大,损失越惨重。因此,做好猪群的健康检测工作,及时发现亚临床症状,早期控制疫情,把传染病消灭在萌芽状态非常重要。同时,通过对猪群的健康检测,还可发现营养、饲养、管理上存在的问题,使其及时得到解决。通过对猪群健康的检测,也可发现温度、湿度、圈养密度等环境条件是否适宜,以便及时调整。所以,猪群健康检测是掌握猪群动态、预防传染病发生的一项重要工作,不容忽视。

(一)健康与不健康猪的表征

(1)健康的猪,营养状况良好,被毛光洁、光亮,皮肤柔软并有弹性,颜色粉红(白猪)。表皮没有痂垢。

不健康的猪,体况较差,被毛粗乱(环境过冷,营养不良或发病),皮肤颜色异常,尤其是口、鼻、耳、腹下、股内侧、外阴和肛门部皮肤。例如幼猪的皮肤颜色可变为蓝色(循环障碍)、红色(发热、充血、感染)、白色(贫血)、黄色(肝功能不全或贫血),或呈灰白色;皮肤有出血斑点(微血管受到损伤,可能有败血性传染病);脱毛、变厚、结痂(寄生虫侵袭或营养缺乏),以及脓胞、疥肿等病变。

(2)健康的猪,眼睛灵活光亮,眼结膜粉红色,眼睑不粘有分泌物,眼下无泪斑。

不健康的猪眼神呆滞,眼睑粘有分泌物,眼结膜充血潮红、蓝色、白色或黄染,眼下有泪斑。鼻端干燥、发热(体温高)。

(3)健康的猪,鼻端湿润,有凉感;鼻型正常;呼吸均匀正常(8～13 次/min),很少见咳嗽、喷嚏;无鼻涕、浓汁,无出血。

不健康的猪,鼻端干燥、发热(体温高);颜面变形;呼吸频率增高、呼吸困难、不均匀,有喘气、咳嗽、喷嚏、圈栏蹭鼻等,过多的鼻涕或脓性白色分泌物,鼻出血等(呼吸道或肺部有炎症)。呼吸加快(可由肺炎、心功能不全、胸膜炎、贫血、疼痛、高温、临产等引起。但健康猪正常呼吸频率变化很大,因而对病猪的呼吸频率应与同栏健康猪进行比较加以判断);呼吸困难,腹式呼吸(肺炎或胸膜炎),喘气、咳嗽、打喷嚏(呼吸道或肺部有炎症)。

(4)健康的猪(母猪),乳房发育泌乳正常,仔猪健壮整齐。

不健康的猪,乳房干瘪或红、肿、热、痛(炎症)等,仔猪瘦弱,发育不整齐。

(5)健康的猪,神态自然,反应灵敏,对轻微的声音即竖耳倾听;运动时,尾巴卷起,行走正常;休息时,一侧平躺静卧。

不健康的猪,精神委顿,常呆立一旁,低头垂尾,喜卧,常挤卧于墙角或钻入垫草中;行走缓慢、摇摆不稳、弓背寒颤、四肢无力。卧地姿势在有心脏疾患、极度疲乏或过热时常平卧,寒冷时四肢缩于腹下而平窝。犬坐姿势表示呼吸困难。猪的头颈歪斜或作圆圈运动,通常见于中耳炎、内耳炎、脑脓肿或脑膜炎。肢腿麻痹、共济失调、平衡失控、强直性痉挛或阵发性痉挛、震颤等,表明神经有器质性病变或功能性损伤。病猪弓背、腿松弛及肢体位置异常(拢于腹下或向前伸),表明患肢有病不敢负重。

(6)健康的猪,食欲旺盛,每次饲喂时,趋槽、摇尾、抢食,吃得津津有味。

不健康的猪,不食或食欲不振,吃两口便离开,呕吐,磨牙。

(7)健康的猪,粪尿正常,排泄不费力,粪尿中不带血、黏液或浓汁,尿液澄清,粪便能成型,硬而不干,如同剥皮后的香蕉,不混杂大量未消化饲料。粪便颜色依采食饲料不同而呈棕黄、棕绿、或深棕色。粪便形状依年龄而有不同,仔猪出生后3周内主要依靠母乳生活,粪便呈乳白色的小球,以后逐步变成腊肠或香蕉似的形状,20 kg时粪便的长度增加到8～10 cm,直径为2.3～2.6 cm,以后逐渐增大,5月龄后长度渐减,而粗度增加,8月龄时粪便长度约为12.3 cm,直径为5.6 cm,成为粗短的大块,1岁后呈长10～15 cm、直径为8 cm的大块粪便,一般能成型,掉在地上可稍稍散开。

不健康的猪,粪尿异常,排泄费力;粪尿中带有血、黏液、浓汁;粪便稀软、颜色异常、含有大量未消化饲料、恶臭或黑硬干燥,如算盘株样,均表明胃肠道异常。

(8)健康的猪,体温、心率正常,一般猪的体温38.7～39.8℃,心率60～80次。

不健康的猪,体温升高,心动过速。

(9)健康的猪,生产力正常。

不健康的猪,生产力下降,公母猪繁殖机能不正常,流产、死胎、有木乃伊胎,产仔数少,产弱小仔猪(营养缺乏或不平衡,子宫炎或有乙型脑炎等传染病)。生长猪长得慢,饲料利用率低(可能有慢性病)。

(二)监测方法

1.观察猪群

要求饲养员对自己所养猪只要随时观察,发现异常,及时向兽医或技术员汇报。猪场技术员和兽医每日至少巡视猪群 2～3 遍，并经常与饲养员取得联系，互通信息，以掌握猪群动态。

不管是饲养员还是技术人员，观察猪群要认真、细致，掌握好观察技术、观察时机和正确的观察方法。生产上可采用“三看”，即“平时看精神，喂饲看食欲，清扫看粪便。”并应考虑猪的年龄、性别、生理阶段、季节、温度、空气等，有重点有目的的观察。

对观察中发现的不正常情况，应及时分析，查明原因，尽早采取措施加以解决。发现的不正常猪进行隔离观察，尽早确诊。如属一般疾病，应采用对症治疗或淘汰，如是烈性传染病，则应立即捕杀，妥善处理尸体，并采取紧急消毒、紧急免疫接种等措施，防止其蔓延扩散。

对异常猪只及时淘汰，有时不仅不会增加损失，反而可提高生产水平，减少耗料和用药，更重要的是有利于维护全群的安全，因为这些猪往往对传染病易感或带菌带毒，是一危险的传染源或潜在的传染源。

2. 测量统计

特定的品种与杂交组合，要求特定的饲养管理水平，并同时表现特定的生产水平。通过测量统计，便可了解饲养管理水平是否适宜，猪群的健康是否在最佳状态。低劣的饲养管理，发挥不出猪的最大遗传潜力，同时也降低了猪的健康水平。猪所表现的生产力水平高低是反应饲养管理好坏和健康状况的晴雨表，例如，猪的受胎率低，产仔数少，往往与配种技术不佳、饲养管理不当和某些疾病有关；出生重低与母猪怀孕期营养不良有关；21 天窝重小、整齐度差与母乳不足、补料过晚或不当、环境不良或受到疾病侵袭有关；肉猪日增重低、饲料报酬差有可能猪群潜藏某些慢性疾病或饲养管理不当。

3. 病猪剖检

通过对病猪的剖检，观察各器官组织有无病变、病变的种类、程度等，了解猪病的种类及严重程度。

4. 屠宰厂检查

在屠宰厂检查屠宰猪只各器官组织有无异常或病变，了解有无某种传染病及严重程度。

5. 抗原、抗体测定

检查和测定血清中和其他体液中的抗体水平，是了解动物免疫状态的有效方法。动物血清中存在某种抗体，说明动物曾经与同源抗原接触过，抗体的出现意味着动物现在正在患病或过去患过病，或意味着动物接种疫苗已经产生效力。如果在一定时期内测定抗体量几次，就有可能判明抗体出现的原因。如果抗体水平迅速升高，表明感染正在被克服；如果抗体水平下降，表示这些抗体可能是传染病或接种疫苗的残余抗体。接种疫苗后测定抗体，可以明确人工免疫有效的程度，而作为以后何时再接种疫苗的参考。怀孕母猪接种疫苗后，仔猪可通过吃初乳获得母源抗体，测定仔猪体内的母源抗体量，可了解仔猪的免疫状态，同时也是确定仔猪何时再接种疫苗的重要依据。用来检查抗体的技术，反过来也可以检查和鉴别抗原，诊断疾病。生产现场可用全血凝集试验等较简单的方法进行某些疾病的检疫，淘汰反应阳性猪，净化猪群。

五、猪传染病的诊断方法

当猪突然死亡或怀疑发生传染病或已经发生传染病时，应及时而正确地作出诊断，以便采取相应的防疫措施。诊断猪传染病的常用方法有：流行病学诊断，临床诊断，病理学诊断，实验室检查等。诊断的方法很多，但不是每一种传染病和每一次诊断工作都需要全面去做。由于病的特定各有不同，常需根据具体情况而定，有时需要某几种方法综合进行，有时仅需要采用其中的一、两种方法就可以及时作出诊断。现将各种诊断方法简介如下：

(一)流行病学诊断

流行病学诊断是在流行病学调查的基础上进行的。通过询问调查、查阅病史资料和现场查看,了解传染病的发生和发展过程,弄清传染源、传播途径、易感动物、影响传播的因素、疫区范围、发病率和死亡率等,取得第一手资料,然后进行归纳整理和分析判断,初步明确是传染病还是普通病,是群发性疾病还是散发性疾病,是急性病还是慢性病,是一种病还是多种疾病混合感染,为进一步确诊提供线索。一般应弄清下列有关问题。

1. 流行情况

最初发病的时间、地点,猪的性别、年龄,随后的蔓延情况,目前疫情的分布,发病猪的数量、性别、年龄,猪群各年龄组的发病率和死亡率;疾病是急性的还是慢性的,疾病持续多久,曾用过何种药物,剂量多大,效果如何,预后怎样;除了猪之外,是否还有其他动物发病;疾病是散发的还是流行性的,是突然大批发生还是缓慢地发生;发病猪是否同窝、同栏或是同幢,是整窝发病还是窝内呈散发性的。

2. 免疫接种和药物预防情况

了解接种过哪些疫苗,免疫程序如何,疫苗的来源、运输、保存、接种等有无问题。饲料中所用药物添加剂的种类、剂量、时间等。

3. 疫情来源及传播途径调查

本地或本场过去曾否发生过类似的疫病,何时何地,流行情况如何,是否经过确诊,有无历史资料可查,何时采取过何种防治措施,效果如何。这次发病前,曾否从其他地方引过猪、畜产品、饲料等,输出地有无类似的疫病存在。

本地或本场防疫制度、措施是否健全,人员、车辆进出生产区是否经过严格的消毒,生产区的野生动物、节肢动物等的分布和活动情况如何,它们与疫病的发生和蔓延传播有无关系。

4. 饲养管理等情况

调查所用饲料配方是否合理，原料质量是否可靠，营养是否齐全、平衡。猪舍的温度、湿度、卫生等是否良好，圈养密度是否合适。

（二）临床诊断

临床诊断是基本的诊断方法，它是利用人的感官或借助于一些简单的器械如体温计、听诊器等直接对猪进行检查，了解猪在自由状态下的外观、姿势、行为、营养状况、体温、心率、呼吸、采食、排泄等情况。该法简便易行，对于某些具有特征临床症状的典型病例如破伤风、猪痘等，一般不难作出诊断。

但临床诊断有一定的局限性，特别是对发病初期尚未出现有诊断意义的特征症状的病例，对非典型病例和无症状的隐性患者，依靠临床检查难于作出诊断。在很多情况下临床诊断只能提出可疑疫病的大致范围，必须结合其他诊断方法才能确诊。

在进行临床诊断时，应注意收集整个发病猪群所表现的综合症状，然后进行分析判断，不可单凭个别病例的症状轻易下结论，以免误诊。

不少的传染病在临床表现上有许多类似的特征，容易混淆，因此在进行临床诊断时，常采用在症鉴别的方法，进行分析鉴别，有些疾病还可参考药物治疗的结果进行分析比较。

（三）病理学诊断

病理学诊断是对病死猪或濒临死亡捕杀的猪进行剖检，用肉眼或显微镜检查各器官及其组织细胞的病理变化，以达到诊断的目的。患各种传染病而死亡的猪只尸体，多有一定的病理变化，可作为诊断的依据之一。对于某些传染病如猪瘟、气喘病等，通过尸体剖检常可以确诊。有的病猪，特别是最急性死亡和早期屠宰的病例，有时特征性的病变尚未出现，因此进行病理剖检诊断时尽可能多剖检几头，并选择症状较典型的病例进行剖检。有些传染病除肉眼检查外，还需采取病料送实验室做病理组织学检查。

1. 器材准备

剖检前应准备好消毒药物、胶靴、胶皮手套、解剖刀、骨剪、外科剪、镊子、塑料袋、装有10%福尔马林的广口瓶等。

2. 外观检查

剖检前首先进行体表外观检查，包括品种、性别、年龄、毛色、营养状况，皮肤及可视黏膜的状况。

3. 尸体剖检

剖检时使猪体仰卧，一般先切断两前肢与胸部肌肉，再切断两后肢股内侧的肌肉，切开髋关节及韧带，使四肢摊开平放在地上，然后沿腹中线从剑状软骨至肛门处的腹壁切开，再沿左右最后肋骨纵切腹壁至脊柱部，使腹腔脏器全部暴露。此时检查腹腔脏器的位置是否正常，有无异物和寄生虫，腹膜有无粘连，腹水量及色泽、气味等如何。然后由膈处切断食管，从骨盆腔切断直肠，将胃、肠、肝、脾一起取出，再摘出肾脏，分别检查。也可按肝、脾、肾及胃、肠顺序，分别摘出和检查。

沿肋骨切去隔膜，再用刀或骨剪切断肋软骨和胸骨连接部，然后把刀伸入胸腔，划断脊柱两侧肋骨和胸椎连接部的胸膜和肌肉，用两手按压两侧的胸壁肋骨，则肋骨和胸骨连接处的关节自行折裂而使胸腔敞开。检查胸腔液的量和性状，胸膜的色泽和光滑度，有无出血、炎症和粘连，而后摘取心、肺进行检查。也可切开下颌至胸前部皮肤和肌肉，将舌、喉头、气管、食管、连同胸腔内的心、肺一起摘出，分别检查。

在切开皮肤时，应注意检查血管断端流出的血液、皮下组织、肌肉及淋巴结的变化。

4. 病理检验

尸体解剖和病理检验一般同时进行，一边解剖一边检验，以便观察到新鲜的病理变化。将胸腹腔打开后，注意观察内脏器官的位置、形状、色泽，胸、腹壁的色泽及光滑度，胸腹腔液体数量、颜色、透明度、气味及有无异物等。

(1)实质脏器检查。对实质脏器如肝、脾、肾、心、肺、胰、淋巴结等的检查，应先观察器官的大小、颜色、光滑度及硬度，有无肿胀、结节、坏死、变性、出血、充血、淤血等，而后切成数段，观察切面的病理变化。

肝脏：先观察肝的大小、颜色、表面有无结节、坏死、出血，然后检查胆囊大小、胆汁数量和性状，以及黏膜的变化。

脾脏：注意脾脏的大小、形状、色泽、边缘有无梗死、表面有无出血，切面是否异常。

肾脏：先观察肾脏的大小及包膜的情况。然后用刀将肾纵切成两半，剥离包膜，观察表面的色泽、有无出血，再观察皮质、髓质及肾盂的情况。

心脏：注意心包膜的色泽，有无附着物。剪开心包膜检查心包液数量、颜色及透明度。检查心外膜和心冠脂肪有无出血，心冠脂肪色泽和性状。沿心脏纵沟切开左右心室，检查心内膜、心瓣膜、心肌和心脏内血液的情况。

肺脏：先观察肺脏的大小、形状、色泽及表面有无附着物，肺小叶间质是否明显，有无积液。用手触摸肺脏的质度，有无硬结。然后用刀切开肺脏，检查切面颜色、结构，流出黏液的数量、性状，有无寄生虫。

淋巴结：一般应检查颌下、肺门、肠系膜等处的淋巴结，观察其大小(是否肿大)、颜色、质地，后切开淋巴结，观察切面的颜色、状态、有无变性等。

(2)胃肠检查。胃肠一般放在最后检查，先观察胃肠浆膜和肠系膜的情况有无异常，再看肠段有无扭曲、套叠，有无破口。然后沿胃大弯剪开胃壁，并分段剪开肠管，以检查内容物的数量、颜色、软硬度、气味、有无寄生虫或异物，并特别注意黏膜有无出血及溃疡等变化。

(3)喉头、气管、食管、膀胱、输尿管、子宫检查。用剪刀剪开喉头、气管和食管,观看有无黏液、泡沫、血液及异物,再检查黏膜有无充血、出血等变化。剪开膀胱、输尿管、子宫后,检查内容物数量、性状和黏膜变化。

(4)大脑检查。一般只在怀疑有与大脑有关的病时才作检查。检查前先在两眼眶上突做一横线,在两侧枕骨髁上缘,沿颅顶两边各做一纵线与上述横线相接,然后锯开各连接线,掀开颅顶骨,暴露大脑。再剪开硬脑膜,剪断神经,小心取出大脑。

检查时,先观察脑膜的外形、厚度、光泽、有无充血、出血及水肿,然后将脑切开,观察灰白质及脑室等各部变化。

5.剖检注意事项

当剖检怀疑为传染病的死猪时,要特别注意防止病原的传播,并要预防人被感染。

(1)剖检前应先了解病猪的来源、病史、流行情况、临床症状、治疗经过及防疫情况等。

(2)剖检时应注意个人防护,手有外伤时不宜参加剖检工作。

(3)剖检时间越早越好,猪死后时间过长尸体容易腐败,对病变观察和诊断不利,一般腐败尸体不进行剖检。

(4)剖检应在专门的病猪剖检室进行,无剖检室的应在远离猪舍、村庄、河渠、交通要道的地方进行。剖检后的现场应妥善处理,死于传染病的尸体应焚烧(也可与粪水、污物等一起深埋),污染的环境及解剖用具应进行清洗消毒。严禁食用病死猪肉,以免传染疫病或发生中毒事故。

(5)应做好剖检记录,以便综合分析确诊。

6.几种常见的病理变化

(1)血液和淋巴循环障碍。

①充血。局部组织或器官的小动脉内血液增多的现象叫充

血。充血的部位呈红色,毛细血管明显,组织紧张、肿大。

②淤血。局部组织或器官的静脉血液回流不畅或淤积的现象叫淤血。淤血组织呈暗蓝紫色,肿胀,长期淤血还会引起水肿、变性和坏死。

③贫血。全身或局部组织或器官中的血液减少叫贫血。眼结膜、口腔黏膜、皮肤及贫血组织或器官,颜色变淡或呈苍白色。长期贫血可使组织发生萎缩、变性及坏死。

④出血。血液流出血管或心脏之外叫出血。出血发生在体表者较外出血;出血发生在组织间或体腔内叫内出血。微血管没有破裂,而只是由于血管壁的渗透性发生改变,使血细胞通过血管壁向周围组织渗出而造成的出血叫渗出性出血。渗出性出血是在组织内形成出血点或出血斑。最常见于某些急性传染病。

⑤水肿和积水。组织内的组织液含量增加称为水肿。体腔(心包、胸腔、腹腔等)内的组织液含量增加称积水。水肿的组织或器官肿大,切面湿润,或流出多量透明或胶状液体。皮肤水肿时,生前指压有陷窝。

(2)物质代谢障碍。

①萎缩。由于某种原因,组织或器官的体积缩小、机能减退称萎缩。

②变性。由于某种原因,组织细胞营养障碍,代谢紊乱,细胞内的化学成分和结构发生变化,同时机能也发生紊乱叫变性。蛋白质变性时,变性器官表现为浑浊肿胀,包膜紧张,质脆色淡,结构模糊。脂肪变性时,变性的组织肿大、淡黄色、质脆、五弹性。

③坏死。机体的局部组织细胞发生死亡称为坏死。发生凝固性坏死时,坏死组织干燥、硬固、呈灰黄或灰白色,与健康组织有明显界限。发生液化坏死时,坏死组织发生软化溶解,失去原有的结构。

④梗死。由于供给致病组织的动脉血管因某些原因发生堵塞

而出现的器官坏死部分称为梗死。如猪瘟脾脏边缘梗死。

⑤溃疡。某一组织或器官发生坏死后，由表面向深层发展，呈现溃烂现象，坏死组织脱落形成缺损称为溃疡。组织坏死范围较小、较浅，坏死组织脱落后遗留下的小创面称为糜烂。

(3)炎症。炎症是机体与致病因素相互作用时所发生的综合性病理过程，它是机体的一种复杂的自卫防御反应。表现为组织的变性、渗出和细胞的增生三个基本变化，故一般将其分为三类：

①变质性炎。以细胞的严重变质为特征。

②渗出性炎。以血管的渗透性增高，渗出现象明显为特征。根据渗出物的性质不同，又有浆液性炎，渗出物为淡黄色、透明、在活体内不凝固；纤维素性炎，以渗出物迅速凝固并析出淡黄色、灰白色或蛋花状纤维素为特征；化脓性炎，渗出物呈凝乳状，有多量中性白细胞，颜色呈灰黄或黄绿；卡他性炎，仅限于黏膜的炎症，黏膜表面有渗出物流出；出血性炎；渗出物呈红色，含有大量红细胞。

③增生性炎。以组织增生占优势为特征。急性增生性炎时，结缔组织增生，可使肝、脾等器官发生硬变。

(4)其他。

①黄疸。由于肝炎、附红细胞体并等引起血液中胆色素或胆红素浓度增高，以致将皮肤、黏膜、脂肪、血管内膜等染成黄色称为黄疸。

②机化。机体内坏死的组织及异物较多。不能被软化吸收时，则由病灶组织周围新生肉芽组织长入或包围，这个过程叫机化。

③败血症。病原体(细菌或病毒)侵入猪体，在血液中大量繁殖，并散播到全身，引起猪体物质代谢和生理机能发生严重紊乱，同时出现相应的形态学变化，称为败血症。除了出现明显的临床症状外，在尸体剖检时可见到全身皮肤、黏膜、浆膜、淋巴结及心、肝、脾肾等器官发生出血、变性及各种炎性变化。如猪瘟、猪丹毒

等常以败血症出现。

④脓毒败血症。病原体使机体发生败血症的同时，还在其他器官发生化脓性病变的全身传染，叫脓毒败血症。

(四)实验室检查

传染病和寄生虫病由病原体所引起，并能诱发免疫应答，故病原体和血清特异抗体的检出，对确定诊断与流行病学调查具有决定性的意义。实验室检查有病原体检查和血清学检查。病原体检查包括包括显微镜检查、病原体的分离培养鉴定、动物和鸡胚接种试验。血清学检查是检测特异性抗体和抗原的常用方法，包括沉淀试验（含琼脂扩散试验）、凝集试验（含间接血凝试验）、补体结合试验、中和试验、免疫荧光试验、放射免疫试验、酶联免疫吸附试验等。随着分子生物学的研究进展，目前已开始应用分子杂交技术检测某些疾病。

(五)病料的采取、保存与送检

在实际工作中，遇到病情较复杂，凭临床、剖检将其流行病学诊断尚有困难时，常需采取病料送实验室或其他有关单位进一步检验确诊。送检材料的适当与否，对能否作出正确的判断至关重要。由于疾病种类及送检目的不同，对病料的采取部位与要求也不一样。实验室除了病原体及血清学检查外，还有病理组织学检查、毒物检查等，在此仅介绍病原体及血清学检查所要求的病料的采取、保存与送检，并简要介绍病理组织学检查病料的采取、保存与送检。

1.病原体及血清学检查所要求的病料的采取、保存与送检

(1)病料的采取。合理取材是实验室检查准确性的重要条件之一，一般应注意如下几点：第一，如有许多猪发病和死亡，应采取症状和病变有代表性或典型的病例。第二，取病料的猪近期没有用抗生素治疗过。第三，怀疑是某种传染病时，则采取该病常侵害的器官或部位。如怀疑是猪瘟，可取淋巴结和脾脏；怀疑是猪丹毒

时采取肾、脾、或肝；怀疑是口蹄疫时采取水泡皮或水泡液；怀疑是猪气喘病时采取肺的病变部；怀疑是狂犬病时采取脑和脊髓，流产或死胎的传染病则采取胎儿或胎衣；血清抗体检查或血涂片显微镜检查时，则采取血液；败血性传染病应采取心、肝、脾、肾、淋巴结及胃肠等组织。提不出怀疑对象时，则采取全身各器官组织。第四，取样时间一般在病的早期，这时分离率高，尸体病料最好在病猪死亡后 6 h 以内取，病料必须新鲜，污染或腐败的都不适于检查用。第五，采取病料时，必须按无菌操作要求，盛装病料的容器和采病料的用具必须消毒，刀、剪等用具每采取一种病料后，要经过酒精灯火焰消毒灭菌后再采取另一种病料。第六，所采病料，要尽快送化验室。

①采取实质脏器。选择典型病变部位，采取 2～4 cm^3 的小块，分别装于灭菌的容器内。淋巴结可整个剪下送检。

②采取肠。可取肠段数寸，两端结扎，剪断放入玻璃皿或塑料袋内送检。

③采取血液。用注射器从静脉取 5 mL，放入盛有 5％枸橼酸钠 0.5 mL 灭菌的试管或链霉素瓶中，加塞封好送检。若供血清学检查，可将取的血放入灭菌的试管或小瓶内，摆成斜面，待血清析出后，用灭菌吸管移入另一灭菌小瓶中送检。有时也可制作血片数张，各片间可在两端用火柴隔开，先用线绳扎紧，然后用厚纸包好送检。

采取尸体心血时，要先用小铁片在酒精灯上烧红，再烫烙右心室表面，用灭菌注射器刺入心脏取血，放入消毒试管内加盖封好送检。

④采取鼻液、脓液、粪便及阴道或子宫分泌物。用灭菌棉棒蘸取后，分别放入试管内。未破的脓肿可用灭菌的注射器抽取数毫升，注入灭菌容器内送检。

⑤采取水泡或皮肤。可在局部消毒后，用注射器抽取水泡液，

剪取水泡皮或皮肤，装入容器内送检。

⑥采取胎儿。可将整个胎儿装入塑料袋送检。

(2)病料的保存。采取的新鲜病料最好不加任何保存剂，立即送检。

但一般将装病料的容器放在装有冰块的保温瓶中保存。如病料不能很快送到检验单位，或需寄送外地检验时，应加入适当的保护剂。供细菌检查的组织块，可放入30%甘油缓冲盐水中保存(配法：中性甘油30 mL，氯化钠0.5 g，磷酸氢二钠1 g，加中性蒸馏水至100 mL，混合后，高压15磅30 min灭菌，冷却备用)。供病毒检验用的病料，可保存在50%甘油缓冲液中。若为血清，为了防腐，每毫升血清中可加如5%石碳酸一滴，混匀。

(3)病料的送检。

①送病料时应附上病史、剖检记录等资料。

②装病料的器皿应贴上标签，注明病料名称、保存方法、采集时间等。

③一般将装病料的容器放在装有冰块的保温瓶中送检。

2. 病理组织学检查病料的采取、保存与送检

在典型病变与正常组织交界处，用锋利的刀或剪切下1 cm见方的组织块，装入盛有10%福尔马林的溶液中固定，固定液用量为病料的5～10倍。容器瓶口用蜡封固后送检。

六、发生传染病后的扑灭措施

猪群一旦发生了传染病，应立即采取如下几种措施，迅速控制其蔓延，尽快将其扑灭。

(一)现场调查，掌握疫情

当猪群发生传染病或疑似传染病时，兽医人员应及时到现场调查，了解发病头数、死亡情况、主要症状、剖检变化等，确定病性，及时采取紧急防治措施，迅速将其扑灭。

(二)控制传染源

疑似传染病时,必须及时隔离,尽快确诊,一时不能确诊的传染病,应采取病料送有关部门进行实验室检查。

确诊为传染病时,应尽快隔离,及时治疗,并尽可能缩小病猪活动范围,防止病原微生物的扩散。如为一类传染病(如口蹄疫、猪瘟、炭疽等)或当地新发现的传染病,应立即向当地有关部门报告,追查疫源,封锁疫区,在指定地点急宰病猪,病猪尸体一律烧毁或深埋,消灭控制传染源。

对发病猪群及邻近猪群,应逐头进行检疫,病猪立即进行隔离治疗或淘汰急宰。

(三)切断传播途径

被传染病污染或怀疑被传染病污染的场地、圈舍、通道用2%～4%火碱、0.5%过氧乙酸、0.5%百菌灭或0.1%百毒杀喷洒消毒,对于严重污染的场地应反复喷洒2～3次;对于污染的饲槽、水槽、饮水器铁锨等用具及其他污染物等,用1%～2%的漂白粉澄清液或0.5%过氧乙酸等作用0.5～1 h,或浸于2%～4%氢氧化钠溶液中6～12 h,消毒后用清水将饲槽、水槽等冲洗干净;垫草应予烧毁,污染的粪便及分泌物可用1/5量的漂白粉干粉作用2～6 h或0.5%～1%的过氧乙酸作用1 h,或者经堆积发酵15～30天,无害处理后方可用作肥料。

(四)保护易感猪群

对假定健康及受威胁区的健康猪进行紧急预防接种,提高猪群的免疫力。

对尚无疫苗的传染病,可饲喂抗菌药物预防。

改善饲养管理条件,提高猪只抗病力。

第二节 猪的常见传染病

一、猪常见病毒性传染病

(一)猪瘟

猪瘟是由猪瘟病毒引起的猪的急性、热性、接触性传染病。以持续性高热、败血、内脏及皮肤有出血点、纤维素性坏死性肠炎为主要特征。

猪瘟病毒对环境及消毒药的抵抗力较强,在冷冻猪肉中可存活数周或数月,在腌制或熏制的病猪肉中存活6个月以上。甲醛、来苏儿、石碳酸、升汞等对病猪血液及尿液中的病毒消毒效果很差。但干燥1~3周、阳光照射5~9 h、腐败2~3天均可使病毒灭活。2%的烧碱溶液、5%~10%的漂白粉等1 h内可杀死病毒。

流行特点:不分品种、年龄和性别,一年四季都可感染发病。猪瘟的传染性很强,发病率和死亡率很高,是危害养猪业最严重的疫病之一。

病猪是主要的传染源,病毒经粪、尿和各种分泌物排出体外,污染圈舍、用具、饲料、饮水等,主要借助于饲料及饮水经消化道传给健康猪。同时,也可通过呼吸道、眼结膜及皮肤伤口传染。此外,人类、畜禽、野生动物、鸟类和昆虫也能机械带毒,促进本病的流行。

临床症状:潜伏期一般5~7天,最长可达21天。根据病程长短分为最急性、急性和慢性三种类型。

最急性型很少见,一般发生于流行的初期,常无明显症状,突然死亡,或呈现急性一般症状而死亡。病程一般1~2天。

急性型较为常见。病猪表现不食,精神沉郁,弓背,四肢无力,走路摇摆不稳;体温41℃左右稽留热;眼结膜发炎,眼角有多量黏性或脓性分泌物;耳、四肢、腹下、会阴等处出现出血点或大小不等的红斑,指压不退色;病初便秘,粪便干硬呈小球状,带有黏液或血液,后期拉稀;公猪包皮内积有尿液,用手挤压流出浑浊、恶臭的白色液体;幼猪可出现磨牙、运动障碍、痉挛等神经症状。病程1～3周,后期并发肺炎和坏死性肠炎。

慢性型主要表现消瘦、贫血、全身衰弱,体温时高时低,食欲时好时坏,便秘与腹泻交替发生,病程20天以上,最后衰竭死亡。

近年来我国出现一种非典型性猪瘟,其特点是病势缓和,病理变化不典型,皮肤很少有出血点,发病率和死亡率均较低,幼猪发生和死亡较多,大猪发病少并常可耐过。

病理变化:

①最急性型除见浆膜、黏膜、或内脏有出血点外,常无明显的病理变化。急性猪瘟主要呈现败血症变化,表现各器官组织出血,有诊断价值的变化是:皮肤或皮下有出血点;颌下和腹腔内淋巴结肿大、暗红、切面周边出血,呈大理石壮;肾脏色淡,有出血点,严重时可见肾盂和输尿管出血;脾脏边缘小丘状出血,边缘梗死,呈紫黑色,稍凸起。

②慢性型除有上述较轻微的变化外,剪开肠管,在回肠末端及盲肠,特别是回盲口,可见到一个个轮层状溃疡(扣状溃疡),具有诊断价值。

防治措施:本病尚无有效的化学治疗药物。一般采用以预防接种为主的综合性防疫措施。

预防注射:种母猪一般用猪瘟兔化弱毒疫苗于产后21天免疫一次,种公猪一年免疫一次,仔猪21日龄首免,50～60日龄二免。或仔猪出生后立即用猪瘟兔化弱毒疫苗免疫1次,2 h后再吃初乳。

(二)猪口蹄疫

口蹄疫是由口蹄疫病毒引起的偶蹄兽的一种急性、热性和高度接触性传染病。以蹄冠、趾间、蹄踵、鼻盘、口腔黏膜和乳头发生水疱和溃烂为主要特征。

本病毒对外界环境抵抗力较强，在污染的饲料、土壤等环境中可保持传染性数周至数月。对光、热、酸、碱等敏感，1%～2%的火碱、0.2%～0.3%过氧乙酸等对本病毒均有较好的消毒效果。

流行特点：各种年龄的猪均易感，但幼龄猪发病率高、病情重、死亡率高。猪口蹄疫多发于冬春寒冷季节，特别是早春。主要发生于城郊及交通沿线的猪场。

病猪及带毒动物是主要的传染源，病毒经粪、尿和各种分泌物排出体外，以人、动物、运输工具、饲养管理用具、饲料、饮水等为传播媒介，主要经消化道、损伤的黏膜以及借助于空气经呼吸道传播。

临床症状：潜伏期1～2天，病猪以蹄部水疱为主要特征。病初体温升高至40～42℃，精神不振，食欲减退，蹄冠、趾间、蹄踵发红、形成水疱，破裂后形成出血性烂斑，1周左右恢复，有继发感染时，蹄壳可能脱落，患肢不能着地。部分病猪的鼻盘、口腔黏膜和乳头可见到水疱和烂斑，仔猪可因急性肠炎和心肌炎死亡，病死率可达60%。

病理变化：口腔、鼻盘和蹄部出现水疱和烂斑，仔猪因心肌炎死亡时，心肌切面有淡黄色斑或条纹，肠道呈出血性肠炎症状。

治疗：用0.1%高锰酸钾洗净患部，涂以紫药水或碘甘油，防止继发感染。轻症病猪经10天左右多能自愈。但国家规定口蹄疫病猪一律急宰。

预防注射：注射强毒灭活疫苗和或猪用乙型弱毒疫苗，但应注意所用疫苗的病毒型必须与该地区流行的口蹄疫病毒型相一致。

(三)猪传染性胃肠炎

猪传染性胃肠炎是由冠状病毒属的猪传染性胃肠炎病毒引起的一种急性、高度接触性传染病。以呕吐、腹泻、脱水为主要特征。

本病毒对外界环境及消毒药抵抗力不强，对光、热敏感，不耐干燥和腐败，一般消毒药很容易将病毒杀死。

流行特点：各种年龄的猪均易感，10 日龄内的仔猪死亡率很高。多发于冬春寒冷季节，在新疫区传播迅速，老疫区则呈地方流行，或间歇性的发生。

病猪及带毒猪是主要的传染源，病毒经粪、尿和各种分泌物排出体外，污染圈舍、用具、饲料、饮水等，主要经消化道和呼吸道传给健康猪。

临床症状：潜伏期较短，仔猪 12～24 h，大猪 2～4 天。

仔猪突然发生呕吐，随后发生剧烈水样腹泻，颜色乳白、灰白或黄绿，常含未消化的凝乳块；吃奶减少，口渴，脱水，2～5 天内死亡，7 日龄内仔猪死亡率 50%～100%。

育肥猪及成年公母猪主要表现食欲减退，有时可见呕吐，随后水样腹泻，粪便灰色或茶褐色，混有气泡；哺乳母猪泌乳减少或停止；3～7 天病情好转随即恢复，极少发生死亡。

病理变化：主要病变在胃和小肠，乳猪胃内充满凝乳块，胃底黏膜充血，有时有出血点；小肠内充满黄绿灰白色液体，含有气泡和凝乳块，小肠膨大，肠壁变薄，黏膜轻度充血。

治疗：本病尚无有效的化学治疗药物。但加强仔猪保温(30℃)；口服补液盐(氯化钠 3.5 g，氯化钾 1.5 g，碳酸氢钠 2.5 g，葡萄糖 20 g，常水 1 000 mL，自由饮用)；配合使用抗菌药物防止继发感染有一定效果。

预防注射：怀孕母猪于产前 45 天及 15 天，用猪传染性胃肠炎弱毒疫苗经肌肉和鼻内各接种 1 mL。或在仔猪出生后每头口服 1 mL。

(四)猪细小病毒

猪细小病毒病是由猪细小病毒引起的一种猪的繁殖障碍病。主要特点是受感染母猪，特别是初产母猪产出死胎、畸形胎、木乃伊胎和弱胎。

猪细小病毒对热、酸碱和消毒药具有较强的抵抗力，甲醛和紫外线较长时间才能将其杀死，但0.5%漂白粉、2%火碱液5 min即可杀死病毒。

流行特点：各类猪均易感，但只是初产母猪发病。

感染的公猪和母猪是主要的传染源，本病可通过交配、胎盘、消化道、呼吸道感染，猪群一旦传入病毒，很快扩展至全群。

临床症状：仔猪和种猪感染通常没有典型临床症状。

怀孕母猪感染本病时，主要表现繁殖障碍，如多次发情而不孕，或产出死胎、木乃伊胎或少数仔猪。怀孕早期感染时，死亡胚胎可能被吸收，使母猪不孕和不规则地反复发情。怀孕中期感染时，使部分胎儿死亡并不同程度木乃伊化，分娩时与弱胎猪和活仔猪一起排出，常延长分娩间隔。怀孕后期感染时大多数胎儿能存活下来，但仔猪长期带毒排毒。

病理变化：感染胎儿可见充血、水肿、出血、体腔积液、脱水（木乃伊化）。母猪子宫内膜轻度炎症，胎盘有钙化现象。

治疗：猪细小病毒无有效治疗方法。

预防注射：种母猪于配种前2～3周肌肉注射猪细小病毒疫苗2 mL。种公猪8月龄首次免疫注射，以后每年注射一次，一次2 mL。

（五）猪日本乙型脑炎

日本乙型脑炎是由日本乙型脑炎病毒引起的一种急性人兽共患传染病。主要表现为高热、母猪流产、死胎和公猪睾丸肿大。

病毒对外界环境及消毒药的抵抗力不强，对热和阳光敏感，常用消毒药都可很快将其杀死。

流行特点：6月龄左右猪最易发病，病猪及带毒猪是主要传染源，以蚊蝇等吸血昆虫为传播媒介，故多发生于夏末秋初的蚊蝇季节。

临床症状：猪感染乙脑后，体温升高，食欲降低，精神委顿，便秘，有的后肢轻度麻痹，跛行。

怀孕母猪发生流产、早产或延迟分娩，产出死胎、木乃伊、弱胎及正常胎儿，一般不影响母猪下次发情配种。公猪常发生一侧睾丸肿大，肿胀消退后有的睾丸变小变硬。

病理变化：流产胎儿常见脑和皮下水肿，胸腔和腹腔积液；肝、脾、肾有坏死灶；淋巴结出血；肺淤血水肿；子宫黏膜充血、出血，胎盘水肿或出血。

治疗：猪乙型脑炎无有效治疗方法。

预防注射：在蚊蝇季节到来之前 1～2 个月，对 4 月龄至 2 岁的公母猪应用乙型脑炎弱毒疫苗进行预防注射，第二年加强免疫一次，免疫期可达 3 年。

(六)猪伪狂犬病

猪伪狂犬病是由伪狂犬病病毒引起的动物和鸟类的急性传染病。以妊娠母猪发生流产和死胎，哺乳仔猪出现发热、神经症状和死亡为主要特征。

本病毒对外界环境的抵抗力较强，在污染的圈舍能存活 1 个多月，但 2％的火碱或 3％的来苏儿能很快将其杀死。

流行特点：各年龄的猪均易感，但以仔猪发病最多，且病死率极高；成猪多为隐性感染；妊娠母猪发生流产或死胎。一般多发生于冬春两季，呈地方性流行。

猪、牛、羊、犬、毛、鼠等动物都可自然感染，病猪、带毒猪和大毒鼠类是本病的主要传染源。病毒从病猪的鼻液、唾液、乳汁、尿液中排出，经呼吸道、消化道、皮肤伤口及配种等途径感染；母猪可通过乳汁、胎盘感染仔猪及胎儿。

临床症状：哺乳仔猪及断乳仔猪症状最严重，表现为体温升高、精神沉郁、厌食、流涎、呕吐、咳嗽、呼吸困难；随后兴奋不安、转圈、运动失调、肌肉痉挛、倒地抽搐、后躯麻痹等神经症状，之后

1～2 天死亡，死亡率很高。

中猪常见便秘，一般症状与神经症状较幼猪轻，病死率也低，病程 4～8 天。

怀孕母猪常有流产、死产和延迟分娩等现象。流产、死产胎儿大小相差不显著，死产胎儿有不同程度的软化现象，流产胎儿大多甚为新鲜，脑壳及臀部皮肤有出血点。怀孕后期感染可有活产胎儿，但活力差，并很快出现神经症状而死亡。

成年猪多为隐性感染，只表现微热、精神沉郁、打喷嚏、食欲减退、便秘等症状，数日即恢复正常。

病理变化：病猪死后常见脑膜充血及脑脊髓液增加，鼻咽部充血，黏膜水肿，肺水肿有出血点，淋巴结肿大，肝、脾有灰白色坏死点。

预防注射：用伪狂犬病弱毒疫苗肌肉注射，乳猪第一次 0.5 mL，断乳后再注 1 mL；3 个月以上的种猪 1 mL；成年猪每年注射一次，每次 2 mL；怀孕母猪于产前 1 个月注射 2 mL。免疫期 1 年。

(七)猪繁殖和呼吸综合征(PRRS)

猪繁殖和呼吸综合征(蓝耳病)是由蓝耳病病毒引起的一种急性、接触性传染病。以流产、产弱胎、死胎、木乃伊胎等繁殖障碍和呼吸困难为主要特征。

病毒对外界环境理化因素抵抗力不强，对热敏感，pH 值小于 5 或大于 7 时，病毒感染滴度降低 90%。

流行特点：各种品种、年龄和性别的猪一年四季都可感染发病，但以妊娠母猪和 1 月龄以内的仔猪最易感，并表现出典型的临床症状。

病猪和带毒猪是主要的传染源，病毒主要经鼻腔分泌物、尿液及公猪精液中排出。主要通过空气和猪群的流动传播，经呼吸道感染。传播方向与主风向相同，在该病流行期即便严格封闭式管理的猪群也同样发生感染。高湿、低温、低风速有利于空气传播。

感染猪的流动可迅速传播该病。污染的圈舍、用具、饲料、饮水等均可成为本病的传播媒介胎儿可通过胎盘感染本病。

临床症状：本病毒主要侵害巨噬细胞系统，从而损害机体的免疫防御机能。呼吸道是其原发性靶器官。

种母猪感染后表现精神沉郁，食欲减少或废绝，咳嗽，不同程度的呼吸困难，个别病猪的双耳、腹侧及外阴皮肤呈现一过性的青紫色或紫斑块。妊娠母猪发生早产、后期流产、产弱胎、死胎、木乃伊胎，部分新生仔猪表现呼吸困难，运动失调及轻瘫等症状，产后1周内死亡率明显提高（40%～80%）。

仔猪在1月龄以内最易感，并表现出典型的临床症状。体温升高至40℃以上，呼吸困难，食欲减退或废绝，腹泻肌肉震颤，后躯瘫痪，眼睑水肿，少部分仔猪可见耳部及体表皮肤发紫。死亡率可高达80%～100%。

育肥猪只表现轻微的厌食、呼吸困难等症状。

病理变化：主要表现间质性肺炎症状。小猪胸腔积有透明液体，肾周脂肪、皮下、肠系膜淋巴结水肿。

治疗：猪繁殖和呼吸综合征无特效治疗方法，一般采用对症治疗。

预防注射：用猪繁殖和呼吸综合征灭活疫苗每头猪剂量肌肉注射2 mL。母猪6月龄时首免，3周后加强免疫一次。以后每一个哺乳期（配种前15天）免疫一次。公猪6月龄时首免，3周后加强免疫一次，以后每年免疫两次。

（八）断奶猪多系统衰弱综合征

断奶仔猪多系统衰弱综合征（PMWS）是由猪圆环病毒Ⅱ型（PCV-2）引起的一种断奶后仔猪以全身消耗为主要特征的传染病。

流行特点：猪圆环病毒Ⅱ型是断奶仔猪多系统衰弱综合征的主要病因，但不是唯一病原，很可能与猪繁殖和呼吸综合征病毒、猪细小病毒、伪狂犬病毒、副猪嗜血杆菌、α-溶血链球菌、猪附红细胞体等的混合感染有关。PCV对猪具有较强的易感性，可经口腔、呼吸道途径感染不同年龄的猪，少数怀孕母猪感染PCV后，可经胎盘垂直感染给仔猪。恶劣的饲养管理条件容易诱发本病。PMWS主要危害5～16周龄的猪，但最常见于6～8周龄的猪，发病率3%～50%，死亡率80%～100%不等。猪圆环病毒对理化因素有较强的抵抗力，卫康-S能有效杀灭圆环病毒。

临床症状：临床表现为生长发育不良、停滞或体重减轻、进行性消瘦、贫血、皮肤苍白、肌肉衰弱无力、呼吸急促、咳喘、被毛粗乱。有时还可见皮肤、可视黏膜黄疸、腹泻、嗜睡和中枢神经系统症状。猪群患病率为3%～50%，发病猪中有半数以上于2～8天内死亡。

病理变化：患猪呈现多器官广泛性病理损害，病变程度差异很大。常见的变化为全身淋巴结，特别是腹股沟、肠系膜、肺门及颌下淋巴结显著肿大，切面呈均匀的白色。肺脏质地坚实似橡皮，表面散在有灰白色至棕黄色的小叶，呈花斑状外观。肝脏萎缩。脾脏轻度肿大。肾脏水肿，苍白，皮质和髓质散在大小不一的白色坏死点。继发细菌感染时，病猪可出现浆液纤维素性多发性浆膜炎。

防治：由于短期内无法获得抗PCV-2的特异性疫苗，所以对于该病毒引起的病症的防制只能通过针对继发性感染进行免疫接种或治疗，或者通过改善管理措施以阻断猪群中的传染链，加强饲养管理，降低饲养密度，保证理想的环境条件，严格实行全进全出制，提高猪群健康水平和抗病力。猪圆环病毒对理化因素有较强的抵抗力，卫康-S消毒剂在1∶250稀释时能有效杀灭圆环病毒。

（九）猪痘

猪痘是由猪痘病毒或痘苗病毒引起的一种急性热性传染病。以猪皮肤上出现典型的丘疹和痘疹为特征。

病毒对干燥抵抗力较强，对热及腐败抵抗力差，常用消毒药能很快将其杀死。

流行特点:猪痘病毒只能使猪发病,痘苗病毒能使猪及多种动物感染。猪痘常发生4～6周龄的仔猪和断乳仔猪,成年猪抵抗力较强。

病猪是主要的传染源,健康猪与病猪的接触可经损伤的皮肤而感染,猪虱、吸血昆虫如蚊蝇等在传播上起重要作用,猪舍潮湿、拥挤、营养不良时发病率高。

临床症状:病猪体温升高,精神委靡,食欲不振,鼻眼有分泌物,痘疹主要发生于皮薄毛少的部位如鼻吻、腹部、四肢内侧以及背部和体侧等处。痘疹开始为深红色的硬结节,突出于皮肤表面略呈半球状,常见不到水泡即成浓疱,很快变成棕黄色结痂,最后脱落遗留白斑块而痊愈。少数病猪发生全身痘和继发感染。

防治措施:一般不需特殊治疗,仅注意防止继发感染。预防本病的主要措施是加强饲养管理,搞好卫生,消灭蚊蝇及体外寄生虫,防止引入病猪。

二、猪细菌性传染病

(一)猪丹毒

猪丹毒是由猪丹毒杆菌引起的一种急性、败血性传染病。主要症状为败血和皮肤上出现疹块。

猪丹毒杆菌对外界环境的抵抗力很强,在干燥阴暗的地方可存活1个月以上,在盐腌及熏制的肉内能存活3～4个月,在掩埋的尸体内存活7个多月,在土壤内存活35天。但对热明敏感,煮沸很快死亡。对消毒药的抵抗力较低,3%来苏儿、1%火碱、1%漂白粉等常用消毒药很快将其杀死。

流行特点:不同年龄的猪均有易感性,但以3～12月龄的猪易感,4～6月龄的架子猪发病率最高,3个月以下和3年以上的猪很少发病。几乎所有家畜和禽类都有可能感染本病,人类也可通过伤口感染本病。发病季节多在夏季，呈地方性流行或散发。

病猪、康复猪及健康带菌猪是主要传染源，病原体随粪、尿和各种分泌物排出体外，污染土壤、圈舍、用具、饲料、饮水等，而后经消化道和损伤的皮肤传给健康猪。某些吸血蚊、蝇、虱也可传播本病。

临床症状：人工感染猪丹毒潜伏期3～5天，根据病程长短分为急性、亚急性和慢性三种类型。

急性型（败血型）：此型最常见，在流行初期个别猪只不表现任何症状而突然死亡。其他猪相继发病死亡，表现减食或不食，或有呕吐，寒战，喜卧，一旦唤起，仍有一定活动力，但步态僵硬或跛行；体温42℃以上；结膜潮红，有浆性分泌物；病猪先便秘后腹泻；发病1～2天后，在耳、颈、背、四肢外侧出现红斑开始时指压退色。病程2～3天死亡率80％以上。

亚急性型（疹块型）：病势较轻，体温不超过42℃，食欲减退，精神不振，病后2～3天在猪的胸、腹、背、肩、四肢外侧出现大小不等的疹块，呈方形、棱形或圆形，颜色由淡红，变红，后变紫红、紫黑，坚实、稍凸起。随疹块的出现，病情减轻，数天后自愈。病程10～12天，死亡率低。

慢性型：多由急性型转来，主要症状为心内膜炎或关节炎，或两者并发。病猪体温正常，全身症状不明显。关节炎多发生于腕关节和跗关节，表现为肿胀、疼痛、僵硬，步态强拘或跛行。发生心内膜炎则表现呼吸困难、心跳加快、喜卧和衰弱。

病理变化：急性病猪皮肤上有大片的弥漫性出血。脾肿大，呈樱桃红色；肾淤血肿大，呈暗红色，皮质有出血点；淋巴结充血肿大，紫红色，切面多汁，有出血点；肺淤血水肿；胃及十二指肠发炎，黏膜红肿，有出血点。亚急性型以皮肤疹块为特征，内脏变化较急性型轻。慢性型多见于左心房室瓣上出现菜花样白色增生物，关节肿大，关节腔内有纤维素性渗出物。

防治措施：

(1)治疗：青霉素为首选药物，按每千克体重 1 万～2 万 U 肌肉注射，一天 2～3 次；症状消失后再坚持 1～2 天，以巩固疗效。

(2)预防接种：用猪丹毒弱毒菌苗，大小注一律皮下注射 1 mL，注苗后 7 天产生免疫力，免疫期 6 个月，口服时加倍。小猪于 40～50 日龄免疫注射一次，种猪一年注射两次。

(二)猪肺疫

猪肺疫是由多杀性巴氏杆菌引起的一种急性、败血性传染病。主要特征为败血症，咽喉及周围组织炎性肿胀。

本菌对外界环境及消毒药的抵抗力不强，在表层土壤存活 7～8 天，常用消毒药都可在几分钟内将其杀死。

流行特点：大小猪均有易感性，中小猪发病率高。一年四季均可发生，但北方以秋末春初气候骤变时容易发病，多散发或继发。

病猪及健康带菌猪是主要传染源，细菌随病猪的分泌物、排泄物、尸体的内脏及血液排出体外，主要通过饲料和饮水经消化道传给健康猪，直接接触和通过空气经呼吸道也可传播。健康猪呼吸道常带有本菌，当圈舍潮湿、拥挤、卫生条件差、空气污浊、气候骤变、长途运输等应激因素降低了猪体抵抗力而引起发病，这种内源性感染的猪肺疫，常呈散发性发生。

临床症状：潜伏期 1～3 天，根据病程长短分为最急性、急性和慢性 3 种类型。

(1)最急性型：不见明显症状，突然死亡，常见于流行初期。病程稍长的体温升高至 41℃以上，食欲废绝，精神沉郁；可视黏膜紫红，咽部肿胀，有热痛，耳根、颈部、腹部等皮肤出现紫红斑；呼吸高度困难，重者口鼻流出泡沫，呈犬坐姿势，最后窒息死亡，病程 1～2 天。

(2)急性型：主要表现为肺炎症状，体温 41℃左右，食欲减少或废绝，先干性短咳，后湿性痛咳，鼻孔流出浆性或脓性分泌物，呼吸困难，结膜发绀，后期皮肤上有红斑；初便秘，后腹泻。多4～7天死亡，不死者转为慢性。

(3)慢性型：多见于流行后期，表现食欲不佳，精神不振，咳嗽，呼吸困难，渐消瘦。有时关节肿胀，皮肤发生湿疹，最后发生腹泻，如不加治疗常于发病2～3周后死亡。

病理变化：最急性型全身皮下、黏膜、浆膜出血，咽部及周围组织呈出血性浆液性炎症，皮下组织可见大量胶冻样蛋黄色的水肿液；全身淋巴结肿大，切面红色；胸腔及心包积液，并有纤维素；肺充血水肿，有肝变区；脾有点状出血，心外膜、肾有出血斑或点。

急性型败血症变化较轻，主要表现肺部炎症，肺小叶间质水肿增宽，可见有暗红、灰黄等不同色彩的肝变区，肝变区中央常有干酪样坏死灶；胸腔积有含纤维蛋白凝块的浑浊液体；胸膜混有黄白色纤维素，病程长的心包和胸膜发生粘连。

慢性型高度消瘦，肺组织大部分肉变，有的坏死或干酪样，胸膜与周围组织粘连。

防治措施：

(1)治疗：可用庆大霉素每千克体重1～2 mg，10%磺胺二甲基嘧啶注射液每千克体重0.07 g，每日两次肌肉注射。

(2)预防注射：采用猪肺疫EQ-630弱毒疫苗肌肉或皮下注射1 mL，免疫期6个月。小猪于40～50日龄免疫注射一次，种猪一年注射两次。

(三)猪气喘病

猪气喘病是由猪肺炎霉形体引起的一种慢性、接触性传染病。主要临诊症状似咳嗽和气喘。

肺炎霉形体对外界环境及消毒药的抵抗力不强，在常温条件下存活时间不超过36 h，常用消毒药都可很快将其杀死。

流行特点：大小猪均有易感性，哺乳仔猪与刚断乳的幼猪最易感，其次是妊娠后期及哺乳母猪。本病一年四季均可发生，但在气候多变、阴湿寒冷的冬春季节或当圈舍潮湿，通风不良，猪群拥挤时发病严重，症状明显。新疫区常呈急性暴发，病势剧烈，发病和死亡均较多，随后渐渐缓和，老疫区呈慢性或隐性经过，发病和死亡均较少。

猪及隐性感染的带病原体猪是主要传染源，病原体存在于病猪呼吸器官内，随咳嗽、喘气和喷嚏的分泌物排出体外，通过于健康猪直接接触而传染，也可通过飞沫经呼吸道吸入而传染。

临床症状：潜伏期 10～16 天，大多呈慢性经过。主要症状为咳嗽和气喘，体温、食欲和精神无明显变化。病初为短声单咳，多在早起、有生人入舍、驱赶运动和喂料前后最易听到，同时流少量清鼻汁，随病程延长，咳嗽增重，次数增多，干咳变为湿咳，单咳变为连咳；病的中期出现气喘症状，呼吸次数每分钟达 40～100 次，呈腹式呼吸；病的后期，呼吸急促，呈犬坐姿势，张口喘气，咳嗽次数少而沉弱，精神委顿，结膜发绀，最后可因衰竭窒息而死，病程较长，病死率不高。

病理变化：主要病变在肺脏和肺部淋巴结，病变有心叶开始，逐渐扩展到尖叶、中间叶及膈叶的前下缘，颜色由淡红逐渐变为灰红、灰白、灰黄，或由“肉样变”到“胰样变”病变与健康组织界限明显，两侧肺叶病变分布对称；肺膜下可见粟粒大黄白色小点；肺门和纵膈淋巴结肿大、质硬，切面呈黄白色。

治疗：土霉素碱油剂。土霉素碱粉 20～25 g 加灭菌花生油或大豆油 100 mL，混合均匀，根据猪体重大小，每头 1～5 mL，于肩背部或颈部两侧深部肌肉分点注射，每 3 天一次，连用 6 次。

硫酸卡那霉素按每千克体重 2 万～4 万 U，每日一次肌肉注射，3～5 天为一疗程，还可与土霉素碱油剂交替使用，以提高疗效。

泰乐菌素按每千克体重 8～10 mg，肌肉注射，每日一次，3 天为一疗程。

预防注射：用猪霉形体肺炎灭活疫苗，1～2周龄小猪首免，2周后二免，每头猪每次肌肉注射2 mL。注射后1天产生免疫力，3天后产生良好的保护作用，免疫期7个月。

(四)猪传染性萎缩性鼻炎

猪传染性萎缩性鼻炎是由支气管败血波式杆菌Ⅰ相菌和产毒素的多杀性巴氏杆菌（主要是D型）引起的一种慢性呼吸道传染病。以鼻甲骨萎缩、颜面部变形和慢性鼻炎为主要特征。

本菌对外界环境抵抗力不强，一般消毒药均可将其杀死。

流行特点：各种年龄的猪均易感，但幼龄猪发病率高、病情重。几天至数周的仔猪感染后发生鼻甲骨萎缩；较大的猪感染后可能只发生卡他性鼻炎和咽炎；成猪感染后常不表现任何症状而成为带菌猪。本病一年四季均可发生，但在气候多变、阴湿寒冷的冬春季节或当圈舍潮湿，通风不良，猪群拥挤时发病严重，症状明显，饲料营养不平衡或缺乏加重病情。

病猪及带菌猪是主要的传染源，主要通过飞沫经呼吸道感染，狗、猫、鼠等动物也可带菌并传播本病，特别母猪有病时极易将本病传染给仔猪。

临床症状：受感染的小猪最初表现鼻炎症状，打喷嚏，有鼾声，鼻孔流出浆液性或脓性分泌物，有时带血丝，并因瘙痒而不时拱地、拱墙、拱饲槽或用前肢搔鼻部。数周后多数病猪出现鼻甲骨萎缩，两三个月后鼻和面部变形，当两侧鼻甲骨损伤大致相等时，鼻腔变得短小，鼻端上翘，鼻背皮肤出现皱褶，下颌伸长。当一侧鼻甲骨病变严重时，两鼻孔大小不一，鼻子歪向一侧。病猪经常流泪，以致在内眼角下的皮肤上出现灰色或黑色泪斑。

病理变化：主要病变是鼻甲骨萎缩，诊断时沿两侧一、二臼齿间的连线锯成横断面，观察鼻甲骨的形状和变化。正常的鼻甲骨每侧分成上下两个卷曲，每个卷曲一周半，整个鼻腔被上下卷曲占据，鼻中隔正直。当鼻甲骨萎缩时，卷曲变小、变直，甚至消失，使腔隙增大或变成空洞。鼻中隔弯曲，鼻黏膜常有黏液性和干酪样分泌物。

治疗：每吨饲料加泰乐菌素 100 g 或磺胺二甲嘧啶 100 g，甲氧苄氨嘧啶 20 g，或土霉素 500 g 连喂 3～5 周。

从 2 日龄开始，每周注射一次增效磺胺（磺胺嘧啶 12.5 mg/kg 体重加甲氧苄氨嘧啶 2.5 mg/kg 体重），连续 3 周。

预防注射：用猪传染性萎缩性鼻炎三联灭活菌苗，每头猪肌肉注射 2 mL。

母猪：产前 4 周接种一次，2 周后再接种一次。

种公猪：每年接种一次。

仔猪母猪已接种，仔猪于断乳前接种一次。母猪未接种，仔猪于 7～10 日龄接种一次。如果现场污染严重，应在首免后 2～3 周加强免疫一次。

（五）猪传染性胸膜肺炎

猪传染性胸膜肺炎（曾称为猪接触传染性胸膜肺炎、猪嗜血杆菌胸膜肺炎）是由胸膜肺炎放线杆菌（曾被称为副溶血嗜血杆菌和胸膜肺炎嗜血杆菌）引起的猪的一种高度接触传染性、致死性呼吸道传染病，以纤维素性出血性胸膜肺炎、纤维素性坏死性胸膜肺炎为主要特征。

流行特点：胸膜肺炎放线杆菌是一种呼吸道寄生菌，主要存在于患病动物的肺部和扁桃体，病猪和带菌猪是本病的主要传染源。各种年龄、性别的猪易感，以 3 月龄仔猪最易感。发病率 8.5%～100%，死亡率 0.4%～100%。在气温剧变、饲养密集、通风不良等条件下多发，一般无明显季节性。本病的感染途径是呼吸道，即通过咳嗽、喷嚏喷出的分泌物和渗出物而传播，而接触传播可能是其主要的传播途径。本菌在外界环境生存时间较短，一般常用的化学消毒剂均有较好的杀灭效果。

临床症状：本病的病程可分为最急性、急性、亚急性和慢性

4种。

(1)最急性型:猪群中1头或几头突然发病,并可在无明显征兆下突然死亡。随后,疫情发展很快,病猪体温升高达41.5℃以上;精神委顿、食欲明显减退或废食,张口伸舌,呼吸困难,常呈犬坐姿势;口鼻流出带血性的泡沫样分泌物,鼻端、耳及四肢末端皮肤发绀,可于24～36 h内死亡,死亡率高。有些猪可能转为急性和亚急性。

(2)急性型:病猪精神沉郁,食欲不振或废绝,体温40.5～41℃;呼吸困难,喘气和咳嗽,鼻部间可见明显出血。整个病情稍缓,通常于发病后2～4天内死亡,耐过者可逐渐康复,或转为亚急性或慢性。

(3)亚急性和慢性型:病猪食欲减退或废绝,体温39～40℃,间歇性咳嗽,病状逐步缓和。但是,有些慢性型或治愈的或是隐性感染的猪,在其他病原体感染或是运输等环境改变时,都可能使症状加重或转为急性。

病理变化:病变主要见于胸腔,表现肺炎和胸膜炎,最急性型气管和支气管充满泡沫样血色分泌物;肺充血、出血,肺泡间质水肿,靠近肺门的肺部常见出血性或坏死性肺病灶。急性型多为两侧性肺炎,病程达1天以上者,纤维素性胸膜炎明显。亚急性型由于继发细菌感染,致使肺炎病灶转变为脓肿,常与肋胸膜形成纤维性粘连。慢性型则在肺膈叶见到大小不等的结缔组织环境的结节,肺胸膜粘连,严重的与心包粘连。

治疗:治疗猪胸膜肺炎可用地米考星、氟甲砜霉素、先锋霉素、单诺沙星、恩诺沙星、增效磺胺、四环素、庆大霉素、卡那霉素、泰乐菌素等药物。

预防:疫苗是控制猪胸膜肺炎放线杆菌感染的有效手段。目前市场上有亚单位苗和灭活苗出售。引种时防止引入带菌猪,对所养猪只应加强饲养管理,提高猪群健康水平,采用全进全出制,注意环境消毒。

(六)副猪嗜血杆菌

该病是由副猪嗜血杆菌引起的以多发性浆膜炎和关节炎为主要特征的传染病。

流行特点:副猪嗜血杆菌主要影响2周龄到4月龄的猪,多在断奶前后和保育阶段发病,发病率一般在10%～15%,严重时死亡率可达50%。副猪嗜血杆菌的存在可加剧呼吸道病的临床表现,并有可能是引起纤维素性化脓性支气管肺炎的原发因素。

临床症状:猪最初表现为发热、厌食、心跳加快,继而出现呼吸困难、关节肿胀、跛行、疼痛、可视黏膜、体表皮肤发绀,许多病例出现脑膜炎症状,表现颤抖、共济失调。

病理变化:主要病理变化是纤维素性或浆液纤维素性脑膜炎、胸膜炎、心包炎、腹膜炎和关节炎,最显著和常见的病变是脑膜炎。肉眼可见的损伤主要是在单个或多个浆膜面有浆液性和化脓性纤维蛋白渗出物,副猪嗜血杆菌也可能引起急性败血症,在典型浆膜炎症状出现前呈现发绀、皮下水肿和肺水肿,乃至死亡。

治疗:副猪嗜血杆菌可以选用青霉素治疗,大多数副猪嗜血杆菌也对氨苄西林、氟喹诺酮类、头孢菌素、四环素、氟甲砜霉素、庆大霉素和增效磺胺类药物敏感。

预防:疫苗的使用是预防副猪嗜血杆菌造成损失的最为有效的方法之一,但副猪嗜血杆菌具有明显的地方性特征,疫苗免疫在不同的血清型之间所引起的交叉保护率很低。加强饲养管理,提高猪群健康水平是防止该病发生的重要措施。

(七)猪附红细胞体病

附红细胞体病是一种有立克次氏体所引起的热性溶血性疾病。病畜以发热、贫血、溶血性黄疸、呼吸困难、皮肤发红和虚弱为特征。可能和其他疾病混合感染,表现不同交叉症状。

流行特点:各年龄的猪均易感,夏季多发,但冬季也可见到。

断奶幼畜互相殴斗、过度拥挤、圈舍卫生条件差、营养不良都可导致该病的急性发作。

附红细胞体感染的宿主很多，牛、羊、兔、猪、鸡和人都可感染，但大部分是隐性感染。但猪发病率较高，传播途径主要由吸血昆虫疥螨、蚊、蜱、虱等及小型啮齿动物传播，也可经消毒不严的针头、手术器械传播，还可经胎盘垂直传播。

临床症状：各种阶段的猪均可感染发病，典型症状为发热、厌食皮肤发红、贫血、黄疸、母猪流产等，如发生营养不良或混合感染其他疾病，可使症状复杂化。

仔猪表现的症状是发热，体温可达 40℃以上，皮肤发红，尤其是耳朵与腹下，严重者呼吸困难；随着病情的发展，病猪出现皮肤苍白、黄疸，病弱猪比例明显上升。

肥猪表现也是体温升高，厌食，皮肤发红，随着病程延长皮色苍白，有呼吸困难表现，个别猪后肢发生麻痹。

母猪表现为体温升高，厌食，便秘，尿色发黄，皮色发红，随着病程延长皮色苍白、黄疸；妊娠母猪发生流产，死胎弱胎增多，产后母猪泌乳量减少，容易发生乳房炎；断乳后母猪不发情或延迟发情，屡配不孕等。

病理变化：皮肤及可见黏膜苍白、黄染；血液稀薄，凝固不良；肺水肿有出血点，肝肿大，呈黄褐色，胆汁浓稠，脾肿大变软，肾脏肿大，苍白贫血，心肌苍白松软，心包内有较多红色液体，胸腔积水，有时淋巴结水肿。

治疗：

(1)贝尼尔(血虫净)，按 5～7 mg/kg 体重深部肌肉注射，间隔 48 h 重复注射一次，有一定效果。

(2)四环素类如土霉素或四环素，按 20～30 mg/kg 体重肌肉注射，连用 3～5 天。

预防：本病应采取综合性预防措施，注意灭蚊，加强驱除猪体内外寄生虫。

在接产、断脐、断尾、剪牙、阉割时,注意器械的消毒;在注射时应注意更换针头,减少人为传播的机会。

(八)仔猪副伤寒

仔猪副伤寒是由猪霍乱沙门氏杆菌核猪伤寒沙门氏杆菌引起的一种传染病。急性呈败血症变化,慢性为大肠坏死性纤维素性肠炎。

本菌对外界环境的抵抗力较强,在干燥环境及污水中能存活4个月以上,在粪便土壤中存活10个月,腌肉中可存活两个月以上。但常用消毒药都可很快将其杀死。

流行特点:本病多发生于1～4月龄的幼猪,哺乳仔猪和成年猪很少发生。该病一年四季均可发生,但以春冬气候寒冷多变及多雨潮湿季节容易发病。

病猪及健康带菌猪是主要传染源,细菌随病猪的分泌物、排泄物、尸体的内脏及血液排出体外,主要通过饲料和饮水经消化道传给健康猪,也可经母体子宫及仔猪脐带感染本病。健康猪体内常带有本菌,当圈舍潮湿、拥挤、卫生条件差、空气污浊、气候骤变、饲料突变或品质差、长途运输等应激因素降低了猪体抵抗力而引起发病,其他传染病如猪瘟等也可继发本病。本病常呈散发或地方性流行。

临床症状:潜伏期3～30天,临床上分为急性型和慢性型。

急性型(败血型):此型多见于流行初期。体温升高至41℃以上,食欲不振,精神沉郁;初便秘,后腹泻,粪便恶臭,有时带血;在耳、颈、腹、四肢内侧皮肤出现紫红色斑;最后呼吸困难,衰竭而死亡。病程3～8天。

慢性型:最为常见,病猪体温正常或稍高,常有食欲;主要特征是下痢,粪便呈粥状或水样,颜色灰白、黄绿或灰绿,恶臭有时带血,有的表现下痢与便秘交替发生;病猪有时咳嗽,皮肤上出现痂样湿疹。病程 2～3 周，最后衰竭死亡，不死的猪生长停滞，成为僵猪。

病理变化：急性型主要是败血症变化。体表皮肤有紫红色斑；淋巴结肿大，紫红色，切面大理石状，与猪瘟的变化相似；肝肿大，有粟粒大灰白色坏死灶；脾肿大，暗紫色，质韧；肝、肾、心外膜、膀胱、咽喉、胃肠黏膜有出血点；病程稍久的病例，大肠黏膜有散在的麸皮样坏死物。

慢性型：主要病变在盲肠和结肠。肠壁淋巴小结先肿大隆起，逐渐发生坏死和溃疡，表面覆有灰黄或淡绿色麸皮样物质，后发生弥漫性坏死，肠壁增厚；肠系膜淋巴结肿大，淋巴管增粗如索状；肝脏有针尖至粟粒大灰白色坏死灶。有时肺前下缘出现紫红色融合性肺炎。

治疗：土霉素，每千克体重 50～100 mg，每日两次口服；每千克体重 40 mg，每日一次肌肉注射。

磺胺-5-甲氧嘧啶（SMD）或磺胺-6-甲氧嘧啶（SMM）与三甲氧苄氨嘧啶（TMP）按 5∶1 比例混合，每千克体重 25～30 mg 内服，每日两次，连用 3～5 天。

预防注射：采用猪副伤寒冻干弱毒菌苗，对 30～45 日龄的小猪肌肉注射或口服一头份免疫期 9 个月。

（九）仔猪梭菌性肠炎：（仔猪红痢）

仔猪梭菌性肠炎又称红痢，是由 C 型或 A 型魏氏梭菌引起的初生仔猪的急性传染病。主要发生于 3 日龄以内的仔猪，以肠黏膜坏死和排出带血的红色稀粪为主要特征。

流行特点：本菌可形成芽孢，芽孢对环境及消毒药的抵抗力较强。

本菌广泛存在于人畜肠道、土壤、尘埃中，饲养管理不当时，仔猪通过消化道感染发病。一般主要发生于 3 日龄以内的仔猪，发病快，病程短，死亡率高。

临床症状：最急性病例突然排血便或不见排血便于出生当天或第二天死亡。病程稍长的病例精神不振，食欲减退，开始排出灰黄或灰绿色稀粪，后变为红色粥状，常混有坏死组织碎片或小气泡，于5～7日龄死亡。

病理变化：空肠呈暗红色，肠黏膜红肿、出血及麸皮样坏死，肠腔内充满红黄或暗红色内容物，内混多量气泡。腹腔内积有红黄色液体，肠系膜淋巴结肿大、鲜红色或出血。肝、脾、肾可见出血点。

治疗：本病早期应用抗菌药物有一定疗效，可口服青霉素，按每千克体重10万U，每天2次，连用3天。

预防：在发病猪群，对怀孕母猪于产前1个月和半个月各肌肉注射仔猪红痢灭活菌苗1次，每次5～10 mL，使仔猪通过吃初乳获得保护。前产已注过疫苗的母猪，可于分娩前15天注射一次、3～5 mL即可。

也可于吃乳前及以后的3天内，按每千克体重8万U投服青霉素，每天2次。并注意仔猪的保温及环境的卫生与消毒。

(十)仔猪黄痢

仔猪黄痢又称早发性大肠杆菌病，是由一定血清型的大肠杆菌引起的初生仔猪的一种急性、致死性传染病。以排出黄色稀粪和急性死亡为主要特征。

大肠杆菌广泛存在于自然界，在水和土壤中可存活数月之久，但一般消毒药均可将其迅速杀死。

流行特点：本病主要发生于5日龄以内的仔猪，以1～3日龄仔猪最为多见，常一整窝一整窝的仔猪发病，初产母猪所产仔猪发病率和死亡率均较高，7日龄以上的仔猪很少发病。

带菌母猪是主要传染源，病菌由粪便排出，污染乳头、皮肤及环境，仔猪经吸允母猪乳头或舔吸母猪皮肤经消化道感染发病。下痢仔猪由粪便排出病菌，污染饲料、饮水、用具及环境，再传给其他母猪及仔猪。

临床症状：急性病例不表现任何症状，出生后数小时突然死亡。生后 2～3 天以上发病的仔猪，粪便呈黄色水样，内含凝乳小片，顺肛门流下，多不留粪迹，病猪精神不振，很快消瘦、脱水、最后衰竭而死。

病理变化：颈部、腹部皮肤常有水肿，肠内多有黄色液体或气体，肠腔扩张，肠壁很薄，肠黏膜有卡他性炎症，病变以十二指肠最为严重。

治疗：硫酸庆大霉素每次 5～10 mg/kg 体重口服，每日 2 次或庆大霉素每次 4～8 mg/kg 体重口服，每日 1 次，连用 2～3 天。

预防注射：用大肠杆菌 K_{88}，K_{99}，987P 三价灭活菌苗或大肠杆菌 K_{88}、K_{99} 双价基因工程灭活苗给产前 15～30 天怀孕母猪注射，以通过母乳使仔猪获得保护。

（十一）仔猪白痢

仔猪白痢又称迟发性大肠杆菌病，是由一定血清型大肠杆菌引起的 10～30 日龄仔猪的一种急性肠道传染病。以下痢排出白色粥样粪便为主要特征。

流行特点：本病发生于 10～30 日龄仔猪，以 2～3 周龄仔猪多发。发病率较高，死亡率较低。本病一年四季均可发生，但以冬季、早春和夏季发病较多，气候突然变化（寒流、大雪、暴雨）后发病增多。

大肠杆菌广泛存在于自然界，也经常存在于猪的肠道内，在正常情况下不会得病，当仔猪饲养管理不良，猪舍卫生不好，阴冷潮湿，气候骤变，母猪乳少、乳汁过稀或过浓，造成仔猪抵抗力降低时就会发病。病猪体内排出的大肠杆菌，其毒力会增强，很容易传给同窝或邻窝仔猪。

临床症状：主要特征为下痢，粪便呈白色或灰白色粥状。

病理变化：肠黏膜轻度潮红，肠壁菲薄。

治疗：痢菌净按每千克体重每次 10～15 mg 口服，每日两次，连用 2～3 天。硫酸庆大霉素每次 5～10 mg/kg 体重口服，每日两次，连用 2～3 天。

预防：大肠杆菌苗对仔猪白痢效果较差，生产上一般采用综合性防治措施。

（十二）猪水肿病

猪水肿病是由病原性大肠杆菌产生的毒素引起断奶仔猪的一种急性散发性疾病。其临床特征是突然发病，头部水肿，运动失调，惊厥、局部或全身麻痹。

流行特点：本病多见于体格健壮的刚断奶不久的仔猪，断奶前后饲料的急剧改变是其诱因，气候骤变，猪舍卫生不好也可促进本病的发生。一般呈散发，虽然发病率较低，但死亡率较高。

本菌在部分健康母猪和感染仔猪的肠道内存在，随粪便排出体外，污染环境，仔猪通过消化道感染。

临床症状：往往是健壮、膘情好的断奶仔猪突然发病，精神沉郁、不食，兴奋、惊厥，走路不稳、摇摆、转圈，后期出现后躯麻痹。病猪常见眼睑、头部、颈部水肿。

病理变化：主要病变是水肿。切开水肿的头颈部皮肤，可见皮下呈灰白色凉粉样水肿，并有透明或微黄色的液体流出。胃大弯、贲门、大肠及肠系膜水肿。体表及肠系膜淋巴结肿大。

治疗：出现症状后一般难以治愈。多采用对症疗法，如投服倾泻剂、强心镇静及消除水肿的药物。

预防：仔猪要提早补料，断奶不要太突然，断奶后不要突然换料或改变饲养方法。

（十三）猪链球菌病

猪链球菌病是由几种致病性链球菌引起的一种传染病。表现为败血症、脑膜炎、关节炎和淋巴结脓肿。

本菌在自然界分布很广，但对外界环境的抵抗力不强，常用消毒药能很快将其杀死。

流行特点：人和多种动物都有易感性，各种年龄的猪都可发病，但败血症型和脑膜炎型多见于仔猪，化脓性淋巴结炎型多见于中猪。传播途径主要是消化道、呼吸道和皮肤的直接接触。一般呈地方性流行。

临床症状：

(1)急性败血型：败血型：败血型分为最急性、急性和慢性三种。流行初期往往出现最急性病例，发病急，病程短，往往不见任何异常症状就突然死亡。发病猪突然减食或停食，精神委顿，体温升高到 41～42℃，呼吸困难，便秘，结膜发绀，卧地不起，口、鼻流出淡红色泡沫样液体，多在 6～24 h 内死亡。急性型病猪表现为精神沉郁，体温升高达 43℃，出现稽留热，食欲不振，眼结膜潮红，流泪，鼻腔中流出浆液性或脓性分泌物，呼吸急促，间有咳嗽，颈部、耳廓、腹下及四肢下端皮肤呈紫红色，有出血点，出现跛行，病程稍长，多在 1～3 天内死亡。慢性型病例多由急性型转变而来。病猪多表现为多发性关节炎。

(2)脑膜炎型：多见于哺乳仔猪和断乳仔猪，病初体温升高，不食，便秘。很快出现神经症状，运动失调，转圈、空嚼、磨牙、后肢麻痹。部分病猪出现关节炎。

(3)关节炎型：由前两型转来，或一发病即表现关节炎症状，一肢或几肢关节肿胀、疼痛、跛行，重者不能站立。

(4)淋巴结脓肿型：多见于颌下淋巴结，其次是咽部和颈部淋巴结。病初淋巴结处肿胀、坚硬、热痛，并根据部位不同而影响采食、咀嚼、吞咽和呼吸。继而化脓成熟，中央变软，后自行破溃流出浓汁，以后全身症状消失，局部治愈。

病理变化：败血型各器官充血出血，脾、肾肿大、出血。脑膜炎型脑膜充血出血，脑实质有化脓性脑炎变化。关节炎型在关节周围组织肿胀充血，有多发性化浓灶。淋巴结脓肿型见临床症状。

治疗：淋巴结脓肿型可待脓肿成熟后及时切开，排出浓汁，用3%双氧水或0.1%高锰酸钾冲洗后，涂以碘酊。对其他型应早期用大剂量抗生素（青霉素、阿莫西林、头孢菌素、恩诺沙星等）或磺胺药物进行治疗，有一定疗效。

预防：必要时可用猪链球菌氢氧化铝菌苗免疫接种，每头皮下注射 1 mL 或口服 4 mL。平时应注意圈舍的卫生消毒和防止猪外伤。

第三节　猪的寄生虫病和常见病

一、猪的常见寄生虫病

（一）猪蛔虫病

猪蛔虫病是由猪回虫引起的寄生虫病。主要造成猪的生长发育不良和饲料消耗增加。

形态及发育史：猪蛔虫寄生于猪的小肠内，成虫呈黄白色或淡红色，雄虫长 150～250 mm，直径约 3 mm，尾端向腹面弯曲，雌虫长 200～400 mm，直径约 5 mm，尾端尖直。虫卵可随粪便排到体外，在适宜条件下发育成含幼虫的感染性虫卵，猪吞食后，在小肠内幼虫溢出，钻入肠壁毛细血管，通过门脉进入肝脏，再沿腔静脉、右心室、肺动脉移行至肺，而后支气管上行到会厌，又被猪咽下，重新进入消化道，在小肠发育为成虫。自吞食感染性虫卵到发育为成虫，需 2～2.5 个月，猪蛔虫在猪体内的寄生期限为 7～10 个月。

雌虫产卵量非常大，虫卵对外界环境及一般消毒药抵抗力又很强，所以猪蛔虫病感染十分普遍，并主要危害 3～6 月龄的猪。但虫卵对干燥和高温耐受力差，猪粪发酵处理可将虫卵杀死。

临床症状：幼虫移行到肺可引起蛔虫性肺炎，病猪体温升高、咳嗽、呼吸急促；成虫寄生于小肠内时一般无症状，严重时表现消化不良、腹泻、食欲不振、生长缓慢，有时磨牙。

病理变化：幼虫在肝、肺移行时，可引起肝出血、坏死、最后形成星状白斑；肺叶呈暗红色，细支气管与肺叶有出血点，肺内有大量蛔虫幼虫。

防治：平时搞好卫生消毒，注意粪便的堆积发酵。

猪应在 2～5 月龄期间驱虫两次，敌百虫 0.1 g/kg 体重拌料，一次用量不超过 7 g，如出现流涎、呕吐、肌肉发抖等中毒症状，可用 0.1％硫酸阿托品 2～5 mL 皮下注射解毒。

左旋咪唑 8 mg/kg 体重拌料。

伊维菌素（害获灭）300 μg/kg 体重颈部皮下注射。

（二）猪弓形虫病

猪弓形虫病是由龚地弓形虫引起的一种人畜共患的原虫病。是以高热为特征的急性病，发病率和死亡率都很高。

发育史：弓形虫的整个发育过程需要两个宿主，猫是终末宿主，在猫小肠上皮细胞内进行裂体增殖和配子生殖，最后形成卵囊，随猫粪排出体外，在外界环境中经孢子增殖发育为含有两个孢子囊的感染性卵囊。

弓形虫的中间宿主很多，包括哺乳类、鸟类、鱼类等。在中间宿主体内，弓形虫在各组织器官的有核细胞内进行无性繁殖，在急性感染期形成半月形的速殖子（滋养体），及许多虫体的集落（假囊）；慢性感染期虫体呈休眠状态，在脑、眼和心肌中形成圆形包囊（组织囊）。

猪及其他动物吃了被感染性卵囊、速殖子及包囊污染的饲料、饮水等均可被感染速殖子还可通过皮肤、黏膜感染，还可通过胎盘感染胎儿。

临床症状：本病症状与猪瘟非常类似，病初体温升高至40.5～42℃，稽留 7～10 天，精神委顿，少食或拒食，粪便干而带黏液，断乳仔猪出现腹泻，以后耳、鼻盘、胸腹下和四肢下部出现红斑，后变紫黑色，最后出现呼吸困难，后肢无力、瘫痪。

病理变化：尸体剖检可见肺炎、肠溃疡、肝与淋巴结肿大，并在各器官出现灰白色坏死灶和出血点。

防治：猪场应禁止养猫，严格灭鼠，不用未煮熟的屠宰废弃物喂猪。

用磺胺嘧啶（SD）加甲氧苄氨嘧啶（TMP），按每千克体重70 mg 每天两次口服，连用 3～4 天。还可用 12%复方磺胺甲氧吡嗪注射液，按每千克体重 50～60 mg 每天注射一次，连用 4 天。

（三）猪疥螨病

疥螨病俗称疥癣，是一种接触性传染的寄生虫病。主要通过病猪与健康猪的直接接触或通过被螨及其卵污染圈舍、垫草和饲养管理用具的间接接触而感染，秋天、冬天和早春及阴雨天气本病蔓延最快，5 月龄以下的猪最易感。以剧烈搔痒为主要特征。

生活史：疥螨寄生在猪皮肤深层由虫体挖掘的隧道内，虫体很小，肉眼看不见。雌虫在隧道内产的卵经 3～4 天孵出幼虫，再经2～3 天经过脱皮变成稚虫，雄螨的稚虫约经 3 天，脱皮变为成虫；雌螨的稚虫约经 6 天，脱皮变为成虫。从卵发育到成虫共需 8～15 天。雄虫交配后不久即死亡，雌虫活 4～5 周，离开宿主后，一般仅能活 3 周左右。

临床症状：特征症状是皮肤发痒。病初从眼周、颊部和耳根开始，以后蔓延到背部、体侧和股内侧。由于感染处剧痒，病猪到处摩擦或以肢蹄搔擦处，以致患处脱毛、结痂、皮肤增厚、形成皱褶和龟裂。

防治：猪舍应保持清洁、干燥、通风良好，防止引入疥螨病猪。

用 1%敌百虫水溶液或 0.005%溴氢菊酯洗擦或喷淋猪体，每周 1 次，连用 2～3 次。

用伊维菌素按每千克体重 300 μg 颈部皮下注射，连用 2 次，间隔 5 天。

二、猪的其他常见病

(一)消化不良

消化不良又称胃肠卡他，是胃肠道黏膜表层的炎症反应。以食欲减退、粪便干少或腹泻为特征。

病因：突然变料，不定时、定量饲喂，饲料发霉、变质、有毒，饮水不洁、寒冷等使消化机能紊乱，胃肠黏膜发炎；某些传染病、热性病和肠道寄生虫病也常继发消化不良。

临床症状：病猪食欲减退，饮水增加，精神不振，口臭，有舌苔；粪少干燥，继发肠卡他时出现腹泻，粉内混有黏液和未消化饲料。

预防：加强饲养管理，饲喂优质饲料。

治疗：对病猪应限制饲喂，病初给予轻泻剂以清理胃肠。粪少干燥时可用硫酸钠或人工盐 30～80 g，或植物油 50～80 mL 一次内服。如呈现腹泻，可内服痢特灵 10～12 mg/kg 体重，每日2 次。

(二)胃肠炎

胃肠炎是指胃肠黏膜表面和深层组织的重剧炎症。以体温升高、剧烈腹泻、呕吐和全身症状为特征。

病因：发病原因与消化不良类同，只是更为严重。

临床症状：病初精神委靡，多呈消化不良的症状，以后呈现胃肠炎的症状。食欲废绝，饮欲增加，鼻盘干燥，体温升高，多数腹泻，粪便恶臭，混有黏液、血丝或气泡，重症肛门失禁。

预防：加强饲养管理，饲喂优质饲料。

治疗：首先消除病因。

用 0.1%高锰酸钾液 300～500 mL 内服或灌肠，必要时用植物油 50～80 mL 一次内服，以清除有害物质。

磺胺脒 5～15 g，小苏打 3～4 g，鞣酸蛋白 5 g，混合后给中等猪内服，每日 2 次。

内服痢特灵 10～12 mg/kg 体重，每日 2 次。或氯霉素 10～

30 mg/ kg体重，肌肉注射，每日2次。

(三)便秘

便秘是粪便在肠腔内蓄积变干变硬，排粪困难或不能排粪，便秘部位常在结肠。

病因：喂给干硬及不易消化的饲料或含粗纤维过多的饲料；精料过多或突然变料；缺少运动或母猪妊娠后期或产后不久易发生便秘；某些传染病或热性病可继发本病。

临床症状：病初食欲减退，饮欲增加，排出少量干硬附有黏液的粪球。以后常表现排粪状，但排粪滞慢或无粪便排出，腹部增大，并有起卧不安，回顾腹部等腹痛表现。

预防：加强饲养管理，饲喂优质饲料，避免粗硬饲料过多。

治疗：首先消除病因。

用植物油或石蜡油50～200 mL灌服。

用硫酸钠30～80 g，加水200～500 mL灌服。

用2%小苏打水或肥皂水深部灌肠（怀孕母猪除外）。

(四)感冒

感冒多由气候突然变冷引起的以上呼吸道黏膜炎症为主症的急性全省性疾病。以体温突然升高、咳嗽、流泪、流鼻涕为特征。

病因：本病多发于初冬及早春季节，气候骤然变冷或阴雨天气，使猪只遭受风寒刺激而引起，猪舍阴暗、潮湿、水泥地面、长途运输可促进本病的发生。

临床症状：病猪体温升高，精神沉郁，食欲减退，畏寒怕冷，羞明流泪、咳嗽流涕，结膜发红，耳尖发凉。

预防：加强饲养管理，搞好防寒保暖。

治疗：安乃近或安痛定3～10 mL肌肉注射，每日1～2次。

为了防止继发感染，可适当应用磺胺药物或青霉素、链霉素。

(五)肺炎

肺炎是由理化因素或生物因子刺激肺组织而引起的炎症。可分为小叶性肺炎和大叶性肺炎。小叶性肺炎又分为卡他性肺炎和化脓性肺炎。猪以卡他性肺炎较为常见。以咳嗽和呼吸困难为主要特征。

病因：饲养管理不当，圈舍阴冷、潮湿，空气污浊，气候骤变，长途运输等使猪发生感冒而得肺炎；灌药不慎可引起异物性肺炎；继发于猪瘟、猪肺疫、猪气喘病等。

临床症状：病猪体温升高至 41℃以上，精神沉郁，食欲减退，咳嗽流涕（由白色浆液逐渐变成黏稠灰白或黄白色），气喘，严重者呼吸高度困难，全身皮肤呈蓝紫色。

预防：加强饲养管理，搞好猪舍防寒保暖、通风透气。

治疗：用 10％增效磺胺嘧啶注射液 10 mL 深部肌肉注射，每日 2 次；安乃近或安痛定 3～10 mL 肌肉注射，每日 1～2 次；青链霉素各按 1 万～2 万 U/kg 体重肌肉注射。

分泌物黏稠不易咳出时，祛痰可内服氯化铵和碳酸氢钠各 1～2 g，每日 2 次。

（六）母猪瘫痪

母猪瘫痪是以产仔前后或断乳前后所发生的运动能力丧失或减弱为特征的一种疾病。

病因：母猪产后内分泌紊乱，导致血糖血钙骤然减少；饲料中缺乏钙、磷，或钙磷比例失调，均可导致母猪后肢或全身无力，严重者发生瘫痪。

临床症状：本病多发于产仔或断乳前后。患猪在产后不久食欲不振，粪便少而干硬，泌乳减少，后躯无力，站立不稳，继而卧地不起，后半身麻痹，严重者呈昏迷状态。

预防：合理搭配饲粮，适当运动。

治疗：便秘时用硫酸钠 30～80 g，加水 200～500 mL 灌服或用 2％小苏打水或肥皂水深部灌肠（怀孕母猪除外）。

静脉注射20%葡萄糖酸钙50～150 mL或10%氯化钙溶液20～50 mL。

肌肉注射维丁胶性钙10 mL，每日1次，连用3～4天。

后躯局部涂擦樟脑等刺激剂，以促进血液循环。

(七)子宫炎

子宫炎通常是子宫黏膜的黏液性或化脓性炎症，为母猪常见的一种生殖器官疾病。以阴道流出不正常分泌物和不易受胎为特征。

病因：绝大多数病猪是从体外侵入病原体而感染的，如分娩时产道损伤、污染，胎衣不下或胎衣碎片残存，子宫弛缓时恶露滞留，难产时手术不洁，交配时公猪生殖器或精液有污染或炎性分泌物。

临床症状：急性子宫炎多发生于产后及流产后，全身症状明显，病猪体温升高，食欲不振或废绝，时常努责，从阴门流出灰红或黄白色脓性腥臭分泌物。

慢性子宫炎多由急性子宫炎治疗不及时转化而来，全身症状不明显，有时从阴道排出少量浑浊黏液，不发情或发情不正常，即使能定期发情，也屡配不孕。

预防：难产手术时应严格消毒，配种是应保持公猪包皮及母猪外阴及臀部清洁。

治疗：在急性期首先应清除积留在子宫内的炎性分泌物，选择0.1%高锰酸钾溶液冲洗子宫，冲后倒出残存溶液，隔半小时向子宫注入20万～40万U青霉素或1 g金霉素(溶于20～40 mL注射用水中)。一般每1～3天冲洗1次，为了排出子宫内炎性分泌物，可皮下注射垂体后叶激素20～40 U。

慢性子宫炎可用(20～40)万U青霉素、100万U链霉素混于20 mL灭菌植物油中，向子宫内注入。

肌肉注射磺胺药物或青链霉素也可收到较好的效果。

(八)创伤

创伤分为新鲜创和化脓性感染创。

临床症状:新鲜创的特点是出血、疼痛和窗创口裂开。化脓性感染创是创缘及创面肿胀、疼痛,创口不断流出浓汁或形成很厚的脓痂,有时体温升高。

新鲜创的治疗:

首先,止血。可用压迫、钳夹、结扎止血,也可用止血粉撒布创面或注射止血剂。

第二,清洁创围。先用灭菌纱布将创口盖住,剪除周围被毛,用0.1%新洁尔灭或生理盐水将创围洗净,然后用5%碘酊进行创围消毒。

第三,清理创腔。除去覆盖物,用镊子除去创内异物,反复用生理盐水洗涤创内,然后用灭菌纱布吸蘸创内残存药液,再于创面涂布碘酊。

第四,缝合包扎。创面整齐,处理彻底时,可密闭缝合;有感染危险时部分缝合;损伤严重不便缝合时,可行开放疗法;四肢下部创伤应包扎。

化脓性感染创的治疗:

首先清洁创围。

第二,用0.1%高锰酸钾或3%过氧化氢液冲洗创腔。

第三,开张创缘,除去深部异物,切除坏死组织,排出脓汁。

第四,用松碘流膏(松馏油 15 g,5%碘酊 15 mL,蓖麻油 500 mL)纱布条引流。

有全身症状时可注射或口服抗菌药物。

(九)挫伤

挫伤是机体受到钝性暴力作用而引起的损伤,局部皮肤无破口。

临床症状：最初轻微肿胀，以后由于急性炎症肿胀坚实而明显，有疼痛，当组织发生坏死时患部感觉丧失。发生于四肢时，常因疼痛而出现跛行。

治疗：涂擦5%碘酊或鱼石脂软膏等。

(十)脓肿

在猪的组织或器官中形成的局限性蓄脓腔洞称脓肿。

病因：由于皮肤、黏膜损伤后被化脓性细胞感染而引起，此外注射针头消毒不严或某些传染病等也可引起。

临床症状：初期局部弥漫性红肿，后突出与表皮，几天后形成球形肿块，四周坚实，中央软化、波动，破溃后多量脓汁流出。

治疗：体表脓肿初期可用10%鱼石脂软膏或5%碘酊涂布，以消炎退肿。后期已形成脓肿的，应待成熟后切开排脓，0.1%高锰酸钾或3%过氧化氢液冲洗干净再撒上磺胺结晶粉。有全身症状的可口服或注射抗菌药物。

(十一)风湿症

病因：主要由寒冷、潮湿、运动不足等引起。主要以四肢、关节及腰肌最为明显。

临床症状：常突然发病，多先发生于后肢，逐步扩展到腰部或前肢患部疼痛、紧张、僵硬、跛行、弓背、走小步，持续行走后跛行减轻，疼痛有所缓解。

预防：加强饲养管理，消除致病诱因。

治疗：复方水杨酸钠注射液10～20 mL静脉注射。

2.5%醋酸可的松注射液5～10 mL肌肉注射。

水杨酸钠和碳酸氢钠各2～5 g，一次口服。

涂擦5%碘酊或鱼石脂软膏等。

第四节 常用药物

一、抗生素

药名	剂型规格	用法及剂量	作用、用途、注意事项
青霉素	注射剂 青霉素G钠(钾) 80万U/瓶 100万U/瓶	肌肉注射 (1～1.5)万U/kg 2～3次/天	①对革兰氏阳性菌、螺旋体、放线菌作用较强，对部分革兰氏阴性菌也有作用。②高度敏感菌有魏氏梭菌、破伤风梭菌、金黄色葡萄球菌、化脓链球菌、乳房链球菌等；中度敏感菌有猪丹毒杆菌、炭疽杆菌、钩端螺旋体等；对巴氏杆菌、沙门氏杆菌、大肠杆菌作用很弱。③用于治疗猪丹毒、链球菌病、仔猪红痢、传染性胸膜肺炎、破伤风、放线菌病、沟端螺旋体病及各种呼吸道感染、乳腺炎、子宫炎等。④青霉素可与磺胺药配合使用，增强疗效，但不能与磺胺药钠盐配伍；⑤不能与重金属盐类、氧化剂、强酸、强碱、甘油等配伍
	普鲁卡因青霉素G(混悬液) 40万U/瓶 80万U/瓶	肌肉注射 (1～1.5)万U/kg 1次/天	
	油剂普鲁卡因青霉素 100 mL,300万U 10 mL,450万U	肌肉注射 (0.5～1)万U/kg 1次/天	
氨苄青霉素	粉剂、片剂 0.25 g/片	内服 4～12 mg/kg 2次/天	①广谱抗生素，对链球菌、葡萄球菌、巴氏杆菌、沙门氏杆菌、大肠杆菌、炭疽杆菌、布氏杆菌等都有抑制作用。②用于治疗敏感菌引起的肺部、肠道、泌尿道感染和败血症等，如肠炎、肺炎、子宫炎、仔猪白痢、猪丹毒等。③与卡那霉素、氯霉素等合用有协同作用
	粉针剂 0.5 g/瓶	肌肉注射 2～7 mg/kg 2次/天	

续表

药名	剂型规格	用法及剂量	作用、用途、注意事项
硫酸链霉素	注射剂 1 g/瓶(100 万 U) 2 g/瓶(200 万 U)	肌肉注射 10 mg/kg 2 次/天	①主要对革兰氏阴性菌有效，对革兰氏阳性球菌的作用不如青霉素，对钩端螺旋体、防线菌也有效。敏感菌有结核杆菌、巴氏杆菌、沙门氏杆菌、大肠杆菌等。③用于猪肺疫、仔猪黄痢、白痢、乳腺炎、子宫炎、败血症、钩端螺旋体病、传染性胸膜肺炎等。④与青霉素合用可增强疗效。⑤敏感菌易产生耐药性
硫酸庆大霉素	注射剂 2 mL(8 万 U) 5 mL(20 万 U) 10 mL(40 万 U)	肌肉注射 1 000～1 500 U/kg 2 次/天	①广谱抗菌素，对大多数革兰氏阴性菌(大肠杆菌、巴氏杆菌、沙门氏杆菌、绿脓杆菌) 结核杆菌及霉形体有较强的抗菌活性，对常见的革兰氏阳性菌(链球菌、金黄色葡萄球菌，炭疽杆菌等)也有效。②主要用于消化道、呼吸道、泌尿道等感染及乳房炎、败血症等。③细菌易产生耐药性，对肾脏有毒性
硫酸卡那霉素	注射剂 0.5 g(50 万 U) 1 g(100 万 U) 2 g(200 万 U)	肌肉注射 10～15 mg/kg 2 次/天	①主要对革兰氏阴性菌如大肠杆菌、巴氏杆菌、沙门氏杆菌、肺炎杆菌等有效；对金黄色葡萄球菌、结核杆菌也有效。②主要用于敏杆菌引起的呼吸道、泌尿道感染及败血症等，对猪喘气病及萎缩性鼻炎有一定疗效。③对肾脏有毒害
硫酸新霉素	粉剂、片剂 0.1 g/片 0.25 g/片	内服 100 mg/kg/天 分 2～4 次	①对革兰氏阴性菌、阳性菌、放线菌、钩端螺旋体均有抑制作用。②内服用于仔猪大肠杆菌病、子宫及乳腺内注入治疗子宫炎及乳腺炎。③该抗生素与卡那霉素作用相似，但毒性大
	1 g/支	肌肉注射 2～4 mg/kg 2 次/天	

续表

药名	剂型规格	用法及剂量	作用、用途、注意事项
先锋霉素Ⅰ	注射剂 0.5 g/瓶 1 g/瓶	肌肉注射 10～20 mg/kg 1～2 次/天	①广谱抗生素。②主要用于耐青霉素金黄色葡萄球菌及一些革兰氏阴性菌引起的各种严重感染如乳房炎、呼吸道、泌尿道感染等。③对肝、肾有轻度影响，不宜与庆大霉素合用
土霉素	粉剂、片剂 0.05 g/片 0.125 g/片 0.25 g/片	内服 10～20 mg/kg 2～3 次/天 粉剂拌料 50～100 g/t(效价)	①广谱抗生素，对立克次氏体、霉形体及沟端螺旋体也有作用。②用于治疗猪肺炎、猪肺疫、猪气喘病、猪痢疾、大肠杆菌病等。③不与碱性药物配伍
	注射剂 0.2 g/瓶 1 g/瓶	肌肉注射 2.5～5 mg/kg 2 次/天	
四环素	粉剂、片剂 0.05 g/片 0.125 g/片 0.25 g/片	内服 10～20 mg/kg 2～3 次/天	同土霉素
盐酸金霉素	粉剂	内服 10～20 mg/kg 2～3 次/天	同土霉素
强力霉素	片剂 0.05 g/片 0.1 g/片	内服 2～5 mg/kg 1 次/天	同土霉素，但作用较强
盐酸林可霉素	粉剂、片剂 0.25 g/片 0.5 g/片	内服 10～15 mg/kg 3～4 次/天 粉剂拌料 40～60 g/t(效价)	①用于革兰氏阳性菌感染，也可用于治疗猪痢疾、住气喘病、关节炎弓形虫病等。②对肾脏有一定毒害
	注射剂 2 mL(0.6 g) 10 mL(3 g)	肌肉注射 10～20 mg/kg 2 次/天	

续表

药名	剂型规格	用法及剂量	作用、用途、注意事项
泰乐菌素	粉剂	粉剂拌料 40～100 g/t	①对革兰氏阳性菌和部分革兰氏阴性菌有效，对猪霉形体肺炎仅有预防作用。可用于治疗猪痢疾、肠炎、乳腺炎、子宫炎、螺旋体病等。②本品毒性低；遇铁、铜、铝等形成络合物而减效
	注射剂 50 mL(2.5 g) 50 mL(10 g) 100 mL(20 g)	肌肉注射(效价) 5～10 mg/kg 2次/天，7天	
泰妙菌素	粉剂 100 g(45 g)	内服 20～30 mg/kg 2次/天 粉剂拌料 40～200 g/t，7天	①对大多数革兰氏阴性菌和部分革兰氏阳性菌(金黄色葡萄球菌、链球菌)、多种霉形体及螺旋体都有效。②可用于治疗猪气喘病(200 g/t)、猪痢疾(40 g/t)、猪胸膜肺炎等。③禁止与莫能菌素、盐霉素配合混饲；屠宰前5天停用
杆菌肽锌	预混剂 1 g(100 mg) (4 000万U) 1 g(150 mg) (6 000万U)	拌料 40～400 g/t(效价)(16万～160万U)	①对大多数革兰氏阳性菌有效，对部分革兰氏阴性菌、螺旋体、放线菌也有效。②在肠道不吸收，可用于预防和治疗猪肠道疾病，促进猪的生长。③与链霉素、新霉素、硫酸黏杆菌素合用有协同作用
硫酸粘杆菌素	预混剂 100 g(2 g) (6 000万U) 100 g(4 g) (12 000万U)	拌料 2～20 g/t 仔猪料(效价)	①对大多数革兰氏阴性菌有效，用于预防和治疗革兰氏阴性菌引起的猪肠道疾病，促进猪的生长。②与杆菌肽锌合用有协同作用
维吉尼霉素	预混剂 100 g(50 g) (5 000万U)	拌料 10～50 g/t(效价)	对大多数革兰氏阳性菌有效，用于预防和治疗革兰氏阳性菌引起的猪肠道疾病，促进猪的生长

二、磺胺、呋喃及其他抗菌药

药名	剂型规格	用法及剂量	作用、用途、注意事项
磺胺嘧啶SD	粉剂、片剂 0.5 g/片	内服 开始量 0.14～0.2 g/kg 维持量 0.07～0.1 g/kg 2次/天	①对大多数革兰氏阳性和阴性菌都有抑制作用。对衣原体、螺旋体球虫、弓形虫也有抑制作用。②高度敏感菌有链球菌、肺炎球菌、沙门氏杆菌、大肠杆菌、化脓棒状杆菌等；中度敏感菌有葡萄球菌、巴氏杆菌、肺炎杆菌、痢疾杆菌、布氏杆菌、变形杆菌等。③用于治疗局部或全身性疾病如肺炎、败血症、猪丹毒、弓形体病等。④长期应用可损害肾脏、出现血尿及颗粒白细胞减少等中毒症状。一般疗程7天为限，最长不超过10天，并宜同时服用碳酸氢钠。⑤不能与普鲁卡因、硫酸镁、硫酸铜同时使用
	注射剂 2 mL(0.4 g) 5 mL(1 g) 10 mL(1 g) 50 mL(5 g)	肌肉注射 0.07～0.1 g/kg 2次/天	
磺胺二甲基嘧啶SM_2	粉剂，片剂 0.5 g/片	内服开始量 0.2 g/kg 维持量 0.1 g/kg 2次/天	①抗菌作用较SD稍弱，但在体内有效浓度维持时间长，属中效磺胺。②用于治疗巴氏杆菌病、弓形体病、乳腺炎、子宫炎、呼吸道、消化道感染。③与甲氧苄氨嘧啶合用可增强疗效。④副作用较SD小
	注射剂 5 mL(1 g) 10 mL(1 g)	肌肉注射 0.1 g/kg，1次/天	
磺胺6甲氧嘧啶SMM	片剂 0.5 g/片	内服开始量 0.05～0.1 g/kg 维持量 0.025～0.05 g/kg 1～2次/天	①是体内外抗菌作用较强的磺胺药，对球虫及弓形体也有显著作用。②主要用于敏感菌引起的呼吸道、胃肠道、泌尿道等感染及猪水肿病，对猪萎缩性鼻炎有一定疗效。③与甲氧苄氨嘧啶合用可增强疗效。④副作用较SD小
	注射剂 10 mL(1 g) 20 mL(2 g)	肌肉注射 0.05 g/kg，1～2次/天	

续表

药名	剂型规格	用法及剂量	作用、用途、注意事项
磺胺5甲氧嘧啶SMD	片剂 0.5 g/片 注射剂 10 mL(1 g) 20 mL(2 g)	内服开始量 0.05～0.1 g/kg 维持量 0.025～0.05 g/kg 1～2 次/天	①作用较 SMD 弱。②主要从尿中排出，排泄缓慢，对尿路感染疗效显著；对呼吸系统感染也有效。③与甲氧苄氨嘧啶合用可增强疗效。④副作用较 SD 小
新诺明SMZ	粉剂，片剂 0.5 g/片 5 mL(2 g)	内服开始量 0.05～0.1 g/kg 维持量 0.025～0.05 g/kg 1～2 次/天 肌肉注射 0.07 g/kg 2 次/天	①抗菌作用与 SMM 相当。②主要用于呼吸道和泌尿道感染。③与 TMP 合用抗菌作用增强数倍至数十倍，疗效与氯霉素、四环素、氨苄青霉素近似。④尿中溶解度低，对肾脏损害大，易出现晶尿、血尿等。内服时应配合等量碳酸氢钠
磺胺SN	白色或微黄色结晶颗粒或粉剂	外用	本药在水中溶剂度较其他磺胺药大，渗入组织的作用也较强，主要作外用药，用于局部感染
三甲氧苄氨嘧啶TMP	粉剂，片剂 0.1 g/片 注射剂 2 mL(0.1 g)	内服——1∶5 比例与磺胺药联合应用，药量按二药总量计 20～25 mg/kg 2 次/天	①抗菌谱与磺胺药相似，而作用较强。②与磺胺药联合应用抗菌作用可增加数倍至数十倍。与青霉素、庆大霉素、四环素、红霉素联合应用，也能增强抗菌作用。③TMP＋SD 或 TMP＋SMZ 用于呼吸道感染；TMP＋SMM 用于消化道感染；TMP＋SMD 用于泌尿生殖道感染。④本品毒性低，但注射部位易发生炎症；瘦弱猪慎用

续表

药名	剂型规格	用法及剂量	作用、用途、注意事项
二甲氧苄氨嘧啶	粉剂	内服——1∶5比例与磺胺药联合应用,按二药总量计20～25 mg/kg 2次/天	同TMP。本品在肠道保持较高的浓度,适合做消化道抗菌增效剂,用于治疗仔猪下痢等
复方磺胺嘧啶钠	片剂0.5 g/片(0.1 g TMP＋0.4 g SD)	内服 30 mg/(kg·天)分2次	①主要用于呼吸道感染及脑部感染等。②副作用及注意事项等与原组成药相同
	注射剂 10 mL(0.2 g TMP＋1 g SD)	肌肉注射 20～25 mg/(kg·天)分2次	
TMP＋SMD	TMP＋SMD含量同复方磺胺嘧啶钠	同复方磺胺嘧啶钠	①主要用于泌尿道及消化道感染等。②副作用及注意事项等与原组成药相同
TMP＋SMZ	TMP＋SMZ含量同复方磺胺嘧啶钠	同复方磺胺嘧啶钠	①主要用于呼吸道及泌尿道感染等。②副作用及注意事项等与原组成药相同
DVD＋SMD	粉剂 DVD＋SMD含量比例为1∶5	同复方磺胺嘧啶钠	主要用于肠道感染及泌尿道感染等

续表

药名	剂型规格	用法及剂量	作用、用途、注意事项
诺氟沙星氟哌酸	粉剂	内服 7～10 mg/kg 2 次/天 粉剂拌料 50 g/t	①广谱抗菌，对大多数革兰氏阴性菌、特别是大肠杆菌、沙门氏杆菌等呈高敏。②主要用于消化道及泌尿道感染
	注射剂 10 mL(500 mg)	肌肉注射 5～10 mg/kg 2 次/天，3～5 天	
盐酸环丙沙星	粉剂	内服 5 mg/kg 2 次/天，3 天 粉剂拌料 50 g/t	①抗菌谱较氟哌酸广。②也主要用于消化道及泌尿道感染
	注射剂 10 mL(200 mg)	肌肉注射 2.5～5 mg/kg 2 次/天，3 天	
恩诺沙星	粉剂 注射剂 10 mL(0.5 g)	同盐酸环丙沙星	①该药组织渗透力强。②不但用于消化道及泌尿道感染，也用于全身性细菌感染，对霉形体的作用也很好。③不能与氯霉素、四环素、红霉素和含有铁、镁、铝的药物一起用
卡巴氧	粉剂	粉剂拌料 促生长 10～25 g/t；预防疾病 50 g/t(纯品计)	①广谱抗菌，对革兰氏阴性菌的作用较强，对猪蜜螺旋体也有抑制作用；可疑促进蛋白质合成。②主要用于细菌性肠炎、痢疾及促进生长。③不能用于体重超过 35 kg 的猪，屠宰前 10 周停喂。④不添加于蛋白低于 15%的全价料和含膨润土的饲料
喹乙醇	粉剂	粉剂拌料 50～100 g/t (纯品计)	①广谱抗菌，作用与卡巴氧相似，主要用于细菌性肠炎、痢疾及促进生长。②不能用于体重超过 55 kg 的猪，屠宰前 35 天停喂

续表

药名	剂型规格	用法及剂量	作用、用途、注意事项
痢菌净	粉剂片剂 0.1 g/片 0.5 g/片	内服 5～10 mg/kg 2 次/天，3 天	广谱抗菌，作用与卡巴氧相似，主要用于细菌性肠炎及痢疾
	注射剂 5 mL(0.25 g)	肌肉注射 2～5 mg/kg 2 次/天，3 天	

三、驱寄生虫药

药名	剂型规格	用法及剂量	作用、用途、注意事项
精制敌百虫	片剂 0.5 g/片	内服 80～100 mg/kg 总量不超 8 g 外用 配成 1%溶液	①用于治疗结节虫、姜片虫、鞭虫、蛔虫、疥螨等体内外寄生虫病。②混料饲喂时应均匀，每头应定量。③应用不当易引起中毒，可用阿托品或氯磷定补液等解毒
盐酸左旋咪唑	片剂 25 mg/片 50 mg/片	内服，皮下注射	抗蠕虫药，用于治疗肠道线虫、肺线虫和肾虫病等
	注射剂 2 mL，0.1 g 10 mL，0.5 g	肌肉注射 7.5 mg/kg	
伊维菌素	注射剂 5 mL(0.01 g) 50 mL(0.5 g)	皮下注射 0.3 mg/kg	①用于治疗线虫病、疥螨病及寄生性昆虫。②宰前 28 天停止用药
阿维菌素	粉剂 注射剂 5 mL(0.05 g) 50 mL(0.5 g)	内服，皮下注射 0.3 mg/kg (以有效成分计)	作用同伊维菌素，但毒性较伊维菌素大

四、健胃药

药名	剂型规格	用法及剂量	作用、用途、注意事项
龙胆	粉剂龙胆酊 复方龙胆酊	内服 6～15 g 内服 3～8 mL	味苦，刺激唾液与胃液分泌，用于健胃
碳酸氢钠	粉剂、片剂 0.3 g/片 0.5 g/片	内服 2～5 g/次	①健胃-胃酸偏高性消化不良。②缓解酸中毒。③碱化尿液。④祛痰。⑤忌与酸性药物配伍
人工盐	粉剂（硫酸钠44 g，碳酸氢钠36 g，氯化钠18 g，硫酸钾2 g）	内服 健胃 10～30 g 轻泻 50～100 g	①小剂量促进胃肠蠕动、消化液分泌及消化吸收。②大剂量泻下。③忌与酸性药物配伍

五、泻药

药名	剂型规格	用法及剂量	作用、用途、注意事项
硫酸钠或硫酸镁泻盐	粉剂	内服 健胃 3～10 g 致泻 25～50 g（干燥硫酸钠 10～25 g）	①小剂量健胃，大剂量泻下（容积性泻药）。②用时可配成6%～8%溶液。③10%～20%的溶液可用于化脓创的冲洗或引流，具有消炎、消肿、排毒作用。④不能用于小肠便秘。⑤硫酸镁（等渗溶液为4%）的致泻作用较硫酸钠（等渗溶液为3.2%）弱
植物油	液体	内服 50～100 mL/次	对肠道及粪便具有润滑及软化作用，适用于小肠便秘
甘油	液体	灌肠 5～30 mL/次	①本品具有润滑性和刺激性。②以甘油或50%溶液灌肠后能刺激肠壁，加强蠕动和分泌，迅速引起排便

六、止泻药

药名	剂型规格	用法及剂量	作用、用途、注意事项
药用碳	粉剂、片剂 0.3 g/片	内服 10～25 g/次	①内服后能吸附肠道内容物中毒物、气体、生物碱等多种物质，减少其吸收及对肠壁的刺激而止泻。②主要用于腹泻、肠炎、内服毒物中毒等
鞣酸蛋白	粉剂、片剂 0.25 g/片 0.5 g/片	内服 2～5 g/次	①内服后附着于肠黏膜而起机械保护作用。②主要用于急性肠炎和非细菌性腹泻
次碳酸铋	粉剂、片剂 0.3 g/片	内服 2～6 g/次	①内服后在肠道碱性环境下分解，起收敛保护作用，减慢肠蠕动，减少分泌而止泻。②主要用于胃肠炎和腹泻

七、解热镇痛药

药名	剂型规格	用法及剂量	作用、用途、注意事项
复方氨基比林	注射剂(含氨基比林7.15%，巴比妥2.85%) 10 mL/瓶 20 mL/瓶	皮下注射，肌肉注射 5～10 mL/次	①解热镇痛作用强而持久，为安替比林的3～4倍。②主要用于解热镇痛抗风湿，治疗发热、肌肉痛、关节痛、神经痛及风湿症等。③长期应用可引起颗粒白细胞减少
安痛定	注射剂(含氨基比林5%，安替比林2%，巴比妥0.9%) 10 mL/瓶 20 mL/瓶	皮下注射，肌肉注射 5～10 mL/次	同复方氨基比林

续表

药名	剂型规格	用法及剂量	作用、用途、注意事项
安乃近	片剂 0.25 g/片 0.5 g/片	内服 2～5 g/次	①该药水溶性好，作用快，解热作用为氨基比林的3倍，镇痛作用与氨基比林相同，也有消炎抗风湿作用。②主要用于解热、镇痛、抗风湿。③不能与巴比妥类合用；不与氯丙嗪合用，以防引起体温剧降
	注射剂 5 mL(0.5 g) 10 mL(3 g)	肌肉注射 1～3 g/次	

八、刺激药

药名	剂型规格	用法及剂量	作用、用途、注意事项
樟脑	樟脑酊（10%樟脑酒精溶液） 樟脑搽剂（20%樟脑花生油溶液）	外用涂擦	①对皮肤有温和的刺激和镇痛作用，扩张血管，促进血液循环。②主要用于慢性炎症、挫伤、关节炎、腱鞘炎等
松节油	混悬液	外用涂擦	对皮肤有强大的穿透力，能渗入深部组织呈现刺激性的局部作用。用于慢性炎症、挫伤、关节炎、腱鞘炎等
鱼石脂	油剂	外用涂擦	有温和的刺激和抑菌作用，消炎、消肿，涂敷局部炎症患处

注：剂型规格栏括弧中的数字为有效成分。

参考文献

[1] 陈清明.现代养猪生产.北京:中国农业大学出版社,1999.

[2] 李德发.饲料工业手册.北京:中国农业大学出版社,2002.

[3] 李同洲.猪的营养与饲料配制.北京:中国农业大学出版社,2003.

[4] 杨公社.猪生产学.北京:中国农业出版社,2002.12.

[5] 王爱国.现代实用养猪技术.北京:中国农业出版社,2003.

[6] 朱尚雄,等.中国工厂化养猪.北京:科学出版社,1990.

[7] 李同洲.优质猪肉生产技术.北京:中国农业大学出版社,2003.

[8] 赵芳根,等.瘦肉型猪饲养新技术.上海:上海科学普及出版社,1998.

[9] 贾有茂.动物检疫与管理.北京:中国农业科技出版社,1998.

[10] 匡存林,等.兽医消毒技术.北京:中国农业出版社,1996.

[11] 李佑民,等.猪病防治手册.北京:金盾出版社,1993.

[12] 吴硕显,等.猪病防治.上海:上海科学技术出版社,1998.

[13] 朱模忠,等.兽药手册.北京:中国农业出版社,1994.

[14] 余东山,等.兽医防疫技术问答.北京:中国农业出版社,1998.

[15] 杨俊文.养猪学.北京:中国农业出版社,1999.